21世纪高等院校电气信息类系列教材

现代控制理论基础

楼旭阳　编著

机 械 工 业 出 版 社

本书主要介绍线性控制系统的分析和设计理论，包括控制系统的状态空间模型和状态运动规律，系统的能控性、能观性和稳定性等定性分析，状态反馈、输出反馈、饱和控制、跟踪控制和观测器设计等综合理论，以及线性二次型最优控制方法。

本书叙述深入浅出，主要围绕一个贯穿全书的系统设计示例展开，有助于读者建立起系统工程的观念、逐步厘清不同控制问题及其解决思路。此外，书中配合各章内容给出了利用MATLAB求解控制系统各个具体的设计和计算问题。

本书可作为高等学校自动化、电气工程及其自动化专业的本科生教材，同时也适合非自动化专业研究生选用，并可供广大工程科技人员学习参考。

图书在版编目（CIP）数据

现代控制理论基础 / 楼旭阳编著. — 北京：机械工业出版社，2024.11 (2025.8 重印). — (21 世纪高等院校电气信息类系列教材). — ISBN 978-7-111-76320-8

Ⅰ. O231

中国国家版本馆 CIP 数据核字第 2024JK6925 号

机械工业出版社（北京市百万庄大街 22 号　邮政编码 100037）

策划编辑：李馨馨　　责任编辑：李馨馨　赵晓峰

责任校对：李　杉　李小宝　责任印制：常天培

河北虎彩印刷有限公司印刷

2025 年 8 月第 1 版第 2 次印刷

184mm×260mm · 11.25 印张 · 269 千字

标准书号：ISBN 978-7-111-76320-8

定价：49.00 元

电话服务

客服电话：010-88361066

010-88379833

010-68326294

网络服务

机　工　官　网：www.cmpbook.com

机　工　官　博：weibo.com/cmp1952

金　书　网：www.golden-book.com

机工教育服务网：www.cmpedu.com

前　言

本书是为自动化类本科生编写的控制系统基础教材，系统地介绍了线性控制系统的建模、分析和综合方法，力图内容全面、重点突出，强调基本概念和方法，努力做到深入浅出。结合单链机械臂这样一个实际工程系统，构建了“循序渐进示例”，贯穿全书，书中各章逐步对此例进行研讨。

本书是按照教育部自动化类专业本科教学大纲编写的。本书希望以简短的篇幅给出现代控制理论的基本概念和基本方法。全书共 7 章。第 1 章简要回顾控制理论的发展历程，介绍现代控制理论的研究范畴和本书的内容安排；第 2 章介绍状态变量和状态空间的概念，给出状态空间模型的一般形式和建模方法；第 3 章介绍状态转移矩阵的概念，并对系统进行运动分析；第 4 章阐述能控性和能观性的概念，给出相关判据，并介绍了能控标准型和能观标准型；第 5 章论述 Lyapunov 稳定性的基本理论和方法；第 6 章研究线性系统的综合问题，包括极点配置、饱和控制器设计、跟踪控制器设计以及全维状态观测器的设计；第 7 章介绍几类典型线性二次型最优控制问题的求解方法。

本书基于笔者多年从事现代控制理论教学与科研的经验，在内容编排上注意概念和物理意义的阐述，结合大量典型例子讲解问题分析思路和基本方法。特别地，引入“延伸阅读”模块，以拓宽读者视野，避免了枯燥的纯理论教学。为了培养读者现代化的分析和设计能力，在每一章都配备了一节利用 MATLAB 进行控制系统建模、分析和应用设计的常用函数和典型方法。此外，为了让读者更好地把握每一章的重点内容，每一章都对相关知识点进行了小结，引导读者快速了解知识脉络，熟练掌握知识的结构，便于抓住重点与难点。书中各章最后都设有精选的习题，以便读者掌握解题方法，进而加深理解现代控制理论的基本概念和方法。在书末给出了习题参考答案以便于教学。本书配有电子课件和源程序代码，可提供给有需要的院校使用，请登录机工教育服务网（www.cmpedu.com）下载。

本书在编写过程中，参阅了部分国内外控制系统专著和教材，在此表示衷心的感谢。最后，感谢研究生蔡旭、温雨柔、林豪杰、马鑫和胡文举对本书的校对。

编　者

目　　录

前言

第 1 章　绪论 ······ 1

1.1　控制理论的发展简况 ······ 1

1.2　现代控制理论的分支 ······ 3

1.3　本书的内容和特点 ······ 4

第 2 章　控制系统的状态空间模型 ······ 6

2.1　状态空间模型的基本内容 ······ 6

2.1.1　状态空间模型的几个概念 ······ 6

2.1.2　状态空间模型的一般形式 ······ 8

2.1.3　状态空间模型转化为传递函数 ······ 10

2.1.4　状态空间模型的系统框图 ······ 11

2.2　状态空间模型的建立 ······ 12

2.2.1　由系统机理建立状态空间模型 ······ 12

2.2.2　由高阶微分方程建立状态空间模型 ······ 14

2.2.3　由传递函数建立状态空间模型 ······ 18

2.2.4　建模实例 ······ 19

2.3　非线性系统的线性化 ······ 25

2.4　线性变换 ······ 32

2.4.1　等价系统方程 ······ 32

2.4.2　特征值不变性 ······ 34

2.4.3　传递函数矩阵的不变性 ······ 35

2.5　循序渐进例子：单链机械臂 ······ 36

2.6　MATLAB 中进行系统模型间的相互转换 ······ 37

本章要点 ······ 40

习题 2 ······ 41

第 3 章　线性系统的运动分析 ······ 43

3.1　定常连续系统的齐次解 ······ 43

3.2　状态转移矩阵 ······ 44

3.2.1　定义 ······ 44

3.2.2 性质 …… 45
3.2.3 计算 …… 45
3.3 定常连续系统的非齐次解 …… 47
3.3.1 积分法 …… 47
3.3.2 Laplace 变换法 …… 48
3.4 离散时间状态空间模型 …… 50
3.4.1 离散系统的状态空间模型 …… 50
3.4.2 线性定常离散系统的运动分析 …… 54
3.5 循序渐进例子：单链机械臂 …… 56
3.6 MATLAB 中进行线性系统运动分析 …… 57
本章要点 …… 61
习题 3 …… 61
第 4 章 线性系统的能控性与能观性 …… 63
4.1 能控性和能观性问题 …… 63
4.2 定常连续系统的能控性 …… 66
4.2.1 能控性定义 …… 66
4.2.2 能控性判据 …… 66
4.3 定常连续系统的能观性 …… 75
4.3.1 能观性定义 …… 75
4.3.2 能观性判据 …… 75
4.4 能控标准型和能观标准型 …… 80
4.4.1 能控标准型 …… 80
4.4.2 能观标准型 …… 81
4.4.3 对偶原理 …… 82
4.5 定常离散系统的能控性和能观性 …… 84
4.5.1 定常离散系统的能控性 …… 84
4.5.2 定常离散系统的能观性 …… 85
4.6 系统的实现 …… 87
4.7 循序渐进例子：单链机械臂 …… 88
4.8 MATLAB 中分析线性系统能控性和能观性 …… 88
本章要点 …… 91
习题 4 …… 92
第 5 章 控制系统的稳定性 …… 94
5.1 Lyapunov 稳定性的基本概念 …… 94
5.1.1 平衡状态 …… 95
5.1.2 Lyapunov 稳定性定义 …… 95
5.2 Lyapunov 第一法 …… 97
5.3 Lyapunov 第二法 …… 99

5.3.1 标量函数定号性 …… 100
5.3.2 Lyapunov 第二法稳定性定理 …… 101
5.4 Lyapunov 方法在线性系统中的应用 …… 106
5.4.1 判断线性定常连续系统的稳定性 …… 106
5.4.2 判断线性定常离散系统的稳定性 …… 108
5.4.3 求解参数最优化问题 …… 110
5.4.4 实现控制器设计 …… 111
5.4.5 判断时滞线性系统的稳定性 …… 112
5.5 循序渐进例子：单链机械臂 …… 114
5.6 MATLAB 中分析线性系统稳定性 …… 116
本章要点 …… 119
习题 5 …… 119
第 6 章 线性系统的综合 …… 121
6.1 系统的反馈控制结构 …… 121
6.1.1 状态反馈 …… 122
6.1.2 输出反馈 …… 123
6.2 极点配置问题 …… 124
6.2.1 采用状态反馈 …… 124
6.2.2 采用输出反馈 …… 127
6.2.3 镇定问题 …… 127
6.3 饱和控制器设计 …… 128
6.4 跟踪控制器设计 …… 131
6.5 状态观测器的设计 …… 135
6.5.1 全维观测器的设计 …… 136
6.5.2 状态观测器的极点配置 …… 137
6.5.3 基于状态观测器的输出反馈控制 …… 139
6.6 循序渐进例子：单链机械臂 …… 144
6.7 MATLAB 中实现线性系统综合 …… 145
本章要点 …… 148
习题 6 …… 148
第 7 章 线性二次型最优控制 …… 151
7.1 二次型最优控制问题 …… 151
7.2 状态调节器 …… 152
7.3 输出调节器 …… 154
7.4 输出跟踪器 …… 157
7.5 离散时间线性二次型最优控制 …… 159
7.6 循序渐进例子：单链机械臂 …… 160
7.7 MATLAB 中实现线性系统最优控制 …… 162

本章要点 ………………………………………………………………… 164
习题 7 ………………………………………………………………… 165
习题参考答案 ………………………………………………………… 166
参考文献 ……………………………………………………………… 172

第 1 章　绪　论

1.1　控制理论的发展简况

控制理论是基于数学、物理学等基础科学，研究控制系统建模、分析和综合共同规律的技术科学，是基于被控对象的数学模型，为完成一定控制任务所构建的普遍性原理、理论和方法。控制理论来源于工程实践，又反过来指导工程实践。在控制理论未形成之前，人们对控制理论中极其重要的概念——反馈就有了认识，并利用它创造一些装置或机器。最有代表性的是 18 世纪英国人瓦特 (J. Watt) 发明了蒸汽机离心调速器，由此拉开了经典控制理论发展的序幕。不过，瓦特发明的这一装置容易振荡。直到 1868 年，英国物理学家麦克斯韦 (J. C. Maxwell) 发表了《论调速器》，通过对蒸汽机调速系统的动态特性进行分析，解释了这种不稳定现象，并提出避免这种现象的调速器设计规则。1877 年和 1895 年，英国数学家劳斯 (E. J. Routh) 和德国数学家赫尔维茨 (A. Hurwitz) 各自独立地提出了对于高阶微分方程描述的、较为复杂系统的稳定性代数判据。1892 年俄国数学家李亚普诺夫 (A. M. Lyapunov) 在其博士论文《论运动稳定性的一般问题》中提出了根据一种能量函数的正定性及其导数的负定性来判别系统稳定性的准则，建立了动力学系统稳定性的一般理论。

纵观控制理论的发展历程，一般可分为 4 个阶段。

1. 经典控制理论阶段

经典控制理论也称为古典控制理论，形成于 20 世纪 30 年代至 50 年代，期间涌现出很多经典控制理论的先驱，如 H. Nyquist、H. Harris、H. W. Bode、W. R. Evans、N. Wiener(维纳) 和钱学森等。他们的工作为经典控制理论奠定了基础，同时促进了“二战”中许多武器和通信自动化系统的研制。

经典控制理论采用传递函数描述控制对象，利用根轨迹、频率特性等经典方法解决单输入单输出线性定常系统的分析和综合问题。对于非线性系统，除了线性化及渐近展开计算以外，主要采用相平面分析和谐波平衡法 (即描述函数法) 研究。对于离散系统，主要采用 Z 变换法进行研究。

经典控制理论能够较好地解决单输入单输出反馈控制系统的问题，但它具有明显的局限性，尤其是难以有效地应用于时变系统和多变量系统，也难以揭示系统更为深刻的特性。随着控制工程实践的不断深入，当人们试图应用经典控制理论的分析和设计方法，解决多回路和复杂系统的控制问题时，却遇到了难以克服的困难。

2. 现代控制理论阶段

到 20 世纪 50 年代末，由于计算机技术、航空航天技术的迅速发展，控制理论进入一个快速发展时期，即现代控制理论阶段，并取得了很多重大成果。特别是卡尔曼 (Kalman) 把分析力学中广泛采用的状态空间描述引入到控制理论中，并在此基础上给出了对研究系统结构和控制具有基本意义的能控性和能观性的概念。这一时期的主要代表人物有 R. Bellman、R. E. Kalman、L. S. Pontryagin、K. J. Åström 和 H. H. Rosenbroek 等。

现代控制理论本质上是时域法，基于状态空间模型在时域中对系统进行分析和设计，可以分析多输入多输出、非线性时变系统。基于状态空间模型来对系统进行分析，可借助于计算机求解状态方程，并根据状态解对系统性能做出评估。由于无须经过任何变换，在时域中直接求解和分析，控制的要求和性能指标就变得非常直观。在系统的设计方法上，可以在严密的理论基础上，设计出实现一定性能指标的最优控制器。因此，在经典控制理论中存在的困难和局限，在现代控制理论中可以迎刃而解。

和经典控制理论一样，现代控制理论的分析和设计都建立在严格和精确的数学模型的基础之上。由于被控对象的规模日趋扩大，环境的复杂性日益提高，以及被控对象的不确定性与控制任务的多目标和实时性，传统基于精确数学模型的控制理论的局限性日益明显，这也将推动现代控制理论向更深、更广的方向发展，如大系统理论和智能控制理论的出现，使控制理论发展到一个新阶段。

3. 大系统理论和智能控制理论阶段

大系统理论和智能控制理论的发展始于 20 世纪 60 年代。面对复杂的被控对象、复杂的环境和复杂的控制任务，传统的控制理论和方法已经不能满足不断提高的控制要求，于是出现了大系统理论和智能控制理论。

大系统是规模庞大、结构复杂、变量众多、功能综合和目标多样的过程控制与信息处理相结合的综合自动化系统。正在发展之中的大系统理论是动态的系统工程理论，其综合了现代控制理论、图论、数学规划和决策等方面的成果，采用控制和信息的观点，研究大系统的建模和模型简化、结构方案、稳定性和镇定、总体设计中的分解方法和协调等。

智能控制是一种能更好地模仿人类智能 (学习、推理等)，能适应不断变化的环境，能处理多种信息以减少不确定性，能以安全可靠的方式进行规划、产生和执行控制作用，并获得系统全局最优性能指标的控制方法。智能控制理论是控制理论发展的高级阶段，它所采用的理论和方法主要源于控制论、人工智能、信息论、计算机科学和运筹学等学科。1991 年，K. J. Åström 提出“模糊逻辑控制、神经网络控制、专家控制是三种典型的智能控制方法”，这一观点较全面地阐明了智能控制的几个重要分支。

值得注意的是，智能控制并非代替而只是扩展了传统控制，应正确处理智能控制对传统控制继承与发展的关系。事实上，智能控制策略与传统控制策略相结合的复合控制模式及几种智能控制策略相结合的集成智能控制是控制策略的发展方向。

4. 网络化控制系统理论阶段

21 世纪是一个以互联网为核心的信息时代，计算机信息技术、网络技术的迅猛发展正在深刻改变着人们的生活和工作方式，对整个社会信息化和自动化的发展也产生了巨大影响。计算机技术、信息技术、控制技术、网络技术和通信技术的结合，为网络化控制系统的产生提供了技术保障。网络化控制系统是通过网络进行数据传输、形成控制闭环的系统，它具有不同于传统点对点控制系统的结构，是当今物联网的巨大发展在控制系统中的具体体现。

与传统的点对点数据传输的控制系统相比，网络化控制系统各部件之间通过一个公共的通信网络连接，相关的数据通过通信网络进行传输，避免了彼此间铺设专线，并且可以实现资源共享、远程操作和控制，降低了系统的成本、重量和电能消耗，简化了系统的安装和维护，提高了系统的灵活性和可靠性。这些突出的优点使网络化系统的概念一经提出便得到飞速的发展，并已在复杂工业过程的控制、现代无人化复杂控制系统 (如无人机、无人艇等)、运载工具群的协调控制 (如高速公路车辆调度、机场飞机调度等) 和智能家居等领域显露出广泛的应用前景。

由于通信网络的引入，网络化控制系统的分析和综合变得异常复杂，主要表现在网络诱导时滞、数据包丢失、多包传输和通信约束等问题。以上这些问题的存在，不仅会降低系统的控制性能，而且还可能引起系统的不稳定。网络化控制系统作为一种新兴的控制系统形式，目前得到了越来越广泛的研究和关注。

1.2　现代控制理论的分支

现代控制理论是在经典控制理论的基础上发展起来的，主要是通过状态空间法对控制系统进行分析和综合的时域理论，它所包含的学科内容十分广泛，主要包括以下六个分支。

1. 系统辨识

要对系统进行分析和设计，首先应该建立系统的数学模型。但是，由于系统的复杂性，往往不能通过解析的方法直接建立模型，而需要在系统输入、输出的试验数据或运行数据的基础上，从一组给定的模型类中确定一个与所测系统本质特征相等价的模型。若模型的结构已经确定，只需确定其参数，就是参数估计问题。若模型的结构和参数需同时确定，就是系统辨识问题。

2. 线性系统理论

线性系统理论是现代控制理论中最为基本和比较成熟的一个分支，采用状态空间法对线性动态系统进行定量分析 (即确定在不同输入控制作用下系统状态的动态响应) 和定性分析 (即稳定性、能控性和能观性分析)，并采用状态反馈配置闭环极点的方法控制并改善系统状态的动态响应。因此，线性系统理论主要包括系统的模型描述、状态响应、能控性、能观性、稳定性、状态反馈及状态观测器设计等内容。

3. 最优控制

最优控制理论是现代控制理论的核心。其中心问题是针对一个控制系统，选择控制规律，使系统在某种意义上是最优的，例如线性二次型最优控制问题。在解决最优控制问题中，Pontryagin(庞特里亚金) 极大值原理和 Bellman 动态规划法是两种具有代表性的方法，它们以不同的形式给出了最优控制所必须满足的条件。随着控制理论的发展，最优控制也有了很大发展，如分布参数系统的最优控制、随机最优控制和自适应动态规划等。

4. 最优滤波

最优滤波理论是在对象数学模型已知的情况下，研究如何从被噪声污染的观测数据中，确定系统的状态，并使这种估计在某种意义下是最优的。基于最小方差准则的 Wiener 滤波和 Kalman 滤波是两种应用广泛的最优线性滤波方法。对于非线性系统，由于在理论上难以找到严格的递推滤波公式，目前一般采用非线性滤波线性化的近似方法 (如扩展 Kalman 滤波、无迹 Kalman 滤波) 来处理非线性滤波问题。

5. 自适应控制

自适应控制是指随时修正系统的数学模型并在线调整系统的控制律。其基本思想是，当被控对象内部的结构和参数以及外部的环境存在不确定干扰时，系统能对有关信息实现在线测量和处理，从而不断修正系统结构的有关参数和控制增益，使之处于所要求的最优状态或满足设计要求，得到人们所期望的控制结果。常用的自适应控制方案有编程控制、模型参考自适应控制和自校正自适应控制。

6. 非线性系统理论

非线性系统理论主要研究非线性系统的运动规律和改变这些规律的可能性与实施方法，主要包括相对阶、稳定性、线性化、能控能观性、状态反馈和解耦控制等理论。近 30 年来，非线性系统理论的建立和发展引起了国内外控制学领域学者们的极大兴趣。相平面理论、Lyapunov(李雅普诺夫) 运动稳定性理论重新受到极大的重视。并在一些重要方面取得了令人瞩目的成就，发展了一系列系统分析和设计方法。同时，计算机技术的飞速发展和数学工具的突破也为研究一般的非线性控制理论提供了可能性。

1.3　本书的内容和特点

现代控制理论研究范畴较广，如系统辨识、线性系统理论、最优控制、自适应控制和非线性系统理论等，但根据教学大纲的要求，本书以状态空间分析法为核心，只重点介绍现代控制理论的一些最基本的内容和方法，是学习、研究现代控制理论及其他学科分支的基础，故称为现代控制理论基础。

本书主要阐述状态空间分析法和综合法的基本内容，包括控制系统的状态空间模型、线性系统的定量分析 (状态方程的解、状态转移矩阵的计算) 和定性分析 (能控性、能观性和 Lyapunov 稳定性)、线性系统的综合 (状态反馈、输出反馈与状态观测器设计) 以及线

性二次型最优控制 (状态调节器、输出调节器与输出跟踪器)。鉴于 MATLAB 已成为国际控制领域应用广泛的工具软件，本书在各章后面还介绍了 MATLAB 在控制系统建模、分析和设计的常用函数和典型方法。

本书在编写时，尽可能做到论述由浅入深，理论联系实际，突出基础性、实用性，其特点定位如下：

1) 注重知识体系的完整，强调现代控制理论的基本概念、基本原理和基本方法。

2) 立足基础、注重实践，尽量避免烦琐的公式推导和证明，突出现代控制理论的实际应用背景。

3) 构建了“循序渐进示例”，贯穿全书，便于读者循序渐进地理解、消化和掌握所学的内容，逐步提高分析和解决问题的能力。

4) 引入“延伸阅读”模块，拓宽读者视野，避免枯燥的纯理论教学。

5) 在保证理论知识体系结构完整的前提下，融入 MATLAB 在控制系统理论中的应用，培养读者应用计算机辅助分析和设计控制系统的能力。

第 2 章　控制系统的状态空间模型

控制系统的数学模型是用于描述系统动态行为的数学表达式。在经典控制理论中，主要以传递函数为数学模型，建立系统输入量和输出量之间的关系，描述的是系统的外部特性，并不能完全反映系统内部的动态特征。现代控制理论主要以状态空间模型 (或状态空间表达式) 为基础，描述了系统的输入、输出与内部状态之间的关系，系统的内部特征用状态变量来刻画，弥补了经典控制理论的一些不足。本章主要介绍如何用状态空间模型来描述线性或非线性控制系统。

2.1　状态空间模型的基本内容

2.1.1　状态空间模型的几个概念

状态空间模型是以状态、状态变量和状态空间等概念为基础建立起来的，其本质是将系统运动方程描述成一阶微分方程组。下面先考察一个实际例子的内在机理，进而介绍状态空间的一些概念。

例 2.1 (弹簧–阻尼器)　考虑图 2.1 中的弹簧–阻尼器系统，小车的质量为 m，小车的位移和速度分别为 $z(t)$ 和 $\dot{z}(t)$，弹簧的弹性模量为 k，阻尼器的阻尼系数为 μ。根据物理学定律可知，在外作用力 $u(t)$ 已知的情况下，如果知道了小车在某一时刻的位移和速度，就能确定系统未来的动态响应。

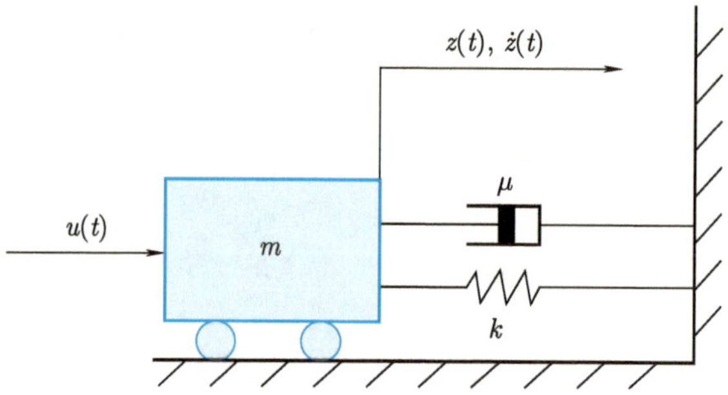

图 2.1　弹簧–阻尼器系统

解　根据牛顿定律得

$$m\ddot{z} = u - kz - \mu\dot{z} \tag{2.1}$$

用变量代换 $x_1 = z$、$x_2 = \dot{z}$，可整理得到以下一阶线性微分方程组：

$$\begin{cases} \dot{x}_1 = x_2 \\ \dot{x}_2 = -\dfrac{k}{m}x_1 - \dfrac{\mu}{m}x_2 + \dfrac{1}{m}u \end{cases} \tag{2.2}$$

设小车的位移可以直接测量得到，则系统的输出为 $y = x_1$。

将两组方程写成如下更为紧凑的向量矩阵形式：

$$\begin{aligned} \begin{bmatrix} \dot{x}_1 \\ \dot{x}_2 \end{bmatrix} &= \begin{bmatrix} 0 & 1 \\ -\dfrac{k}{m} & -\dfrac{\mu}{m} \end{bmatrix} \begin{bmatrix} x_1 \\ x_2 \end{bmatrix} + \begin{bmatrix} 0 \\ \dfrac{1}{m} \end{bmatrix} u \\ y &= [1 \quad 0] \begin{bmatrix} x_1 \\ x_2 \end{bmatrix} \end{aligned} \tag{2.3}$$

1. 状态

系统的状态是指表示系统的一组变量，表征在特定时刻的特定运动状况。例如，例 2.1 中弹簧–阻尼器系统，它的状态就是小车的位移和速度。

2. 状态变量

系统的状态变量是指能完全表征系统运动状态的最少一组变量。状态随时间的变化可以用状态变量来表征。状态变量具有如下特点：

1) 只要知道状态变量的初值、输入量和描述动态系统的微分方程，就能完全确定系统的未来状态和输出响应。

2) 状态变量是完全表征系统行为所必需的系统变量，减少状态变量将破坏表征的完全性，而增加状态变量对于完全表征系统行为没有必要。

因此，一个由 n 阶微分方程描述的系统，有 n 个独立的状态变量，常写作 $x_1(t), x_2(t), \cdots, x_n(t)$。如前面弹簧–阻尼器系统的例子，状态变量就是小车的位移函数和速度函数。

状态变量是描述系统内部动态特性行为的变量。它可以是能直接测量或观测的量，也可以是不能直接测量或观测的量；可以是物理的，也可以是无实际物理意义的抽象数学变量。另外，状态变量的选取不唯一，可以有多种不同的选择方式，究竟选哪一组变量作为系统的状态变量，可以视情况而定。

3. 状态向量

完全表征或描述给定系统行为的 n 维状态变量 $x_1(t), x_2(t), \cdots, x_n(t)$ 可以看作向量 $\boldsymbol{x}(t)$ 的 n 个分量，向量 $\boldsymbol{x}(t)$ 就称为状态向量，记作

$$\boldsymbol{x}(t) = \begin{bmatrix} x_1(t) \\ x_2(t) \\ \vdots \\ x_n(t) \end{bmatrix}$$

或

$$\boldsymbol{x}^{\mathrm{T}}(t) = [x_1(t) \quad x_2(t) \quad \cdots \quad x_n(t)]$$

4. 状态空间

以 n 维状态变量 $x_1(t), x_2(t), \cdots, x_n(t)$ 为坐标轴构成的 n 维空间称为状态空间。系统在任何时刻的状态都可以用状态空间中的一点来表示。状态向量 $\boldsymbol{x}(t)$ 在状态空间中的变化形成一条轨迹，称为状态轨线。

5. 状态方程

把系统的状态变量与输入之间的关系用一组一阶微分方程来描述的数学模型称为状态方程。状态方程描绘了系统的动态特性，反映了原有的状态和输入信号共同引起系统状态发生变化的过程。

6. 输出方程

从系统中获得的信息称为输出变量 (输出量)。描述系统输出变量与状态变量、输入量之间关系的方程称为输出方程。

7. 状态空间模型

状态方程和输出方程组合起来，构成对一个系统动态行为的完整描述，称为系统的状态空间模型 (状态空间表达式或状态空间描述)。

2.1.2　状态空间模型的一般形式

在引入了状态变量和状态空间等概念的基础之上，就可以建立控制系统的状态空间描述。图 2.2 所示为一个动态系统的结构示意图，其中，$x_1(t), x_2(t), \cdots, x_n(t)$ 是表征系统行为的状态变量组；$u_1(t), u_2(t), \cdots, u_m(t)$ 和 $y_1(t), y_2(t), \cdots, y_p(t)$ 分别为系统的输入变量组和输出变量组；箭头表示信号作用方向和部件变量组间的关系。

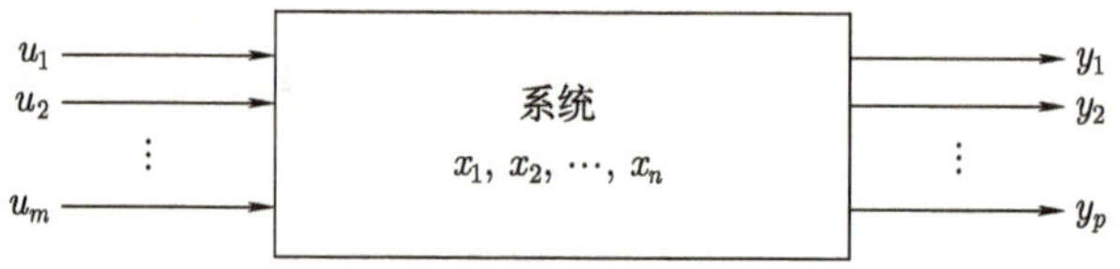

图 2.2　动态系统的结构示意图

如果定义向量和矩阵如下：

$$\boldsymbol{x} = \begin{bmatrix} x_1 \\ x_2 \\ \vdots \\ x_n \end{bmatrix}, \boldsymbol{u} = \begin{bmatrix} u_1 \\ u_2 \\ \vdots \\ u_m \end{bmatrix}, \boldsymbol{y} = \begin{bmatrix} y_1 \\ y_2 \\ \vdots \\ y_p \end{bmatrix}$$

$$
f(\boldsymbol{x},\boldsymbol{u},t)=\begin{bmatrix} f_1(x_1,x_2,\cdots,x_n;u_1,u_2,\cdots,u_m;t)\\ f_2(x_1,x_2,\cdots,x_n;u_1,u_2,\cdots,u_m;t)\\ \vdots \\ f_n(x_1,x_2,\cdots,x_n;u_1,u_2,\cdots,u_m;t)\end{bmatrix}
$$

$$
g(\boldsymbol{x},\boldsymbol{u},t)=\begin{bmatrix} g_1(x_1,x_2,\cdots,x_n;u_1,u_2,\cdots,u_m;t)\\ g_2(x_1,x_2,\cdots,x_n;u_1,u_2,\cdots,u_m;t)\\ \vdots \\ g_p(x_1,x_2,\cdots,x_n;u_1,u_2,\cdots,u_m;t)\end{bmatrix}
$$

则一般连续非线性系统的状态空间模型可写为

$$
\begin{cases} \dot{\boldsymbol{x}}(t)=f(\boldsymbol{x}(t),\boldsymbol{u}(t),t)\\ \boldsymbol{y}(t)=g(\boldsymbol{x}(t),\boldsymbol{u}(t),t)\end{cases}
$$

式中，$\boldsymbol{x}(t)$ 为 n 维的状态向量，记为 $\boldsymbol{x}(t)=[x_1(t)\quad x_2(t)\quad\cdots\quad x_n(t)]^{\mathrm{T}}\in\mathbb{R}^n$，其 n 个标量元素叫作状态变量。类似地，m 维输入向量和 p 维输出向量可以分别写为 $\boldsymbol{u}\in\mathbb{R}^m$ 和 $\boldsymbol{y}\in\mathbb{R}^p$。状态空间模型的状态方程 $\dot{\boldsymbol{x}}(t)=f(\boldsymbol{x}(t),\boldsymbol{u}(t),t)$ 表征了系统由输入 $\boldsymbol{u}$ 引起的状态 $\boldsymbol{x}$ 变化。输出方程 $\boldsymbol{y}(t)=g(\boldsymbol{x}(t),\boldsymbol{u}(t),t)$ 表征了系统状态 $\boldsymbol{x}$ 和输入 $\boldsymbol{u}$ 的变化所引起的系统输出 $\boldsymbol{y}$ 变化。

1. 线性时变系统的状态空间模型

如果动态系统本身是线性的，则可得到如下方程：

$$
\begin{cases} \dot{\boldsymbol{x}}(t)=\boldsymbol{A}(t)\boldsymbol{x}(t)+\boldsymbol{B}(t)\boldsymbol{u}(t)\\ \boldsymbol{y}(t)=\boldsymbol{C}(t)\boldsymbol{x}(t)+\boldsymbol{D}(t)\boldsymbol{u}(t)\end{cases} \tag{2.4}
$$

式中，$\boldsymbol{A}(t)$、$\boldsymbol{B}(t)$、$\boldsymbol{C}(t)$、$\boldsymbol{D}(t)$ 为矩阵，且其元素随时间而变化，这种系统称为线性时变系统。

2. 线性定常系统的状态空间模型

特别地，如果矩阵 $\boldsymbol{A}(t)$、$\boldsymbol{B}(t)$、$\boldsymbol{C}(t)$、$\boldsymbol{D}(t)$ 中的参数与时间无关，则称该系统为线性定常系统，此时式 (2.4) 可写为如下方程：

$$
\begin{cases} \dot{\boldsymbol{x}}(t)=\boldsymbol{A}\boldsymbol{x}(t)+\boldsymbol{B}\boldsymbol{u}(t)\\ \boldsymbol{y}(t)=\boldsymbol{C}\boldsymbol{x}(t)+\boldsymbol{D}\boldsymbol{u}(t)\end{cases} \tag{2.5}
$$

式中，$\boldsymbol{A}\in\mathbb{R}^{n\times n}$ 称为系统矩阵，描述系统内部状态之间的联系；$\boldsymbol{B}\in\mathbb{R}^{n\times m}$ 称为控制矩阵或输入矩阵，表示输入对每个状态变量的作用情况；$\boldsymbol{C}\in\mathbb{R}^{p\times n}$ 称为输出矩阵或观测矩阵，

表示输出与每个状态变量间的组成关系；$\boldsymbol{D} \in \mathbb{R}^{p\times m}$ 称为前馈矩阵或输入输出矩阵，表示输入对输出的直接传递关系。在很多系统中不存在输入对输出的直接传递关系，即 $\boldsymbol{D}=\boldsymbol{0}$。考虑例 2.1 中弹簧–阻尼器系统的式 (2.3)，可以将其描述为一般形式，即式 (2.5)，其中

$$\boldsymbol{A}=\begin{bmatrix} 0 & 1 \\ -\dfrac{k}{m} & -\dfrac{\mu}{m} \end{bmatrix};\quad \boldsymbol{B}=\begin{bmatrix} 0 \\ \dfrac{1}{m} \end{bmatrix};\quad \boldsymbol{C}=\begin{bmatrix} 1 & 0 \end{bmatrix};\quad \boldsymbol{D}=\boldsymbol{0} \tag{2.6}$$

构造这样的状态空间模型的目的是将高阶常微分方程的耦合系统 (如代表机械系统的动力学系统) 转化为一组耦合的一阶微分方程。

延伸阅读：卡尔曼滤波

鲁道夫 • 卡尔曼 (Rudolf E. Kalman, 1930—2016) 出生于匈牙利首都布达佩斯的一个犹太人家庭。他对基础科学和工程技术甚至今天大数据分析的贡献是毋庸赘言的 [18]，其中最重要的发明是卡尔曼滤波算法，该算法曾应用于阿波罗号登月计划的航天计算机系统、人类探索深海和星空的机器人载体以及几乎所有需要从噪声数据去估算实际状态的项目。他是法国科学院外籍院士、美国国家工程院院士、美国艺术与科学院院士、美国国家科学院院士和俄罗斯科学院外籍院士。

1960 年，时任美国宇航局加利福尼亚州艾姆斯研究中心 (Ames Research Center, ARC) 动力分析处主任的斯坦利 • 施密特 (Stanley F. Schmidt) 正在一个史无前例的载人登月计划中主持导航项目。当年，宇宙飞船从陀螺仪、加速度计和雷达等传感器上获取的测量数据中充满了不确定性误差和随机噪声，严重威胁着高速飞向月球并降落其岩石表面的宇宙飞船及宇航员的安全。因此他们必须从测量数据中把噪声滤掉，以便对飞船所处位置和运动速度做出非常精确的估算。随后，他们决定在阿波罗 11 号登月计划中的导航系统里采用卡尔曼滤波算法。卡尔曼滤波的主要优点是把维纳滤波的最优估计理论发展成可以实时递推计算的程序，因而让最优估计数学理论真正派上了用场。

阿波罗号飞船的登月成功使得卡尔曼和他的滤波器声名鹊起，也使卡尔曼的其他开创性工作如状态空间及其分解、能控性、能观性、系统最小实现、LQG(线性二次型高斯问题) 等理论和方法得到广泛认可，它们在随后半个多世纪里一直占据控制理论和系统科学的主流。1960 年左右，卡尔曼将数学中的状态空间法引入控制理论，控制系统的数学模型出现了另外一种描述方法——状态空间模型。

2.1.3 状态空间模型转化为传递函数

线性定常系统初始条件为零时，输出量的 Laplace(拉普拉斯) 变换与输入量的 Laplace 变换之比称为传递函数。同一系统的状态空间模型和传递函数之间存在着内在的联系，并且可以相互转换。

对线性定常系统式 (2.5) 的动态方程进行 Laplace 变换，可以得到

$$\begin{aligned} s\boldsymbol{X}(s)-\boldsymbol{x}(0)&=\boldsymbol{A}\boldsymbol{X}(s)+\boldsymbol{B}\boldsymbol{U}(s)\\ \boldsymbol{Y}(s)&=\boldsymbol{C}\boldsymbol{X}(s)+\boldsymbol{D}\boldsymbol{U}(s)\end{aligned}$$

化简后得

$$\begin{aligned} (s\boldsymbol{I}-\boldsymbol{A})\boldsymbol{X}(s)&=\boldsymbol{B}\boldsymbol{U}(s)+\boldsymbol{x}(0)\\ \boldsymbol{Y}(s)&=\boldsymbol{C}\boldsymbol{X}(s)+\boldsymbol{D}\boldsymbol{U}(s)\end{aligned}$$

令初始条件为零，即 $\boldsymbol{x}(0)=0$，消去中间变量 $\boldsymbol{X}(s)$，得到

$$\boldsymbol{Y}(s)=\left[\boldsymbol{C}(s\boldsymbol{I}-\boldsymbol{A})^{-1}\boldsymbol{B}+\boldsymbol{D}\right]\boldsymbol{U}(s)$$

从而系统的传递函数矩阵为

$$\boldsymbol{G}(s)=\frac{\boldsymbol{Y}(s)}{\boldsymbol{U}(s)}=\boldsymbol{C}(s\boldsymbol{I}-\boldsymbol{A})^{-1}\boldsymbol{B}+\boldsymbol{D}$$

例 2.2　已知系统状态空间模型为

$$\begin{bmatrix}\dot{x}_1\\ \dot{x}_2\end{bmatrix}=\begin{bmatrix}0 & 1\\ 0 & -2\end{bmatrix}\begin{bmatrix}x_1\\ x_2\end{bmatrix}+\begin{bmatrix}1 & 0\\ 0 & 1\end{bmatrix}\begin{bmatrix}u_1\\ u_2\end{bmatrix}$$

$$\begin{bmatrix}y_1\\ y_2\end{bmatrix}=\begin{bmatrix}1 & 0\\ 0 & 1\end{bmatrix}\begin{bmatrix}x_1\\ x_2\end{bmatrix}$$

试求系统的传递函数矩阵。

解　已知

$$\boldsymbol{A}=\begin{bmatrix}0 & 1\\ 0 & -2\end{bmatrix},\quad \boldsymbol{B}=\begin{bmatrix}1 & 0\\ 0 & 1\end{bmatrix},\quad \boldsymbol{C}=\begin{bmatrix}1 & 0\\ 0 & 1\end{bmatrix},\quad \boldsymbol{D}=\boldsymbol{0}$$

故

$$(s\boldsymbol{I}-\boldsymbol{A})^{-1}=\begin{bmatrix}s & -1\\ 0 & s+2\end{bmatrix}^{-1}=\begin{bmatrix}\dfrac{1}{s} & \dfrac{1}{s(s+2)}\\ 0 & \dfrac{1}{s+2}\end{bmatrix}$$

于是，传递函数矩阵为

$$\boldsymbol{G}(s)=\boldsymbol{C}(s\boldsymbol{I}-\boldsymbol{A})^{-1}\boldsymbol{B}+\boldsymbol{D}=\begin{bmatrix}1 & 0\\ 0 & 1\end{bmatrix}\begin{bmatrix}\dfrac{1}{s} & \dfrac{1}{s(s+2)}\\ 0 & \dfrac{1}{s+2}\end{bmatrix}\begin{bmatrix}1 & 0\\ 0 & 1\end{bmatrix}=\begin{bmatrix}\dfrac{1}{s} & \dfrac{1}{s(s+2)}\\ 0 & \dfrac{1}{s+2}\end{bmatrix}$$

2.1.4　状态空间模型的系统框图

系统的数学描述通常有两种基础形式：一种是基于输入、输出模型的外部描述，只反映输入与输出之间的关系，而不去表征系统的内容结构和变量，如传递函数；另一种是基

于状态空间模型的内部描述，能反映系统的内部结构与内部变量，可以由状态方程和输出方程组成，这也是本书要学习的数学模型。一个典型线性控制系统的状态空间模型可以用如图 2.3 所示的系统框图来表示。

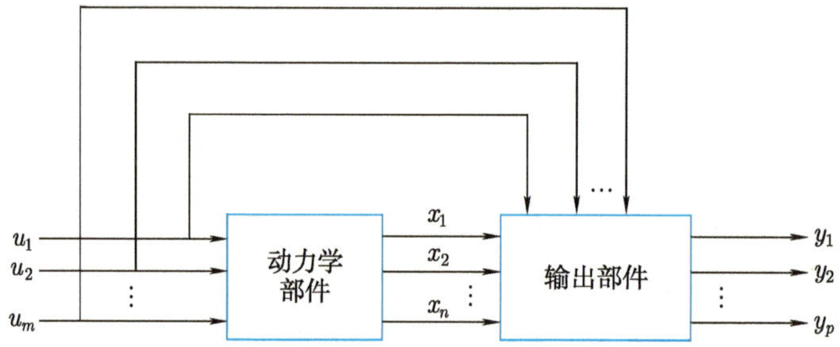

图 2.3　状态空间模型的系统框图

2.2　状态空间模型的建立

线性定常系统的状态空间模型建立方法一般有 3 种。

1) 根据系统机理建立状态空间模型。

2) 根据高阶微分方程建立状态空间模型。

3) 根据系统传递函数建立状态空间模型。

本节将分别介绍如何通过 3 种方法来建立线性定常系统状态空间模型的过程。

2.2.1　由系统机理建立状态空间模型

一般地，控制系统可分为电气、机械、机电、液压和热力等类型。建立控制系统状态空间模型的通常做法是：根据具体系统结构及其研究目的，确定系统的输入和输出变量；根据实际系统的工作机理，比如牛顿定律、基尔霍夫定律等，建立系统运动方程；再选择适当的物理量作为状态变量，把运动方程转换为一阶微分方程组，从而建立系统的状态空间模型。这种根据系统内部的运动规律，直接推导其输入输出关系的建模方法称为**机理分析法**。现举例说明基于机理分析法的状态空间模型建立过程。

例 2.3 (*RLC* 电路)　考虑如图 2.4 所示的 *RLC* 串联电路。输入为电源电压 u，输出为电容 C 上的电压 u_C，R 为电阻，L 为电感。

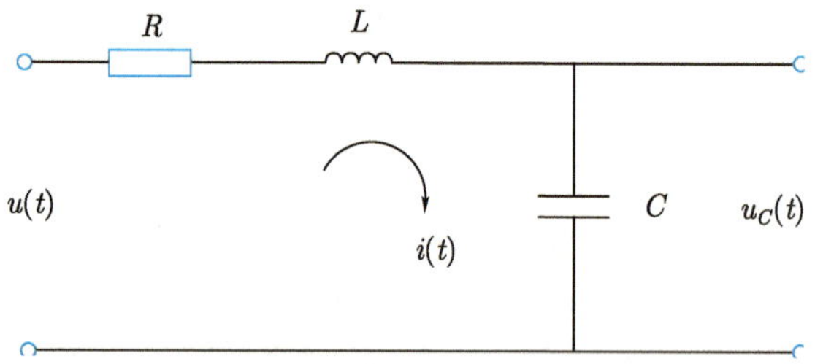

图 2.4　*RLC* 串联电路

解　根据电路原理，容易写出如下一阶微分方程组：

$$\begin{cases} C\dfrac{\mathrm{d}u_C}{\mathrm{d}t} = i \\ L\dfrac{\mathrm{d}i}{\mathrm{d}t} + Ri + u_C = u \end{cases}$$

1) 当取 $x_1 = u_C$、$x_2 = i$ 为状态变量，则可导出状态方程

$$\begin{cases} \dot{x}_1 = \dfrac{1}{C}x_2 \\ \dot{x}_2 = -\dfrac{1}{L}x_1 - \dfrac{R}{L}x_2 + \dfrac{1}{L}u \end{cases}$$

取电容电压 u_C 作为输出变量 y，则可导出输出方程

$$y = u_C = x_1$$

将上述线性定常系统的状态空间模型写成向量方程形式，有

$$\begin{aligned} \begin{bmatrix} \dot{x}_1 \\ \dot{x}_2 \end{bmatrix} &= \begin{bmatrix} 0 & \dfrac{1}{C} \\ -\dfrac{1}{L} & -\dfrac{R}{L} \end{bmatrix} \begin{bmatrix} x_1 \\ x_2 \end{bmatrix} + \begin{bmatrix} 0 \\ \dfrac{1}{L} \end{bmatrix} u \\ y &= \begin{bmatrix} 1 & 0 \end{bmatrix} \begin{bmatrix} x_1 \\ x_2 \end{bmatrix} \end{aligned} \tag{2.7}$$

2) 当取 $x_1 = \int i\mathrm{d}t$、$x_2 = i$ 为状态变量，则可导出状态方程

$$\begin{cases} \dot{x}_1 = x_2 \\ \dot{x}_2 = -\dfrac{1}{LC}x_1 - \dfrac{R}{L}x_2 + \dfrac{1}{L}u \end{cases}$$

仍取电容电压 u_C 作为输出变量 y，则可导出输出方程

$$y = u_C = \frac{1}{C}\int i\mathrm{d}t = \frac{1}{C}x_1$$

将上述状态空间模型写成向量方程形式，有

$$\begin{aligned} \begin{bmatrix} \dot{x}_1 \\ \dot{x}_2 \end{bmatrix} &= \begin{bmatrix} 0 & 1 \\ -\dfrac{1}{LC} & -\dfrac{R}{L} \end{bmatrix} \begin{bmatrix} x_1 \\ x_2 \end{bmatrix} + \begin{bmatrix} 0 \\ \dfrac{1}{L} \end{bmatrix} u \\ y &= \begin{bmatrix} \dfrac{1}{C} & 0 \end{bmatrix} \begin{bmatrix} x_1 \\ x_2 \end{bmatrix} \end{aligned} \tag{2.8}$$

通过以上例子，可以归纳出两点结论：

1) **状态变量的选取不唯一。**一个系统的状态变量通常有多种不同的选取方法，但应尽量选取能测量的物理量或独立储能元件的储能变量作为状态变量，以便实现系统设计。在机械系统中，如例 2.1，常选取位移和速度作为变量；在 RLC 电路系统中，常选电感器电

流和电容器电压作为状态变量。

2) 状态空间模型不唯一。从上例可见，式 (2.7) 与式 (2.8) 两个状态空间模型不一样，但都是描述同一个 RLC 电路的性能，这是由状态变量的选择不同引起的。如果将线性代数中坐标变换的概念用于状态空间模型的状态变换，就可以把问题一般化，详细介绍见 2.4 节。

状态空间模型有一套求解析表达式的理论和一套求数值解的理论。解析表达式求解过程相对简单和容易，如果系统和输入函数过于复杂，求不出解析表达式，还可以确保用数值方法求得各个状态变量和输出量的数值解。

2.2.2　由高阶微分方程建立状态空间模型

1. 微分方程右边不含有输入信号导数的情况

直接选取状态变量，将高阶微分方程转化为一阶微分方程组。

考虑一个单输入单输出线性定常系统，系统的输出 y 和输入 u 均为标量，则表征系统输出和输入之间的因果关系，可以用如下的高阶微分方程来描述：

$$y^{(n)} + a_{n-1}y^{(n-1)} + a_{n-2}y^{(n-2)} + \cdots + a_1\dot{y} + a_0 y = b_0 u$$

选取状态变量如下：

$$\begin{cases} x_1 = y \\ x_2 = \dot{y} \\ \vdots \\ x_n = y^{(n-1)} \end{cases}$$

它们是输出变量 y 及其各阶导数。于是，容易得到系统的状态方程为

$$\begin{cases} \dot{x}_1 = x_2 \\ \dot{x}_2 = x_3 \\ \vdots \\ \dot{x}_n = -a_0x_1 - a_1x_2 - \cdots - a_{n-1}x_n + b_0u \end{cases}$$

输出方程为

$$y = x_1$$

将其写成向量方程形式可得对应的状态空间模型为

$$\begin{aligned} \dot{\boldsymbol{x}} &= \underbrace{\begin{bmatrix} 0 & 1 & \cdots & 0 \\ \vdots & \vdots & & \vdots \\ 0 & 0 & \cdots & 1 \\ -a_0 & -a_1 & \cdots & -a_{n-1} \end{bmatrix}}_{\boldsymbol{A}} \boldsymbol{x} + \underbrace{\begin{bmatrix} 0 \\ \vdots \\ 0 \\ b_0 \end{bmatrix}}_{\boldsymbol{B}} u \\ y &= \underbrace{\begin{bmatrix} 1 & 0 & \cdots & 0 \end{bmatrix}}_{\boldsymbol{C}} \boldsymbol{x} \end{aligned}$$

例 2.4　设系统的运动方程为

$$\dddot{y}+4\ddot{y}+6\dot{y}+8y=3u$$

试列写其状态空间模型。

解　选择状态变量为 $x_1=y,x_2=\dot{y},x_3=\ddot{y}$，则有系统状态方程为

$$\begin{cases}\dot{x}_1=x_2\\ \dot{x}_2=x_3\\ \dot{x}_3=-8x_1-6x_2-4x_3+3u\end{cases}$$

系统输出方程为

$$y=x_1$$

将它们写成向量方程形式，得到系统的状态空间模型为

$$\dot{\boldsymbol{x}}=\begin{bmatrix}0&1&0\\0&0&1\\-8&-6&-4\end{bmatrix}\boldsymbol{x}+\begin{bmatrix}0\\0\\3\end{bmatrix}u$$
$$y=[1\quad 0\quad 0]\,\boldsymbol{x}$$

2. 微分方程右边含有输入信号导数的情况

不失一般性，设输入输出描述具有如下形式：

$$\begin{aligned}&y^{(n)}+a_{n-1}y^{(n-1)}+a_{n-2}y^{(n-2)}+\cdots+a_1\dot{y}+a_0y\\&=b_nu^n+b_{n-1}u^{(n-1)}+\cdots+b_1\dot{u}+b_0u\end{aligned}\tag{2.9}$$

对于这种情况，考虑高阶微分方程式 (2.9)，若仍然直接选取 $y,\dot{y},\cdots,y^{(n-1)}$ 作为一组状态变量，则所得的状态方程为

$$\begin{bmatrix}\dot{x}_1\\ \vdots\\ \dot{x}_{n-1}\\ \dot{x}_n\end{bmatrix}=\begin{bmatrix}0&1&\cdots&0\\ \vdots&\vdots&&\vdots\\ 0&0&\cdots&1\\ -a_0&-a_1&\cdots&-a_{n-1}\end{bmatrix}\begin{bmatrix}x_1\\ \vdots\\ x_{n-1}\\ x_n\end{bmatrix}+\begin{bmatrix}0&0&\cdots&0\\ \vdots&\vdots&&\vdots\\ 0&0&\cdots&0\\ b_n&b_{n-1}&\cdots&b_0\end{bmatrix}\begin{bmatrix}u^{(n)}\\ \vdots\\ \dot{u}\\ u\end{bmatrix}$$

注意到该式中包含了 u 的导数项，这可能使系统在状态空间中的运动出现无穷大的跳变，方程解的存在性和唯一性被破坏，这是不希望的。因此，必须适当地选择状态变量，使状态方程中不包含 u 的导数项。

为了使系统状态方程中不出现 u 的导数项，可以选取状态变量为

$$\begin{cases}x_1=y-\beta_0u\\ x_2=\dot{x}_1-\beta_1u=\dot{y}-\beta_0\dot{u}-\beta_1u\\ x_3=\dot{x}_2-\beta_2u=\ddot{y}-\beta_0\ddot{u}-\beta_1\dot{u}-\beta_2u\\ \vdots\\ x_n=\dot{x}_{n-1}-\beta_{n-1}u=y^{(n-1)}-\beta_0u^{(n-1)}-\cdots-\beta_{n-2}\dot{u}-\beta_{n-1}u\end{cases}\tag{2.10}$$

式中，β_i $(i=0,1,2,\cdots,n)$ 是待定系数。

由式 (2.10) 第一个方程可以得到系统输出方程为

$$y=x_1+\beta_0 u \tag{2.11}$$

而由其他方程整理后可得

$$\begin{cases}\dot{x}_1=x_2+\beta_1 u\\ \dot{x}_2=x_3+\beta_2 u\\ \vdots\\ \dot{x}_{n-1}=x_n+\beta_{n-1}u\end{cases} \tag{2.12}$$

引入中间变量

$$\begin{aligned}x_{n+1}&=\dot{x}_n-\beta_n u\\ &=y^{(n)}-\beta_0 u^{(n)}-\beta_1 u^{(n-1)}-\cdots-\beta_{n-1}\dot{u}-\beta_n u\end{aligned} \tag{2.13}$$

从而有

$$\dot{x}_n=x_{n+1}+\beta_n u \tag{2.14}$$

以及

$$y^{(n)}=x_{n+1}+\beta_0 u^{(n)}+\beta_1 u^{(n-1)}+\cdots+\beta_{n-1}\dot{u}+\beta_n u \tag{2.15}$$

待定系数 β_i $(i=0,1,2,\cdots,n)$ 可以由递推公式求出，推导过程如下。

由式 (2.10) 和式 (2.13) 可得

$$\begin{cases}y=x_1+\beta_0 u\\ \dot{y}=x_2+\beta_0\dot{u}+\beta_1 u\\ \ddot{y}=x_3+\beta_0\ddot{u}+\beta_1\dot{u}+\beta_2 u\\ \vdots\\ y^{(n-1)}=x_n+\beta_0 u^{(n-1)}+\beta_1 u^{(n-2)}+\cdots+\beta_{n-2}\dot{u}+\beta_{n-1}u\\ y^{(n)}=x_{n+1}+\beta_0 u^{(n)}+\beta_1 u^{(n-1)}+\cdots+\beta_{n-1}\dot{u}+\beta_n u\end{cases} \tag{2.16}$$

将式 (2.16) 代入方程式 (2.9)，并经整理可得

$$\begin{aligned}&(x_{n+1}+a_{n-1}x_n+\cdots+a_1x_2+a_0x_1)+\beta_0 u^{(n)}+\\ &(\beta_1+a_{n-1}\beta_0)u^{(n-1)}+(\beta_2+a_{n-1}\beta_1+a_{n-2}\beta_0)u^{(n-2)}+\cdots+\\ &(\beta_n+a_{n-1}\beta_{n-1}+\cdots+a_1\beta_1+a_0\beta_0)u\\ =&b_n u^n+b_{n-1}u^{(n-1)}+\cdots+b_1\dot{u}+b_0 u\end{aligned} \tag{2.17}$$

比较式 (2.17) 左右两边 u 的同次幂系数，有

$$
\begin{cases}
x_{n+1}+a_{n-1}x_n+\cdots+a_1x_2+a_0x_1=0\\
\beta_0=b_n\\
\beta_1=b_{n-1}-a_{n-1}\beta_0\\
\beta_2=b_{n-2}-a_{n-1}\beta_1-a_{n-2}\beta_0\\
\vdots\\
\beta_n=b_0-a_{n-1}\beta_{n-1}-\cdots-a_1\beta_1-a_0\beta_0
\end{cases}
\tag{2.18}
$$

为简便起见，将待定系数 $\beta_i\ (i=0,1,2,\cdots,n)$ 的计算式写成矩阵形式

$$
\begin{bmatrix} b_n\\ b_{n-1}\\ \vdots\\ b_1\\ b_0 \end{bmatrix}=
\begin{bmatrix}
1 & 0 & \cdots & 0 & 0\\
a_{n-1} & 1 & \cdots & 0 & 0\\
\vdots & \vdots & & \vdots & \vdots\\
a_1 & a_2 & \cdots & 1 & 0\\
a_0 & a_1 & \cdots & a_{n-1} & 1
\end{bmatrix}
\begin{bmatrix} \beta_0\\ \beta_1\\ \vdots\\ \beta_{n-1}\\ \beta_n \end{bmatrix}
\tag{2.19}
$$

另外，由式 (2.18) 方程组中第一个式子得

$$
x_{n+1}=-a_{n-1}x_n-\cdots-a_1x_2-a_0x_1 \tag{2.20}
$$

将其代入式 (2.14)，并联合式 (2.12) 可得到状态方程

$$
\begin{cases}
\dot{x}_1=x_2+\beta_1u\\
\dot{x}_2=x_3+\beta_2u\\
\vdots\\
\dot{x}_{n-1}=x_n+\beta_{n-1}u\\
\dot{x}_n=-a_{n-1}x_n-\cdots-a_1x_2-a_0x_1+\beta_nu
\end{cases}
\tag{2.21}
$$

注意到 $\beta_0=b_n$，则将状态方程式 (2.21) 和输出方程式 (2.11) 写成向量方程的形式，就可得到此种情况下的状态空间模型为

$$
\underbrace{\begin{bmatrix} \dot{x}_1\\ \vdots\\ \dot{x}_{n-1}\\ \dot{x}_n \end{bmatrix}}_{\dot{\boldsymbol{x}}}=
\underbrace{\begin{bmatrix}
0 & 1 & \cdots & 0\\
\vdots & \vdots & & \vdots\\
0 & 0 & \cdots & 1\\
-a_0 & -a_1 & \cdots & -a_{n-1}
\end{bmatrix}}_{\boldsymbol{A}}
\underbrace{\begin{bmatrix} x_1\\ \vdots\\ x_{n-1}\\ x_n \end{bmatrix}}_{\boldsymbol{x}}+
\underbrace{\begin{bmatrix} \beta_1\\ \vdots\\ \beta_{n-1}\\ \beta_n \end{bmatrix}}_{\boldsymbol{B}}u
\tag{2.22}
$$

$$
y=\underbrace{\begin{bmatrix}1 & 0 & \cdots & 0\end{bmatrix}}_{\boldsymbol{C}}\boldsymbol{x}+b_nu
$$

例 2.5　已知系统输入输出的微分方程为

$$
\dddot{y}+4\ddot{y}+2\dot{y}+y=\ddot{u}+\dot{u}+3u \tag{2.23}
$$

试列写其状态空间模型。

解　对照式 (2.9) 微分方程有 $a_2=4, a_1=2, a_0=1$，$b_3=0, b_2=1, b_1=1$，$b_0=3$。代入 $\beta_i(i=0,1,2,3)$ 的计算公式式 (2.18) 得

$$\beta_0 = b_3 = 0$$
$$\beta_1 = b_2 - a_2\beta_0 = 1 - 4 \times 0 = 1$$
$$\beta_2 = b_1 - a_2\beta_1 - a_1\beta_0 = 1 - 4 \times 1 - 2 \times 0 = -3$$
$$\beta_3 = b_0 - a_2\beta_2 - a_1\beta_1 - a_0\beta_0 = 3 - 4 \times (-3) - 2 \times 1 - 1 \times 0 = 13$$

按照式 (2.22) 直接写出状态空间模型为

$$\begin{bmatrix} \dot{x}_1 \\ \dot{x}_2 \\ \dot{x}_3 \end{bmatrix} = \begin{bmatrix} 0 & 1 & 0 \\ 0 & 0 & 1 \\ -1 & -2 & -4 \end{bmatrix} \begin{bmatrix} x_1 \\ x_2 \\ x_3 \end{bmatrix} + \begin{bmatrix} 1 \\ -3 \\ 13 \end{bmatrix} u$$
$$y = \begin{bmatrix} 1 & 0 & 0 \end{bmatrix} \begin{bmatrix} x_1 \\ x_2 \\ x_3 \end{bmatrix} \tag{2.24}$$

由于采用该方法较为烦琐，通常的做法是将微分方程转换为传递函数，再由传递函数来实现。

2.2.3 由传递函数建立状态空间模型

由传递函数建立状态空间模型的方法之一是把传递函数转化为微分方程，然后采用前面所介绍的方法来求得状态空间模型。另外，还有直接分解法、串联分解法和并联分解法。这里主要介绍直接分解法。

对于实际物理系统，传递函数的分子多项式的次数总是要小于或等于分母多项式的次数的。设 n 阶单输入单输出系统的传递函数为

$$G(s) = \frac{Y(s)}{U(s)} = \frac{b_{n-1}s^{n-1} + \cdots + b_1 s + b_0}{s^n + a_{n-1}s^{n-1} + \cdots + a_1 s + a_0} \tag{2.25}$$

令 $N(s) = b_{n-1}s^{n-1} + \cdots + b_1 s + b_0$, $D(s) = s^n + a_{n-1}s^{n-1} + \cdots + a_1 s + a_0$。于是，传递函数 $G(s)$ 可以看成是由 $\dfrac{1}{D(s)}$ 和 $N(s)$ 串联而成，串联系统如图 2.5 所示，其中 $E(s)$ 为中间变量。

于是，有

$$\frac{E(s)}{U(s)} = \frac{1}{s^n + a_{n-1}s^{n-1} + \cdots + a_1 s + a_0}$$

$$\frac{Y(s)}{E(s)} = b_{n-1}s^{n-1} + \cdots + b_1 s + b_0$$

两边取 Laplace 反变换，并选取状态变量为

$$\begin{cases} x_1 = e \\ x_2 = \dot{e} \\ x_3 = \ddot{e} \\ \quad\vdots \\ x_n = e^{(n-1)} \end{cases}$$

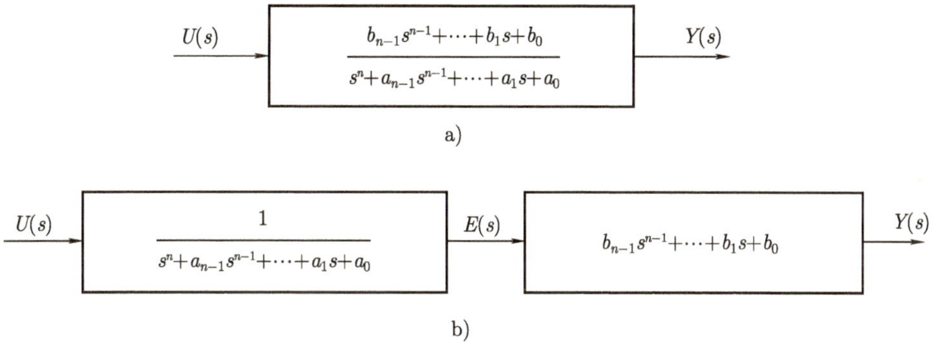

图 2.5　串联系统

可得状态空间模型

$$\underbrace{\begin{bmatrix}\dot{x}_1\\\dot{x}_2\\\vdots\\\dot{x}_n\end{bmatrix}}_{\dot{\boldsymbol{x}}}=\underbrace{\begin{bmatrix}0&1&\cdots&0\\\vdots&\vdots&&\vdots\\0&0&\cdots&1\\-a_0&-a_1&\cdots&-a_{n-1}\end{bmatrix}}_{\boldsymbol{A}}\underbrace{\begin{bmatrix}x_1\\x_2\\\vdots\\x_n\end{bmatrix}}_{\boldsymbol{x}}+\underbrace{\begin{bmatrix}0\\0\\\vdots\\1\end{bmatrix}}_{\boldsymbol{B}}u \tag{2.26}$$

$$y=\underbrace{\begin{bmatrix}b_0&b_1&\cdots&b_{n-1}\end{bmatrix}}_{\boldsymbol{C}}\boldsymbol{x}$$

2.2.4　建模实例

下面通过列举一系列实例 (包括非线性系统) 来加深理解状态空间模型的建立过程，其中一些例子在后面的章节中还要详细介绍。

例 2.6 (双积分器)　双积分器是由微分方程 $\ddot{z}=u$ 描述的线性系统，其中 u 为输入量，试建立该系统的状态空间模型。

解　取状态变量为 $x_1=z$ 和 $x_2=\dot{z}$，输出量 $y=z$，则可直接列写状态空间模型，即

$$\begin{cases}\dot{\boldsymbol{x}}(t)=\boldsymbol{A}\boldsymbol{x}(t)+\boldsymbol{B}u(t)\\y(t)=\boldsymbol{C}\boldsymbol{x}(t)+\boldsymbol{D}u(t)\end{cases} \tag{2.27}$$

其中，$\boldsymbol{x}=[x_1\quad x_2]^{\mathrm{T}}$；$\boldsymbol{A}=\begin{bmatrix}0&1\\0&0\end{bmatrix}$；$\boldsymbol{B}=[0\quad 1]^{\mathrm{T}}$；$\boldsymbol{C}=[1\quad 0]$；$\boldsymbol{D}=\boldsymbol{0}$。

例 2.7 (有源带通滤波器)　考虑如图 2.6 所示的运算放大器电路。

解　根据电路原理，通过放大器中各节点电流之和为零，可列写系统的动态方程，即

$$\begin{cases}0=\dfrac{V_1-V_2}{R_1}-C_1\dfrac{\mathrm{d}V_2}{\mathrm{d}t}\\[2ex]0=C_1\dfrac{\mathrm{d}V_2}{\mathrm{d}t}+\dfrac{V_3}{R_2}+C_2\dfrac{\mathrm{d}V_3}{\mathrm{d}t}\end{cases} \tag{2.28}$$

选择 V_2 和 V_3 作为状态变量，V_1 作为输入，可得

$$\begin{cases} \dfrac{\mathrm{d}V_2}{\mathrm{d}t} = \dfrac{V_1 - V_2}{R_1C_1} \\ \dfrac{\mathrm{d}V_3}{\mathrm{d}t} = -\dfrac{V_1 - V_2}{R_1C_2} - \dfrac{V_3}{R_2C_2} \end{cases} \tag{2.29}$$

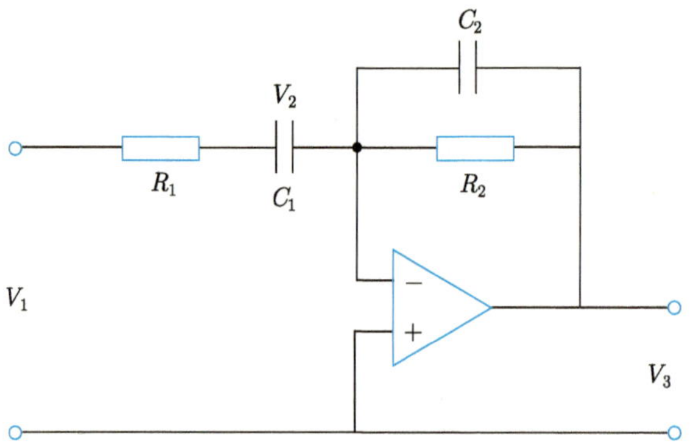

图 2.6 有源带通滤波器

将其重写为状态空间模型，有

$$\begin{aligned} \dot{\boldsymbol{x}} &= \begin{bmatrix} -\dfrac{1}{R_1C_1} & 0 \\ \dfrac{1}{R_1C_2} & -\dfrac{1}{R_2C_2} \end{bmatrix} \boldsymbol{x} + \begin{bmatrix} \dfrac{1}{R_1C_1} \\ -\dfrac{1}{R_1C_2} \end{bmatrix} u \\ y &= [0 \quad 1]\, \boldsymbol{x} \end{aligned} \tag{2.30}$$

其中，$\boldsymbol{x} = [V_2 \quad V_3]^{\mathrm{T}}$；$u = V_1$；$y = V_3$。

例 2.8(直流电动机) 一个由电枢电压控制的他励电动机系统如图 2.7 所示，其中，θ 为电动机转轴角，$\omega = \dot{\theta}$ 为电动机角速度，J 为电动机及负载折合到电动机轴上的转动惯量，i_{a} 为电枢电流。该例中，为简化系统模型，忽略反电动势，没有齿轮传动比。试求他励电动机的状态空间模型。

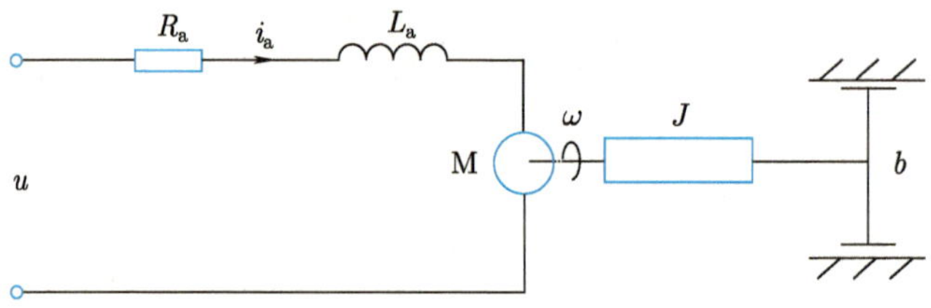

图 2.7 他励电动机系统

解 由电压定律得

$$u = R_{\mathrm{a}}i_{\mathrm{a}} + L_{\mathrm{a}}\frac{\mathrm{d}i_{\mathrm{a}}}{\mathrm{d}t} + C_{\mathrm{e}}\frac{\mathrm{d}\theta}{\mathrm{d}t} \tag{2.31}$$

由机械转矩平衡定律得

$$C_{\mathrm{m}} i_{\mathrm{a}} = J\frac{\mathrm{d}^2\theta}{\mathrm{d}t^2} + b\frac{\mathrm{d}\theta}{\mathrm{d}t} \tag{2.32}$$

式中，C_{e} 为电动机电动势系数；C_{m} 为电磁转矩系数；b 为黏滞摩擦系数 (即与转子速度相关力矩的阻尼系数)。

取状态变量为 $x_1 = \omega$、$x_2 = i_{\mathrm{a}}$，输出为 $y = \dot{\theta}$。由以上式子可得

$$\begin{cases} \dot{x}_1 = -\dfrac{b}{J}x_1 + \dfrac{C_{\mathrm{m}}}{J}x_2 \\ \dot{x}_2 = -\dfrac{C_{\mathrm{e}}}{L_{\mathrm{a}}}x_1 - \dfrac{R_{\mathrm{a}}}{L_{\mathrm{a}}}x_2 + \dfrac{u}{L_{\mathrm{a}}} \end{cases} \tag{2.33}$$

系统的输出方程为

$$y = \omega = x_1 \tag{2.34}$$

写成向量方程形式的状态空间模型为

$$\begin{aligned} \begin{bmatrix} \dot{x}_1 \\ \dot{x}_2 \end{bmatrix} &= \begin{bmatrix} -\dfrac{b}{J} & \dfrac{C_{\mathrm{m}}}{J} \\ -\dfrac{C_{\mathrm{e}}}{L_{\mathrm{a}}} & -\dfrac{R_{\mathrm{a}}}{L_{\mathrm{a}}} \end{bmatrix} \begin{bmatrix} x_1 \\ x_2 \end{bmatrix} + \begin{bmatrix} 0 \\ \dfrac{1}{L_{\mathrm{a}}} \end{bmatrix} u \\ y &= \begin{bmatrix} 1 & 0 \end{bmatrix} \begin{bmatrix} x_1 \\ x_2 \end{bmatrix} \end{aligned} \tag{2.35}$$

例 2.9 (平移机械系统)　考虑如图 2.8 所示的输入为 u 和输出为 z_1 的系统，u 是作用在第 2 个物体上的力，μ 是黏性摩擦系数，z_i 是第 i 个物体相对于它的平衡点的偏差，k_i 是第 i 个弹簧的刚度，其中 $i = 1, 2$。考虑状态向量 $\boldsymbol{x} = [z_1 \quad z_2 \quad \dot{z}_1 \quad \dot{z}_2]^{\mathrm{T}}$，输出为 z_1 和 z_2，试建立该系统的状态空间模型。

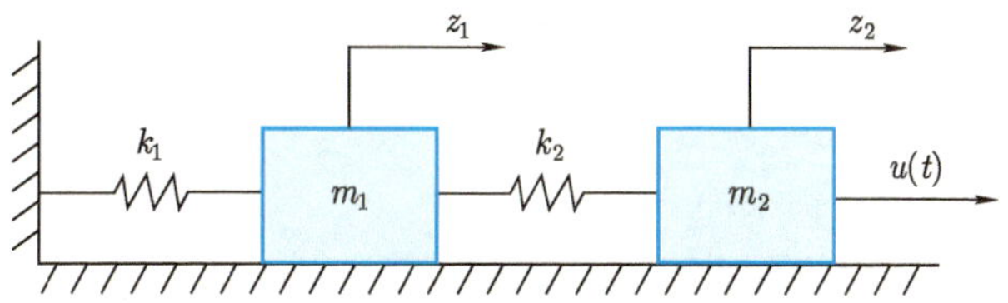

图 2.8　平移机械系统

解　根据牛顿力学第二定律，施加到物体 1 和物体 2 上的动力学基本原理如下：

$$-k_1 z_1 - \mu\dot{z}_1 + k_2(z_2 - z_1) = m_1\ddot{z}_1$$

$$u - \mu\dot{z}_2 - k_2(z_2 - z_1) = m_2\ddot{z}_2$$

或者

$$\begin{bmatrix}\ddot{z}_1\\ \ddot{z}_2\end{bmatrix}=\begin{bmatrix}\dfrac{1}{m_1}\big(-(k_1+k_2)z_1+k_2z_2-\mu\dot{z}_1\big)\\ \dfrac{1}{m_2}\big(k_2z_1-k_2z_2-\mu\dot{z}_2+u\big)\end{bmatrix}$$

令 $\boldsymbol{y}=[z_1\quad z_2]^{\mathrm{T}}$。由此，可得到下述状态空间模型：

$$\begin{aligned}\dot{\boldsymbol{x}}&=\begin{bmatrix}0&0&1&0\\0&0&0&1\\-\dfrac{k_1+k_2}{m_1}&\dfrac{k_2}{m_1}&-\dfrac{\mu}{m_1}&0\\ \dfrac{k_2}{m_2}&-\dfrac{k_2}{m_2}&0&-\dfrac{\mu}{m_2}\end{bmatrix}\boldsymbol{x}+\begin{bmatrix}0\\0\\0\\ \dfrac{1}{m_2}\end{bmatrix}u\\ \boldsymbol{y}&=\begin{bmatrix}1&0&0&0\\0&1&0&0\end{bmatrix}\boldsymbol{x}\end{aligned}\tag{2.36}$$

例 2.10 (球杆系统) 球杆系统是一个典型的单输入单输出的机电类控制系统，通过改变 V 型槽导轨与水平方向的夹角，来控制导轨上滚动小球的位置。图 2.9 为球杆系统原理图。系统为一个单输入 (转角 θ)、单输出 (小球位置 r) 系统，输入量 θ 利用角度编码器来测量，输出量由导轨上直线位移传感器 (电位器) 的电压信号来获得。导轨的一端则由直流伺服电动机驱动齿轮减速，通过连杆带动 V 型槽导轨进行上下往复运动。V 型槽导轨与水平线的夹角 α 可通过测量齿轮转动角度和简单的几何计算获得。控制目的是通过设计反馈控制器来调节直流伺服电动机的转动，从而控制小球在导轨上的位置。

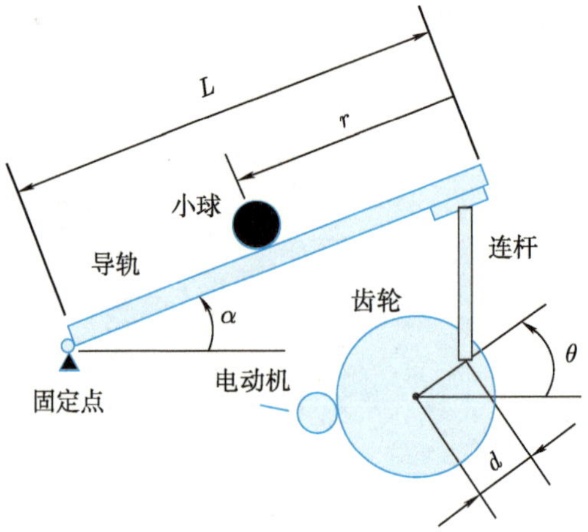

图 2.9 球杆系统原理图

解 下面通过分析小球在导轨上滚动的动态过程来建立系统模型。使小球在导轨上加速滚动的力是小球的重力在同导轨平行方向上的分力和小球受到的摩擦力的合力。设小球

的位置偏移为 r，则小球在杆上滚动的加速度为 $\ddot{r}$。考虑小球滚动的动力学方程：

$$\left(\frac{J}{R^2}+m\right)\ddot{r}-mg\sin\alpha-mr\dot{\alpha}^2=0 \tag{2.37}$$

式中，m 为小球质量；J 表示小球的转动惯量；R 为小球半径；g 为重力加速度；α 为导轨与水平面之间的夹角，其值通常较小。

注意到

$$\alpha=\frac{d}{L}\theta \tag{2.38}$$

式中，θ 为转角；d 为齿轮半径；L 为导轨长度。

由于实际摩擦力较小，所以可以忽略摩擦力；又由于实现控制时 α 变化率要求比较小，所以可以忽略此项的影响。于是，有 $\sin(\alpha)\approx\alpha, \dot{\alpha}\approx 0$。因而，式 (2.37) 可简化为

$$\left(\frac{J}{R^2}+m\right)\ddot{r}-mgu=0$$

选取小球位置 r 为状态变量 x_1，小球速度 $\dot{r}$ 为状态变量 x_2，将 $u=\theta$ 作为输入，输出为小球位置 $y=r$。于是，状态方程为

$$\begin{cases}\dot{x}_1=x_2\\ \dot{x}_2=cu\end{cases} \tag{2.39}$$

输出方程为

$$y=r \tag{2.40}$$

其中，$c=\dfrac{mgd}{L\left(\frac{J}{R^2}+m\right)}$。

将上述状态空间模型写成向量方程形式，有

$$\begin{aligned}\begin{bmatrix}\dot{x}_1\\ \dot{x}_2\end{bmatrix}&=\begin{bmatrix}0&1\\0&0\end{bmatrix}\begin{bmatrix}x_1\\x_2\end{bmatrix}+\begin{bmatrix}0\\c\end{bmatrix}u\\ y&=\begin{bmatrix}1&0\end{bmatrix}\begin{bmatrix}x_1\\x_2\end{bmatrix}\end{aligned} \tag{2.41}$$

例 2.11(Chua 混沌系统)　混沌是一种典型的非线性行为，具有无规律和不可预测的行为，这些行为往往会导致系统的性能下降甚至不稳定。混沌同步在实际生活中应用广泛，如工程中的振荡器设计、机器共振，生物系统中的神经网络运作、心跳调控等。自 1990 年，美国海军实验室的 Pecora 和 Carroll 先后提出了混沌同步及控制的方法，并在电路试验中首次观察到混沌同步的现象，混沌系统的控制与同步便成为非线性科学及复杂性科学中一个富有挑战性的重大课题. 这里介绍一种典型混沌系统——Chua 电路系统 (如图 2.10 所示)。

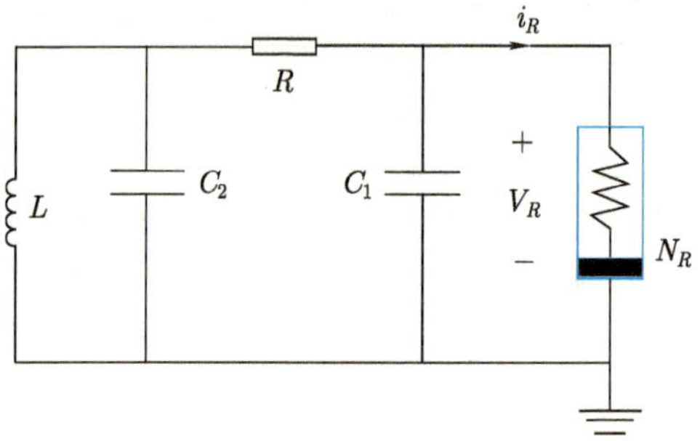

图 2.10　Chua 电路系统

N_R—压控型非线性电阻，也称为蔡氏二极管

解　Chua 电路作为能够展现混沌现象的经典非线性模拟电路，根据电路原理，可以用下列状态方程来描述：

$$\begin{cases} \dot{v}_{C_1} = \dfrac{1}{C_1}\left(\dfrac{1}{R}(v_{C_2} - v_{C_1}) - g(v_{C_1})\right) \\ \dot{v}_{C_2} = \dfrac{1}{C_2}\left(\dfrac{1}{R}(v_{C_1} - v_{C_2}) + i_L\right) \\ \dot{i}_L = -\dfrac{1}{L}v_{C_2} \end{cases} \tag{2.42}$$

式中，v_{C_1}、v_{C_2} 和 i_L 分别为电容 C_1、C_2 上的电压和通过电感 L 的电流；$g(\cdot)$ 是非线性元件的电压-电流特性函数，定义为

$$g(v) = G_{\rm b}v + \frac{1}{2}(G_{\rm a} - G_{\rm b})(|v + B_R| - |v - B_R|) \tag{2.43}$$

式中，B_R 为非线性元件导通的临界电压值。

定义 $x_1 = \dfrac{v_{C_1}}{B_R}$, $x_2 = \dfrac{v_{C_2}}{B_R}$, $x_3 = \dfrac{Ri_L}{B_R}$, $m_0 = RG_{\rm a}$, $m_1 = RG_{\rm b}$, $a = \dfrac{C_2}{C_1}$, $b = \dfrac{C_2R^2}{L}$，该系统可以转化为无量纲形式：

$$\begin{cases} \dot{x}_1 = a\left(x_2 - x_1 - g(x_1)\right) \\ \dot{x}_2 = x_1 - x_2 + x_3 \\ \dot{x}_3 = -bx_2 \end{cases} \tag{2.44}$$

其中，$g(x_1) = m_0x_1 + \dfrac{1}{2}(m_1 - m_0)(|x_1 + 1| - |x_1 - 1|)$。系统参数取为

$$a = 10, b = 14.87, m_0 = -0.68, m_1 = -1.27 \tag{2.45}$$

此时系统可以产生一个双卷混沌吸引子。图 2.11 为 Chua 电路系统的相轨迹，显示了初始条件为 $\boldsymbol{x}(0) = [0.1\ 0.1\ 0.1]^{\rm T}$ 时系统的相位图。

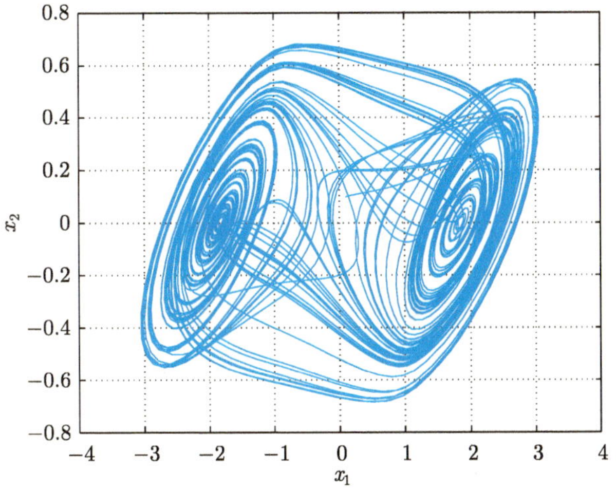

图 2.11　Chua 电路系统的相轨迹

2.3　非线性系统的线性化

严格来说，所有的实际系统都是非线性系统，那为什么还要研究线性系统？一方面，任何问题的研究都是从简单到复杂的，所以线性系统的研究不仅是其本身的需要，同时也是非线性系统研究的基础，可以应用线性系统中的一些概念和方法来研究非线性系统中的一些相关问题。另一方面，在一定的条件下，为简化模型，可忽略一些次要因素，将非线性系统简化为线性系统，或将非线性元件分段线性化，或仅限于讨论在系统工作点附近小范围内的运动特性。于是，利用泰勒级数法可将系统在工作点附近线性化，从而用系统的线性化模型来近似描述其在工作点附近的运动特性。

考查形如式 (2.4) 描述的一般连续非线性系统，当式 (2.4) 中不显含时间 t 时，可简化为如下时不变非线性系统：

$$\begin{cases} \dot{\boldsymbol{x}}(t) = \boldsymbol{f}(\boldsymbol{x}(t), \boldsymbol{u}(t)) \\ \boldsymbol{y}(t) = \boldsymbol{g}(\boldsymbol{x}(t), \boldsymbol{u}(t)) \end{cases} \tag{2.46}$$

设 $\boldsymbol{x}_0$、$\boldsymbol{u}_0$ 和 $\boldsymbol{y}_0$ 是满足非线性方程式 (2.46) 的一组解，即

$$\begin{cases} \dot{\boldsymbol{x}}_0 = \boldsymbol{f}\left(\boldsymbol{x}_0, \boldsymbol{u}_0\right) \\ \boldsymbol{y}_0 = \boldsymbol{g}\left(\boldsymbol{x}_0, \boldsymbol{u}_0\right) \end{cases} \tag{2.47}$$

如果只局限于考察输入 $\boldsymbol{u}$ 偏离 $\boldsymbol{u}_0$ 为 $\delta\boldsymbol{u}$ 时，对应于它，$\boldsymbol{x}$ 偏离 $\boldsymbol{x}_0$ 变为 $\delta\boldsymbol{x}$，$\boldsymbol{y}$ 也偏离 $\boldsymbol{y}_0$ 为 $\delta\boldsymbol{y}$ 时的行为，则可以通过对系统的一次近似而予以线性化。为此，将 $\boldsymbol{f}$ 和 $\boldsymbol{g}$ 在 $\boldsymbol{x}_0$ 和 $\boldsymbol{u}_0$ 附近做泰勒级数展开：

$$\left.\begin{aligned}\boldsymbol{f}(\boldsymbol{x},\boldsymbol{u})&=\boldsymbol{f}(\boldsymbol{x}_0,\boldsymbol{u}_0)+\left.\frac{\partial\boldsymbol{f}}{\partial\boldsymbol{x}}\right|_{\boldsymbol{x}_0,\boldsymbol{u}_0}\delta\boldsymbol{x}+\left.\frac{\partial\boldsymbol{f}}{\partial\boldsymbol{u}}\right|_{\boldsymbol{x}_0,\boldsymbol{u}_0}\delta\boldsymbol{u}+\boldsymbol{\alpha}(\delta\boldsymbol{x},\delta\boldsymbol{u})\\ \boldsymbol{g}(\boldsymbol{x},\boldsymbol{u})&=\boldsymbol{g}(\boldsymbol{x}_0,\boldsymbol{u}_0)+\left.\frac{\partial\boldsymbol{g}}{\partial\boldsymbol{x}}\right|_{\boldsymbol{x}_0,\boldsymbol{u}_0}\delta\boldsymbol{x}+\left.\frac{\partial\boldsymbol{g}}{\partial\boldsymbol{u}}\right|_{\boldsymbol{x}_0,\boldsymbol{u}_0}\delta\boldsymbol{u}+\boldsymbol{\beta}(\delta\boldsymbol{x},\delta\boldsymbol{u})\end{aligned}\right\}\tag{2.48}$$

式中，$\boldsymbol{\alpha}(\delta\boldsymbol{x},\delta\boldsymbol{u})$、$\boldsymbol{\beta}(\delta\boldsymbol{x},\delta\boldsymbol{u})$ 为关于 $\delta\boldsymbol{x}$、$\delta\boldsymbol{u}$ 的高次项；$\dfrac{\partial\boldsymbol{f}}{\partial\boldsymbol{x}}$、$\dfrac{\partial\boldsymbol{f}}{\partial\boldsymbol{u}}$ 分别为向量 $\boldsymbol{f}(\boldsymbol{x},\boldsymbol{u})$ 对向量 $\boldsymbol{x}$ 和 $\boldsymbol{u}$ 的偏导数；$\dfrac{\partial\boldsymbol{g}}{\partial\boldsymbol{x}}$、$\dfrac{\partial\boldsymbol{g}}{\partial\boldsymbol{u}}$ 分别为向量 $\boldsymbol{g}(\boldsymbol{x},\boldsymbol{u})$ 对向量 $\boldsymbol{x}$ 和 $\boldsymbol{u}$ 的偏导数。它们分别是 $n\times n$、$n\times m$、$p\times n$ 和 $p\times m$ 维矩阵，其相应定义如下：

$$\frac{\partial\boldsymbol{f}}{\partial\boldsymbol{x}}=\begin{bmatrix}\dfrac{\partial f_1}{\partial x_1}&\dfrac{\partial f_1}{\partial x_2}&\cdots&\dfrac{\partial f_1}{\partial x_n}\\ \dfrac{\partial f_2}{\partial x_1}&\dfrac{\partial f_2}{\partial x_2}&\cdots&\dfrac{\partial f_2}{\partial x_n}\\ \vdots&\vdots&&\vdots\\ \dfrac{\partial f_n}{\partial x_1}&\dfrac{\partial f_n}{\partial x_2}&\cdots&\dfrac{\partial f_n}{\partial x_n}\end{bmatrix},\quad \frac{\partial\boldsymbol{f}}{\partial\boldsymbol{u}}=\begin{bmatrix}\dfrac{\partial f_1}{\partial u_1}&\dfrac{\partial f_1}{\partial u_2}&\cdots&\dfrac{\partial f_1}{\partial u_m}\\ \dfrac{\partial f_2}{\partial u_1}&\dfrac{\partial f_2}{\partial u_2}&\cdots&\dfrac{\partial f_2}{\partial u_m}\\ \vdots&\vdots&&\vdots\\ \dfrac{\partial f_n}{\partial u_1}&\dfrac{\partial f_n}{\partial u_2}&\cdots&\dfrac{\partial f_n}{\partial u_m}\end{bmatrix}\tag{2.49}$$

$$\frac{\partial\boldsymbol{g}}{\partial\boldsymbol{x}}=\begin{bmatrix}\dfrac{\partial g_1}{\partial x_1}&\dfrac{\partial g_1}{\partial x_2}&\cdots&\dfrac{\partial g_1}{\partial x_n}\\ \dfrac{\partial g_2}{\partial x_1}&\dfrac{\partial g_2}{\partial x_2}&\cdots&\dfrac{\partial g_2}{\partial x_n}\\ \vdots&\vdots&&\vdots\\ \dfrac{\partial g_p}{\partial x_1}&\dfrac{\partial g_p}{\partial x_2}&\cdots&\dfrac{\partial g_p}{\partial x_n}\end{bmatrix},\quad \frac{\partial\boldsymbol{g}}{\partial\boldsymbol{u}}=\begin{bmatrix}\dfrac{\partial g_1}{\partial u_1}&\dfrac{\partial g_1}{\partial u_2}&\cdots&\dfrac{\partial g_1}{\partial u_m}\\ \dfrac{\partial g_2}{\partial u_1}&\dfrac{\partial g_2}{\partial u_2}&\cdots&\dfrac{\partial g_2}{\partial u_m}\\ \vdots&\vdots&&\vdots\\ \dfrac{\partial g_p}{\partial u_1}&\dfrac{\partial g_p}{\partial u_2}&\cdots&\dfrac{\partial g_p}{\partial u_m}\end{bmatrix}\tag{2.50}$$

忽略 $\boldsymbol{\alpha}(\delta\boldsymbol{x},\delta\boldsymbol{u})$ 和 $\boldsymbol{\beta}(\delta\boldsymbol{x},\delta\boldsymbol{u})$ 高次项，结合式 (2.47)，则式 (2.46) 的线性化表达式为

$$\begin{aligned}\delta\dot{\boldsymbol{x}}&=\dot{\boldsymbol{x}}-\dot{\boldsymbol{x}}_0=\left.\frac{\partial\boldsymbol{f}}{\partial\boldsymbol{x}}\right|_{\boldsymbol{x}_0,\boldsymbol{u}_0}\delta\boldsymbol{x}+\left.\frac{\partial\boldsymbol{f}}{\partial\boldsymbol{u}}\right|_{\boldsymbol{x}_0,\boldsymbol{u}_0}\delta\boldsymbol{u}\\ \delta\boldsymbol{y}&=\boldsymbol{y}-\boldsymbol{y}_0=\left.\frac{\partial\boldsymbol{g}}{\partial\boldsymbol{x}}\right|_{\boldsymbol{x}_0,\boldsymbol{u}_0}\delta\boldsymbol{x}+\left.\frac{\partial\boldsymbol{g}}{\partial\boldsymbol{u}}\right|_{\boldsymbol{x}_0,\boldsymbol{u}_0}\delta\boldsymbol{u}\end{aligned}\tag{2.51}$$

令

$$\begin{aligned}\left.\frac{\partial\boldsymbol{f}}{\partial\boldsymbol{x}}\right|_{\boldsymbol{x}_0,\boldsymbol{u}_0}&=\boldsymbol{A},\quad \left.\frac{\partial\boldsymbol{f}}{\partial\boldsymbol{u}}\right|_{\boldsymbol{x}_0,\boldsymbol{u}_0}=\boldsymbol{B}\\ \left.\frac{\partial\boldsymbol{g}}{\partial\boldsymbol{x}}\right|_{\boldsymbol{x}_0,\boldsymbol{u}_0}&=\boldsymbol{C},\quad \left.\frac{\partial\boldsymbol{g}}{\partial\boldsymbol{u}}\right|_{\boldsymbol{x}_0,\boldsymbol{u}_0}=\boldsymbol{D}\end{aligned}\tag{2.52}$$

并在式 (2.52) 中将 $\delta\boldsymbol{x}$、$\delta\boldsymbol{u}$、$\delta\boldsymbol{y}$ 这些微增量分别用 $\hat{\boldsymbol{x}}$、$\hat{\boldsymbol{u}}$、$\hat{\boldsymbol{y}}$ 表示，则线性化后的状态空间模型变成

$$\begin{aligned}\dot{\hat{\boldsymbol{x}}} &= \boldsymbol{A}\hat{\boldsymbol{x}} + \boldsymbol{B}\hat{\boldsymbol{u}} \\ \hat{\boldsymbol{y}} &= \boldsymbol{C}\hat{\boldsymbol{x}} + \boldsymbol{D}\hat{\boldsymbol{u}}\end{aligned} \tag{2.53}$$

例 2.12　试求下列非线性系统

$$\begin{aligned}\dot{x}_1 &= x_2 \\ \dot{x}_2 &= x_1 + x_2 + x_2^3 + 2u \\ y &= x_1 + x_2^2\end{aligned} \tag{2.54}$$

在 $\boldsymbol{x}_0 = [0 \quad 0]^{\mathrm{T}}$ 处的线性化状态空间模型。

解　由状态方程和输出方程知

$$\begin{aligned}f_1(x_1, x_2, u) &= x_2 \\ f_2(x_1, x_2, u) &= x_1 + x_2 + x_2^3 + 2u \\ g(x_1, x_2, u) &= x_1 + x_2^2\end{aligned}$$

从而计算得

$$\begin{aligned}&\left.\frac{\partial f_1}{\partial x_1}\right|_{\boldsymbol{x}_0} = 0,\ \left.\frac{\partial f_1}{\partial x_2}\right|_{\boldsymbol{x}_0} = 1,\ \left.\frac{\partial f_2}{\partial x_1}\right|_{\boldsymbol{x}_0} = 1 \\ &\left.\frac{\partial f_2}{\partial x_2}\right|_{\boldsymbol{x}_0} = \left.(1 + 3x_2^2)\right|_{\boldsymbol{x}_0} = 1,\ \left.\frac{\partial g}{\partial x_1}\right|_{\boldsymbol{x}_0} = 1,\ \left.\frac{\partial g}{\partial x_2}\right|_{\boldsymbol{x}_0} = \left.2x_2\right|_{\boldsymbol{x}_0} = 0\end{aligned} \tag{2.55}$$

于是，有

$$\begin{aligned}&\boldsymbol{A} = \left.\frac{\partial \boldsymbol{f}}{\partial \boldsymbol{x}}\right|_{\boldsymbol{x}_0} = \begin{bmatrix} 0 & 1 \\ 1 & 1 \end{bmatrix},\quad \boldsymbol{B} = \left.\frac{\partial \boldsymbol{f}}{\partial u}\right|_{\boldsymbol{x}_0} = \begin{bmatrix} 0 \\ 2 \end{bmatrix} \\ &\boldsymbol{C} = \left.\frac{\partial \boldsymbol{g}}{\partial \boldsymbol{x}}\right|_{\boldsymbol{x}_0} = [1 \quad 0],\quad \boldsymbol{D} = \boldsymbol{0}\end{aligned} \tag{2.56}$$

故线性化后的表达式为

$$\begin{aligned}\dot{\hat{\boldsymbol{x}}} &= \begin{bmatrix} 0 & 1 \\ 1 & 1 \end{bmatrix}\hat{\boldsymbol{x}} + \begin{bmatrix} 0 \\ 2 \end{bmatrix}\hat{u} \\ \hat{y} &= [1 \quad 0]\,\hat{\boldsymbol{x}}\end{aligned} \tag{2.57}$$

下面，通过两个实例来进一步说明上述平衡工作点附近的线性化过程。

例 2.13(磁悬浮系统)　如图 2.12 所示的一个磁悬浮系统。系统的控制目标是通过调节输入电压 u 来改变电磁铁绕组中的电流，产生电磁力 F，从而控制系统中钢球的位置，其中 y 为钢球质心到电磁铁磁极表面的瞬时气隙，i 为电磁铁绕组中的瞬时电流，钢球的质量为 m，电磁力 F 与 i^2/y 成正比，电磁铁线圈模型用电阻 R 与电感线圈 L 串联来代替。

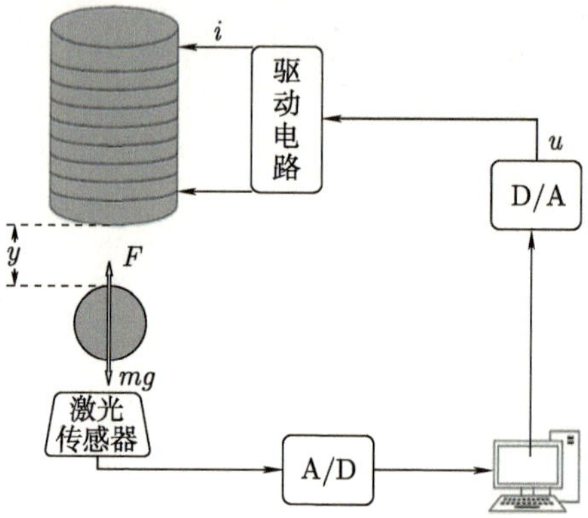

图 2.12　磁悬浮系统

解　根据牛顿力学和电路原理，可以用下面的非线性微分方程来描述系统模型：

$$\begin{cases} m\dfrac{\mathrm{d}^2y}{\mathrm{d}t^2} = mg - \dfrac{i^2}{y} \\ L\dfrac{\mathrm{d}i}{\mathrm{d}t} + Ri = u \end{cases} \tag{2.58}$$

令系统的状态变量为 $x_1 = y$，$x_2 = \dfrac{\mathrm{d}y}{\mathrm{d}t}$，$x_3 = i$，则状态方程可以写为

$$\begin{cases} \dot{x}_1 = x_2 \\ \dot{x}_2 = g - \dfrac{1}{m}\dfrac{x_3^2}{x_1} \\ \dot{x}_3 = -\dfrac{R}{L}x_3 + \dfrac{1}{L}u \end{cases} \tag{2.59}$$

将系统在钢球静止位置 $y_0 = x_{10}$ 处进行线性化，进一步得到此时另两个状态变量

$$x_{20} = \left.\frac{\mathrm{d}x_1}{\mathrm{d}t}\right|_{x_{10}} = 0$$

$$i_0 = x_{30} = \sqrt{mgx_{10}}\left(\text{利用 } \left.\frac{\mathrm{d}^2y}{\mathrm{d}t^2}\right|_{y_0} = 0\right)$$

从而得到线性化的定常状态方程为

$$\delta\dot{\boldsymbol{x}} = \boldsymbol{A}\delta\boldsymbol{x} + \boldsymbol{B}\delta\boldsymbol{u} \tag{2.60}$$

其中，$\delta\boldsymbol{x} = \boldsymbol{x} - \boldsymbol{x}_0$；$\boldsymbol{B} = [0 \quad 0 \quad 1/L]^{\mathrm{T}}$；

$$\boldsymbol{A} = \begin{bmatrix} 0 & 1 & 0 \\ \dfrac{x_{30}^2}{mx_{10}^2} & 0 & \dfrac{-2x_{30}}{mx_{10}} \\ 0 & 0 & -R/L \end{bmatrix} = \begin{bmatrix} 0 & 1 & 0 \\ \dfrac{g}{x_{10}} & 0 & -2\left(\dfrac{g}{mx_{10}}\right)^{1/2} \\ 0 & 0 & -R/L \end{bmatrix}$$

例 2.14(倒立摆)　如图 2.13 所示是一个倒立摆装置的机械系统，它包含一个小车和一个装在小车上的倒立摆杆。小车由电动机驱动，电动机在小车上施加水平方向的力 u。图 2.14 中给出了倒立摆受力分析图：重心的力 mg，水平方向的反作用力 H，以及作用于支点的竖直方向的反作用力 V。由于小车在水平方向可适当移动，所以控制小车的移动可使摆杆维持直立不倒。显然，若对小车不加控制，摆杆的倒立状态是不稳定的平衡状态，若稍有扰动，摆杆必然倒下，本节暂不讨论如何控制小车才能使摆杆维持不倒，先建立该倒立摆系统的数学模型。

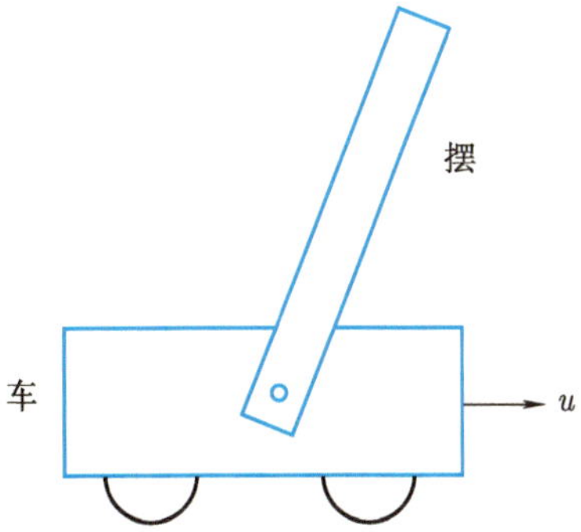

图 2.13　倒立摆系统

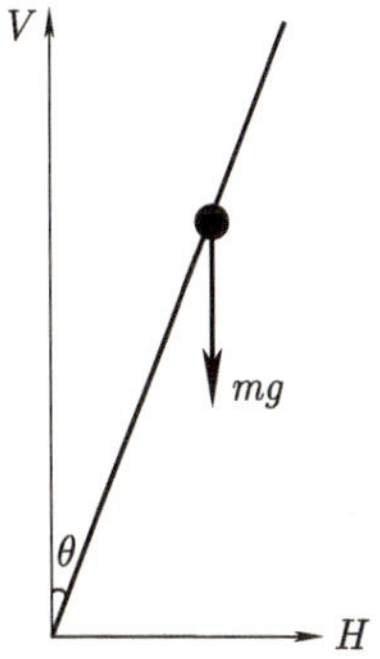

图 2.14　倒立摆受力分析图

解　设小车和摆的质量分别为 M 和 m，小车距参考坐标位置为 z，摆长为 L，摆倾角为 θ，摆杆重心的水平位置为 $z + L\sin\theta$，垂直方向的位置为 $L\cos\theta$。

1) 摆杆的竖直方向：

$$m\frac{\mathrm{d}^2}{\mathrm{d}t^2}(L\cos\theta) = V - mg \tag{2.61}$$

2) 摆杆的水平方向：

$$m\frac{\mathrm{d}^2}{\mathrm{d}t^2}(z + L\sin\theta) = H \tag{2.62}$$

3) 摆杆的转动方向：考察摆旋转的受力情况，取对重心的力矩可得到转矩方程

$$J\ddot{\theta} = VL\sin\theta - HL\cos\theta \tag{2.63}$$

式中，$J = mL^2$ 为转动惯量。

4) 小车的水平方向：

$$M\ddot{z} = u - H - k\dot{z} \tag{2.64}$$

式中，k 为小车的摩擦系数。

利用微分法消去中间变量 V 和 H 得

$$\begin{cases} (J + mL^2)\ddot{\theta} + mL\ddot{z}\cos\theta = mgL\sin\theta \\ (M + m)\ddot{z} + mL\ddot{\theta}\cos\theta = u + mL\dot{\theta}^2\sin\theta - k\dot{z} \end{cases} \tag{2.65}$$

归纳式 (2.65) 可得

$$\boldsymbol{Q}(\theta)\begin{bmatrix}\ddot{\theta}\\ \ddot{z}\end{bmatrix}=\begin{bmatrix}mgL\sin\theta\\ u+mL\dot{\theta}^2\sin\theta-k\dot{z}\end{bmatrix}\tag{2.66}$$

其中

$$\boldsymbol{Q}(\theta)=\begin{bmatrix}J+mL^2 & mL\cos\theta\\ mL\cos\theta & M+m\end{bmatrix}\tag{2.67}$$

由于

$$\boldsymbol{Q}^{-1}(\theta)=\frac{1}{\varDelta(\theta)}\begin{bmatrix}m+M & -mL\cos\theta\\ -mL\cos\theta & J+mL^2\end{bmatrix}\tag{2.68}$$

其中，$\varDelta(\theta)=(J+mL^2)(M+m)-m^2L^2\cos^2\theta>0$，所以有

$$\begin{bmatrix}\ddot{\theta}\\ \ddot{z}\end{bmatrix}=\frac{1}{\varDelta(\theta)}\begin{bmatrix}m+M & -mL\cos\theta\\ -mL\cos\theta & J+mL^2\end{bmatrix}\begin{bmatrix}mgL\sin\theta\\ F+mL\dot{\theta}^2\sin\theta-k\dot{z}\end{bmatrix}\tag{2.69}$$

考虑状态变量 $x_1=\theta$，$x_2=\dot{\theta}$，$x_3=z$，$x_4=\dot{z}$，从而可以列写状态方程为

$$\begin{cases}\dot{x}_1=x_2\\ \dot{x}_2=\dfrac{1}{\varDelta(\theta)}\left[(m+M)mgL\sin\theta-mL\cos\theta\left(u+mL\dot{\theta}^2\sin\theta-k\dot{z}\right)\right]\\ \quad=\dfrac{1}{\varDelta(x_1)}\left[(m+M)mgL\sin x_1-mL\cos x_1\left(u+mLx_2^2\sin x_1-kx_4\right)\right]\\ \dot{x}_3=x_4\\ \dot{x}_4=\dfrac{1}{\varDelta(\theta)}\left[-m^2L^2g\sin\theta\cos\theta+\left(J+mL^2\right)\left(u+mL\dot{\theta}^2\sin\theta-kx_4\right)\right]\\ \quad=\dfrac{1}{\varDelta(x_1)}\left[-m^2L^2g\sin x_1\cos x_1+\left(J+mL^2\right)\left(u+mLx_2^2\sin x_1-kx_4\right)\right]\end{cases}\tag{2.70}$$

显然，上式中两个方程均为关于摆角 θ 的非线性微分方程。由于控制本系统的目的是保持摆杆直立，所以可假设 θ 和 $\dot{\theta}$ 接近于零，从而保留低阶 θ 和 $\dot{\theta}$ 的项，忽略微不足道的高次项，如 θ^2、$\dot{\theta}^2$ 和 $\theta\dot{\theta}$ 项。

对三角函数的近似为

$$\sin\theta=\theta-\frac{\theta^3}{3!}+\frac{\theta^5}{5!}-\cdots\approx\theta\tag{2.71}$$

$$\cos\theta = 1 - \frac{\theta^2}{2!} + \frac{\theta^4}{4!} - \cdots \approx 1 \tag{2.72}$$

为进一步简化，忽略 J 和 k，将近似结果代入式 (2.70)，并考虑系统输出为 $\boldsymbol{y} = [\theta\ z]^{\mathrm{T}}$，可得倒立摆系统近似线性化模型为

$$\begin{bmatrix} \dot{x}_1 \\ \dot{x}_2 \\ \dot{x}_3 \\ \dot{x}_4 \end{bmatrix} = \begin{bmatrix} 0 & 1 & 0 & 0 \\ \dfrac{(M+m)g}{ML} & 0 & 0 & 0 \\ 0 & 0 & 0 & 1 \\ -\dfrac{mg}{M} & 0 & 0 & 0 \end{bmatrix} \begin{bmatrix} x_1 \\ x_2 \\ x_3 \\ x_4 \end{bmatrix} + \begin{bmatrix} 0 \\ -\dfrac{1}{ML} \\ 0 \\ \dfrac{1}{M} \end{bmatrix} u$$

$$\boldsymbol{y} = \begin{bmatrix} 1 & 0 & 0 & 0 \\ 0 & 0 & 1 & 0 \end{bmatrix} \begin{bmatrix} x_1 \\ x_2 \\ x_3 \\ x_4 \end{bmatrix} \tag{2.73}$$

若系统参数取为 $M = 1$ kg、$m = 0.1$ kg、$L = 1$ m，重力加速度 $g = 9.8\ \mathrm{m/s^2}$(这里按 $10\ \mathrm{m/s^2}$ 计算)，并记状态向量 $\boldsymbol{x} = [x_1\ x_2\ x_3\ x_4]^{\mathrm{T}}$，则该倒立摆状态空间模型为

$$\dot{\boldsymbol{x}} = \begin{bmatrix} 0 & 1 & 0 & 0 \\ 11 & 0 & 0 & 0 \\ 0 & 0 & 0 & 1 \\ -1 & 0 & 0 & 0 \end{bmatrix} \boldsymbol{x} + \begin{bmatrix} 0 \\ -1 \\ 0 \\ 1 \end{bmatrix} u$$

$$\boldsymbol{y} = \begin{bmatrix} \theta \\ z \end{bmatrix} = \begin{bmatrix} 1 & 0 & 0 & 0 \\ 0 & 0 & 1 & 0 \end{bmatrix} \boldsymbol{x} \tag{2.74}$$

现在考虑倒立摆的一个变形，当基体的位置 z 无须进行控制时 (举例来说，将火箭简化视为倒立摆模型，如何使火箭的竖直方向保持稳定而不担心火箭基体的位置，就是这种情况)，只需要考虑式 (2.65) 中的第一个方程，并将基体的加速度 $\ddot{z}$ 作为控制输入 u，此时系统的动态方程为

$$\frac{\mathrm{d}}{\mathrm{d}t}\begin{bmatrix} \theta \\ \dot{\theta} \end{bmatrix} = \begin{bmatrix} \dot{\theta} \\ \dfrac{mgL}{(J+mL^2)}\sin\theta - \dfrac{mL}{(J+mL^2)}\cos\theta\, u \end{bmatrix}, \quad y = \theta \tag{2.75}$$

式中，u 为施加在基体上的力。

延伸阅读：非线性系统

2.2.4 节中给出的有源带通滤波器、直流电动机等线性系统属于比较理想的情况，而事实上许多实际控制系统都是具有非线性特性的。例如，在飞机自动驾驶仪纵向稳定回路中，由于作为测量元件的垂直陀螺仪或角速度陀螺仪的输出轴存在摩擦，因此在测量角度或角速度时存在非线性不灵敏区；作为放大元件的晶体管放大器具有非线性饱和特性；高速运动的机械手各关节之间具有非线性耦合；电力系统中传输功率与各发电机之间相角差的正弦函数成正比。

严格地讲，所有的控制系统都是非线性的，线性是在一定范围内和一定程度上对实际系统的近似描述。当对控制系统的精度和性能要求较低时，系统的非线性因素被忽略或被局部线性化后，在一定范围内仍可以满足对控制系统性能的要求。然而，控制理论发展至今，现代的控制对象的运动大多是大范围非线性的，如卫星的定位与姿态控制、无人机飞行控制、机器人控制和精密数控机床的运动控制等，以及社会学、生物学和经济学控制系统中的例子，这些都不可能采用线性模型。对于这类非线性系统的控制问题，不能简单通过泰勒公式展开，用线性化的方法化为一般的线性系统问题，而必须采用非线性控制方法。

非线性系统虽然没有形成像线性系统那样完整、系统的理论体系，但经过几十年的发展，非线性系统的研究在一些重要方面也取得了令人瞩目的成就，发展了一系列系统分析和设计方法，如反馈线性化、基于无源性的控制、反步法、非线性观测器、输入输出线性化和控制 Lyapunov 函数法等 [19]。

2.4　线性变换

对于一个给定的线性定常系统，由于状态变量选择的非唯一性，可以得到不同形式的状态空间模型，但它们描述了同一个线性系统，因此在各状态空间方程所选取的状态向量之间，实际上存在着一种向量的线性变换关系。

2.4.1　等价系统方程

对于一个 n 维控制系统，令 $x_1, x_2, \cdots, x_n$ 和 $\bar{x}_1, \bar{x}_2, \cdots, \bar{x}_n$ 是描述同一系统的两组不同的状态变量，则两组状态变量之间存在着非奇异线性变换关系，即

$$\bar{\boldsymbol{x}} = \boldsymbol{P}^{-1}\boldsymbol{x} \tag{2.76}$$

式中，$\boldsymbol{P}$ 为 $n \times n$ 非奇异变换矩阵。

设线性定常系统的状态空间模型为

$$\begin{cases} \dot{\boldsymbol{x}} = \boldsymbol{A}\boldsymbol{x} + \boldsymbol{B}\boldsymbol{u} \\ \boldsymbol{y} = \boldsymbol{C}\boldsymbol{x} + \boldsymbol{D}\boldsymbol{u} \end{cases} \tag{2.77}$$

总可以找到任意一个非奇异矩阵 $\boldsymbol{P}$，将原状态向量 $\boldsymbol{x}$ 做线性变换，得到另一状态向量 $\bar{\boldsymbol{x}}$，

设变换关系为 $\bar{\boldsymbol{x}} = \boldsymbol{P}^{-1}\boldsymbol{x}$，即 $\boldsymbol{x} = \boldsymbol{P}\bar{\boldsymbol{x}}$，代入式 (2.77) 得到新的状态空间方程

$$\begin{cases} \dot{\bar{\boldsymbol{x}}} = \boldsymbol{P}^{-1}\dot{\boldsymbol{x}} = \boldsymbol{P}^{-1}(\boldsymbol{A}\boldsymbol{x} + \boldsymbol{B}\boldsymbol{u}) = \boldsymbol{P}^{-1}\boldsymbol{A}\boldsymbol{P}\bar{\boldsymbol{x}} + \boldsymbol{P}^{-1}\boldsymbol{B}\boldsymbol{u} \\ \boldsymbol{y} = \boldsymbol{C}\boldsymbol{x} + \boldsymbol{D}\boldsymbol{u} = \boldsymbol{C}\boldsymbol{P}\bar{\boldsymbol{x}} + \boldsymbol{D}\boldsymbol{u} \end{cases} \tag{2.78}$$

将上式表示为

$$\begin{cases} \dot{\bar{\boldsymbol{x}}} = \overline{\boldsymbol{A}}\bar{\boldsymbol{x}} + \overline{\boldsymbol{B}}\boldsymbol{u} \\ \boldsymbol{y} = \overline{\boldsymbol{C}}\boldsymbol{x} + \overline{\boldsymbol{D}}\boldsymbol{u} \end{cases} \tag{2.79}$$

其中，$\overline{\boldsymbol{A}} = \boldsymbol{P}^{-1}\boldsymbol{A}\boldsymbol{P}, \overline{\boldsymbol{B}} = \boldsymbol{P}^{-1}\boldsymbol{B}, \overline{\boldsymbol{C}} = \boldsymbol{C}\boldsymbol{P}, \overline{\boldsymbol{D}} = \boldsymbol{D}$。这里可以将非奇异矩阵 $\boldsymbol{P}$ 称为变换矩阵。从几何意义上来说，向量之间的线性变换，实际上是变换前后各向量所处的坐标系之间的变换。也就是说，通过线性变换 $\bar{\boldsymbol{x}} = \boldsymbol{P}^{-1}\boldsymbol{x}$，原状态向量 $\boldsymbol{x}$ 变换为新坐标系中的状态向量 $\bar{\boldsymbol{x}}$，但系统的特征和性质并没有改变。因此，方程式 (2.79) 可称为原系统方程式 (2.77) 的等价方程。由于 $\boldsymbol{P}$ 的选择非唯一，故等价的系统方程也不是唯一的。

由此可知，同一系统的各个不同的状态空间描述互为等价。这些状态空间描述之间可以通过线性变换得到彼此。比如，在例 2.3 中，选取非奇异变换矩阵

$$\boldsymbol{P} = \begin{bmatrix} \dfrac{1}{C} & 0 \\ 0 & 1 \end{bmatrix}$$

就可以将式 (2.7) 变为式 (2.8) 。

例 2.15　设系统的状态空间模型为

$$\begin{aligned} \begin{bmatrix} \dot{x}_1 \\ \dot{x}_2 \end{bmatrix} &= \begin{bmatrix} 0 & 1 \\ -2 & -3 \end{bmatrix} \begin{bmatrix} x_1 \\ x_2 \end{bmatrix} + \begin{bmatrix} 0 \\ 1 \end{bmatrix} u \\ y &= \begin{bmatrix} 6 & 0 \end{bmatrix} \begin{bmatrix} x_1 \\ x_2 \end{bmatrix} \end{aligned} \tag{2.80}$$

取变换矩阵

$$\boldsymbol{P} = \begin{bmatrix} 0 & \dfrac{1}{2} \\ \dfrac{1}{2} & -\dfrac{3}{2} \end{bmatrix}$$

则有

$$\boldsymbol{P}^{-1} = \begin{bmatrix} 6 & 2 \\ 2 & 0 \end{bmatrix}$$

新的状态变量为

$$\overline{\boldsymbol{x}} = \boldsymbol{P}^{-1}\boldsymbol{x} = \begin{bmatrix} 6 & 2 \\ 2 & 0 \end{bmatrix} \begin{bmatrix} x_1 \\ x_2 \end{bmatrix} = \begin{bmatrix} 6x_1 + 2x_2 \\ 2x_1 \end{bmatrix}$$

基于这个新的状态变量，新的状态空间模型为

$$\begin{aligned}\dot{\bar{\boldsymbol{x}}} &= \begin{bmatrix} 6 & 2 \\ 2 & 0 \end{bmatrix}\begin{bmatrix} 0 & 1 \\ -2 & -3 \end{bmatrix}\begin{bmatrix} 0 & \frac{1}{2} \\ \frac{1}{2} & -\frac{3}{2} \end{bmatrix}\bar{\boldsymbol{x}} + \begin{bmatrix} 6 & 2 \\ 2 & 0 \end{bmatrix}\begin{bmatrix} 0 \\ 1 \end{bmatrix}u \\ &= \begin{bmatrix} 0 & -2 \\ 1 & -3 \end{bmatrix}\bar{\boldsymbol{x}} + \begin{bmatrix} 2 \\ 0 \end{bmatrix}u\end{aligned}$$

$$\boldsymbol{y} = [6 \quad 0]\begin{bmatrix} 0 & \frac{1}{2} \\ \frac{1}{2} & -\frac{3}{2} \end{bmatrix}\bar{\boldsymbol{x}} = [0 \quad 3]\bar{\boldsymbol{x}}$$

如果另外选取变换矩阵 $\boldsymbol{P} = \begin{bmatrix} 1 & 1 \\ -1 & -2 \end{bmatrix}$，则有

$$\boldsymbol{P}^{-1} = \begin{bmatrix} 2 & 1 \\ -1 & -1 \end{bmatrix}, \quad \tilde{\boldsymbol{x}} = \boldsymbol{P}^{-1}\boldsymbol{x} = \begin{bmatrix} 2 & 1 \\ -1 & -1 \end{bmatrix}\boldsymbol{x}$$

以该新状态向量 $\tilde{\boldsymbol{x}}$ 所描述的状态空间模型为

$$\begin{aligned}\dot{\tilde{\boldsymbol{x}}} &= \begin{bmatrix} 2 & 1 \\ -1 & -1 \end{bmatrix}\begin{bmatrix} 0 & 1 \\ -2 & -3 \end{bmatrix}\begin{bmatrix} 1 & 1 \\ -1 & -2 \end{bmatrix}\tilde{\boldsymbol{x}} + \begin{bmatrix} 2 & 1 \\ -1 & -1 \end{bmatrix}\begin{bmatrix} 0 \\ 1 \end{bmatrix}u \\ &= \begin{bmatrix} -1 & 0 \\ 0 & -2 \end{bmatrix}\tilde{\boldsymbol{x}} + \begin{bmatrix} 1 \\ -1 \end{bmatrix}u\end{aligned}$$

$$\boldsymbol{y} = [6 \quad 0]\begin{bmatrix} 1 & 1 \\ -1 & -2 \end{bmatrix}\tilde{\boldsymbol{x}} = [6 \quad 6]\tilde{\boldsymbol{x}}$$

这样便得到一个对角型的系统矩阵 $\tilde{\boldsymbol{A}} = \begin{bmatrix} -1 & 0 \\ 0 & -2 \end{bmatrix}$，使状态变量之间的耦合解除，为研究系统的状态解耦问题提供了一个途径。

对系统进行线性变换的目的在于使系数矩阵 $\overline{\boldsymbol{A}} = \boldsymbol{P}^{-1}\boldsymbol{A}\boldsymbol{P}$ 规范化，以便于揭示系统的某些特性及分析计算。通常，通过线性变换把系统矩阵 $\boldsymbol{A}$ 转化为一些特定的标准型矩阵，如能控标准型、能观标准型、对角标准型或约当标准型等，对应的状态空间模型称为标准型状态空间模型。系统经过非奇异线性变换，其特征值、传递函数矩阵、能控性和能观性等重要性质保持不变。

2.4.2 特征值不变性

系统的状态变换既然是状态空间的坐标变换，选择不同的状态变量去描述系统的行为，其状态空间模型是不同的，但这只不过是数学描述形式的不同，系统的本质及其基本特性不会因描述形式的不同而有所改变。

设系统的状态空间模型为

$$\begin{cases} \dot{\boldsymbol{x}} = \boldsymbol{A}\boldsymbol{x} + \boldsymbol{B}\boldsymbol{u} \\ \boldsymbol{y} = \boldsymbol{C}\boldsymbol{x} + \boldsymbol{D}\boldsymbol{u} \end{cases} \tag{2.81}$$

系统的特征方程为

$$|\lambda \boldsymbol{I} - \boldsymbol{A}| = 0 \tag{2.82}$$

该式的根就是系统的特征值。而同一系统经过线性非奇异变换之后为

$$\begin{cases} \dot{\overline{\boldsymbol{x}}} = \boldsymbol{P}^{-1}\boldsymbol{A}\boldsymbol{P}\overline{\boldsymbol{x}} + \boldsymbol{P}^{-1}\boldsymbol{B}\boldsymbol{u} \\ \boldsymbol{y} = \boldsymbol{C}\boldsymbol{P}\overline{\boldsymbol{x}} + \boldsymbol{D}\boldsymbol{u} \end{cases}$$

它的特征方程为

$$\left|\lambda \boldsymbol{I} - \boldsymbol{P}^{-1}\boldsymbol{A}\boldsymbol{P}\right| = 0$$

而

$$\begin{aligned} \left|\lambda \boldsymbol{I} - \boldsymbol{P}^{-1}\boldsymbol{A}\boldsymbol{P}\right| &= \left|\lambda \boldsymbol{P}^{-1}\boldsymbol{P} - \boldsymbol{P}^{-1}\boldsymbol{A}\boldsymbol{P}\right| = \left|\boldsymbol{P}^{-1}(\lambda \boldsymbol{I} - \boldsymbol{A})\boldsymbol{P}\right| \\ &= \left|\boldsymbol{P}^{-1}\right| |\lambda \boldsymbol{I} - \boldsymbol{A}||\boldsymbol{P}| = \left|\boldsymbol{P}^{-1}\right| |\boldsymbol{P}||\lambda \boldsymbol{I} - \boldsymbol{A}| \\ &= \left|\boldsymbol{P}^{-1}\boldsymbol{P}\right| |\lambda \boldsymbol{I} - \boldsymbol{A}| = |\lambda \boldsymbol{I} - \boldsymbol{A}| \end{aligned} \tag{2.83}$$

可见式 (2.82) 与式 (2.83) 是相同的，因而其根也是相同的。由此可见，线性非奇异变换不改变系统的特征值。

线性定常系统的系统矩阵 $\boldsymbol{A}$ 的特征值是表征系统的动力学特性的一个重要参量。系统的状态方程可通过适当的线性非奇异变换而转换为由特征值表征的标准型，并且当特征值为两两相异时，标准型具有对角标准型的形式 (如例 2.15)。而特征值为非互异时，标准型一般为约当标准型。这里将不讨论这类转换的具体流程，感兴趣的读者可以参考相关资料。

2.4.3 传递函数矩阵的不变性

传递函数矩阵是系统的输入输出描述。系统状态空间的坐标变换 (即内部描述) 的改变显然不会影响传递函数矩阵，数学证明如下。

式 (2.77) 原系统的传递函数矩阵为

$$\boldsymbol{G}(s) = \boldsymbol{C}(s\boldsymbol{I} - \boldsymbol{A})^{-1}\boldsymbol{B} + \boldsymbol{D}$$

式 (2.79) 坐标变换后的系统的传递函数矩阵为

$$\overline{\boldsymbol{G}}(s) = \overline{\boldsymbol{C}}(s\boldsymbol{I} - \overline{\boldsymbol{A}})^{-1}\overline{\boldsymbol{B}} + \overline{\boldsymbol{D}}$$

因为 $\boldsymbol{D}=\overline{\boldsymbol{D}}$，所以有

$$
\begin{aligned}
\overline{\boldsymbol{G}}(s) &= \overline{\boldsymbol{C}}(s\boldsymbol{I}-\overline{\boldsymbol{A}})^{-1}\overline{\boldsymbol{B}}+\overline{\boldsymbol{D}} \\
&= \boldsymbol{CP}\left(s\boldsymbol{I}-\boldsymbol{P}^{-1}\boldsymbol{AP}\right)^{-1}\boldsymbol{P}^{-1}\boldsymbol{B}+\boldsymbol{D} \\
&= \boldsymbol{CP}\left(s\boldsymbol{P}^{-1}\boldsymbol{P}-\boldsymbol{P}^{-1}\boldsymbol{AP}\right)^{-1}\boldsymbol{P}^{-1}\boldsymbol{B}+\boldsymbol{D} \\
&= \boldsymbol{CP}\left[\boldsymbol{P}^{-1}(s\boldsymbol{I}-\boldsymbol{A})\boldsymbol{P}\right]^{-1}\boldsymbol{P}^{-1}\boldsymbol{B}+\boldsymbol{D} \\
&= \boldsymbol{CPP}^{-1}(s\boldsymbol{I}-\boldsymbol{A})^{-1}\boldsymbol{PP}^{-1}\boldsymbol{B}+\boldsymbol{D} \\
&= \boldsymbol{C}(s\boldsymbol{I}-\boldsymbol{A})^{-1}\boldsymbol{B}+\boldsymbol{D} \\
&= \boldsymbol{G}(s)
\end{aligned}
$$

这就证明了传递函数矩阵的不变性，也说明在输入输出特性保持不变的情况下，一个传递函数矩阵可以有多种形式的状态空间模型与之对应。

2.5　循序渐进例子：单链机械臂

本书将以“单链机械臂”系统作为应用示例在后续内容中循序渐进加以讨论，贯穿各个章节。

例 2.16(单链机械臂)　如图 2.15 所示的单链机械臂系统，系统采用直流电动机来驱动机械臂转动，$\theta(t)$ 为机械臂角度，$u(t)$ 为控制输入，M 是机械臂质量，$J=ML^2$ 是转动惯量，g 是重力加速度，L 是臂长，k 是电动机阻尼系数。

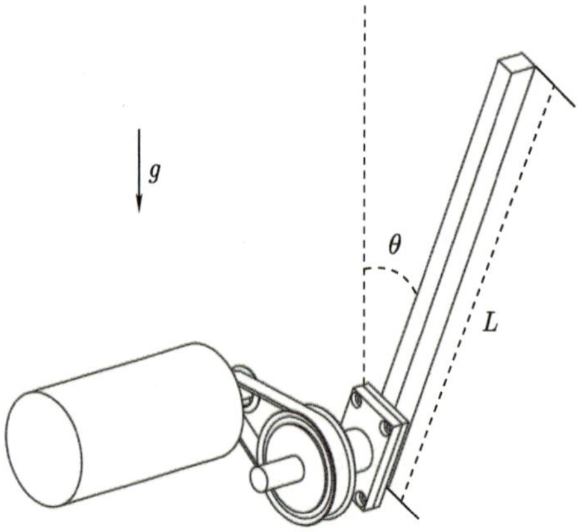

图 2.15　单链机械臂系统

解　根据牛顿第二定律得

$$
\ddot{\theta}(t)=-\frac{MgL}{J}\sin(\theta(t))-\frac{k}{J}\dot{\theta}(t)+\frac{1}{J}u(t) \tag{2.84}
$$

定义状态变量 $x_1(t)=\theta(t), x_2(t)=\dot{\theta}(t)$, 输出为 $y(t)=\theta(t)$。式 (2.84) 系统可重写为

$$\begin{cases} \dot{x}_1 = x_2 \\ \dot{x}_2 = -\dfrac{MgL}{J}\sin x_1 - \dfrac{k}{J}x_2 + \dfrac{1}{J}u \end{cases} \tag{2.85}$$

系统的输出方程为

$$y = x_1$$

写成向量方程形式的状态空间模型为

$$\begin{bmatrix} \dot{x}_1 \\ \dot{x}_2 \end{bmatrix} = \begin{bmatrix} 0 & 1 \\ 0 & -\dfrac{k}{J} \end{bmatrix} \begin{bmatrix} x_1 \\ x_2 \end{bmatrix} + \begin{bmatrix} 0 \\ -\dfrac{MgL}{J}\sin x_1 \end{bmatrix} + \begin{bmatrix} 0 \\ \dfrac{1}{J} \end{bmatrix} u$$

$$y = \begin{bmatrix} 1 & 0 \end{bmatrix} \begin{bmatrix} x_1 \\ x_2 \end{bmatrix}$$

显然，$\boldsymbol{x}^* = [0 \quad 0]^{\mathrm{T}}$、$u^*=0$ 和 $y^*=0$ 是式 (2.85) 非线性方程的一组解。在该解处对式 (2.85) 非线性系统进行线性化，可简化得到线性定常连续系统

$$\begin{cases} \dot{\boldsymbol{x}} = \boldsymbol{A}\boldsymbol{x} + \boldsymbol{B}u \\ y = \boldsymbol{C}\boldsymbol{x} \end{cases} \tag{2.86}$$

其中，$\boldsymbol{x} = [x_1 \quad x_2]^{\mathrm{T}}$，$\boldsymbol{A} = \begin{bmatrix} 0 & 1 \\ -\dfrac{MgL}{J} & -\dfrac{k}{J} \end{bmatrix}$，$\boldsymbol{B} = \begin{bmatrix} 0 & \dfrac{1}{J} \end{bmatrix}^{\mathrm{T}}$，$\boldsymbol{C} = [1 \quad 0]$。

当实际系统参数的值分别选取为 $M=0.25\mathrm{kg}$, $J=1\mathrm{kg}\cdot\mathrm{m}^2$, $g=10\mathrm{m/s}^2$, $L=2\mathrm{m}$, $k=6\mathrm{kg}\cdot\mathrm{m}^2/\mathrm{s}$ 时，式 (2.86) 系统可写为

$$\begin{cases} \dot{\boldsymbol{x}} = \begin{bmatrix} 0 & 1 \\ -5 & -6 \end{bmatrix} \boldsymbol{x} + \begin{bmatrix} 0 \\ 1 \end{bmatrix} u \\ y = [1 \quad 0]\,\boldsymbol{x} \end{cases} \tag{2.87}$$

这是一个二维的单输入单输出系统，输入维数 $m=1$，输出维数 $p=1$，状态维数 $n=2$。该系统的传递函数为

$$G(s) = \frac{Y(s)}{U(s)} = \boldsymbol{C}(s\boldsymbol{I}-\boldsymbol{A})^{-1}\boldsymbol{B} = \frac{1}{s^2+6s+5} \tag{2.88}$$

2.6　MATLAB 中进行系统模型间的相互转换

MATLAB 是美国 MathWorks Inc. 开发的一个用于科学和工程计算的大型综合软件，具有强大的数值计算和工程运算功能、完美的图形可视化数据处理能力。本节将介绍如何

利用 MATLAB 软件来实现系统的状态空间模型和传递函数间的相互转换、状态空间模型的线性变换。

1. tf2ss：将传递函数转换到状态空间模型

在 MATLAB 中，可以用 tf2ss 函数来实现系统传递函数转换到状态空间模型描述。

$$[\mathrm{A}, \mathrm{B}, \mathrm{C}, \mathrm{D}] = \mathrm{tf2ss}(\mathrm{num}, \mathrm{den})$$

表示将系统

$$G(s) = \frac{\mathrm{num}(s)}{\mathrm{den}(s)} = \frac{b_n s^n + b_{n-1} s^{n-1} + \cdots + b_1 s + b_0}{s^n + a_{n-1} s^{n-1} + \cdots + a_1 s + a_0}$$

转换为状态空间模型，其中函数输入参数

$$\mathrm{num} = [b_n, b_{n-1}, \cdots, b_1, b_0],\ \mathrm{den} = [1, a_{n-1}, \cdots, a_1, a_0]$$

例 2.17　用 MATLAB 将下列系统传递函数形式转换为状态空间模型：

$$G(s) = \frac{2s+4}{s^3+3s^2+5s+2}$$

解　编写并执行以下的 m 文件：chap2_code1.m。

```
num=[2,4];
den=[1,3,5,2];
[A,B,C,D]=tf2ss(num,den)
```

运行结果为

```
A =
    -3   -5   -2
     1    0    0
     0    1    0

B =
     1
     0
     0

C =
     0    2    4

D =
     0
```

2. ss2tf：将状态空间模型转换到有理分式形式的传递函数 (阵)

用 ss2tf 函数可以实现系统状态空间模型转换到有理分式形式的传递函数 (阵)。

$$[\text{num}, \text{den}] = \text{ss2tf}(\text{A}, \text{B}, \text{C}, \text{D})$$

即

$$\boldsymbol{G}(s) = \frac{\text{num}(s)}{\text{den}(s)} = \boldsymbol{C}(s\boldsymbol{I} - \boldsymbol{A})^{-1}\boldsymbol{B} + \boldsymbol{D}$$

函数返回值为 $\boldsymbol{G}(s)$ 的分子多项式的系统矩阵 num 和分母多项式的系数向量 den。

例 2.18　考虑例 2.16 中的单链机械臂系统，其状态空间模型为

$$\begin{cases} \dot{\boldsymbol{x}} &= \begin{bmatrix} 0 & 1 \\ -5 & -6 \end{bmatrix}\boldsymbol{x} + \begin{bmatrix} 0 \\ 1 \end{bmatrix}u \\ y &= [1 \quad 0]\boldsymbol{x} \end{cases}$$

用 MATLAB 程序将其转换为系统传递函数形式。

解　编写并执行以下的 m 文件：chap2_code2.m。

```
A=[0 1; −5 −6];
B=[0; 1];
C=[1 0];
D=0;
[num, den]=ss2tf(A,B,C,D)
```

运行结果为

```
num =
        0    0    1

den =
        1    6    5
```

即

$$G(s) = \frac{1}{s^2 + 6s + 5} \tag{2.89}$$

3. ss2ss：状态空间模型之间线性变换

用 ss2ss 函数可以实现状态空间模型的线性变换。语句 [At,Bt,Ct,Dt]=ss2ss(A,B,C,D,P) 实现原系统 $\{\boldsymbol{A}, \boldsymbol{B}, \boldsymbol{C}, \boldsymbol{D}\}$，通过 $\tilde{\boldsymbol{x}} = \boldsymbol{P}^{-1}\boldsymbol{x}$ 的线性变换，得到新的状态模型 $\{\boldsymbol{A}_t, \boldsymbol{B}_t, \boldsymbol{C}_t, \boldsymbol{D}_t\}$。

例 2.19　考虑例 2.15 中的状态空间模型，其中

$$\boldsymbol{A} = \begin{bmatrix} 0 & 1 \\ -2 & -3 \end{bmatrix},\ \boldsymbol{B} = \begin{bmatrix} 0 \\ 1 \end{bmatrix},\ \boldsymbol{C} = \begin{bmatrix} 6 & 0 \end{bmatrix},\ \boldsymbol{D} = \boldsymbol{0}$$

用变换矩阵 $\boldsymbol{P}=\begin{bmatrix}1 & 1\\ -1 & -2\end{bmatrix}$ 将系统 $\{\boldsymbol{A},\boldsymbol{B},\boldsymbol{C},\boldsymbol{D}\}$ 进行转换。

解　编写并执行以下的 m 文件：chap2_code3.m。

```
A=[0 1; -2 -3];
B=[0; 1];
C=[6 0];
D=0;
P=[1 1;-1 -2];
[At,Bt,Ct,Dt]=ss2ss(A,B,C,D,inv(P))
```

运行结果为

```
At =
    -1     0
     0    -2
Bt =
     1
    -1
Ct =
     6     6
Dt =
     0
```

本章要点

- **状态空间模型的建立**
    - 状态空间模型是以状态、状态变量和状态空间等概念为基础建立起来的，其本质是将系统运动方程描述成一阶微分方程组。
    - 状态变量的选择不唯一，但个数一定；状态变量可以是有明显物理意义的量，也可以是没有物理意义的量。
    - 可以根据系统机理、高阶微分方程和系统传递函数建立线性定常系统的状态空间模型。
    - 对于非线性系统，如果仅限于讨论在系统工作点附近小范围内的运动特性，可忽略次要非线性因素或用泰勒级数法对系统进行线性化。
- **状态空间模型的线性变换**
    - 对于同一个线性系统，状态空间模型描述不唯一，不同的状态空间模型之间存在非奇异线性变换关系。
    - 经过非奇异线性变换后，系统矩阵的特征值不变、系统传递函数矩阵不变。

习题 2

2-1 什么是系统的状态？建立系统状态空间模型的常用方法有哪些？

2-2 为什么系统要进行线性变换？

2-3 对于同一个系统，状态变量的选取是否唯一？

2-4 考虑由题图 2.16 所描述的电路系统，设 u_C 和 i_L 为状态变量，试求系统的状态方程。

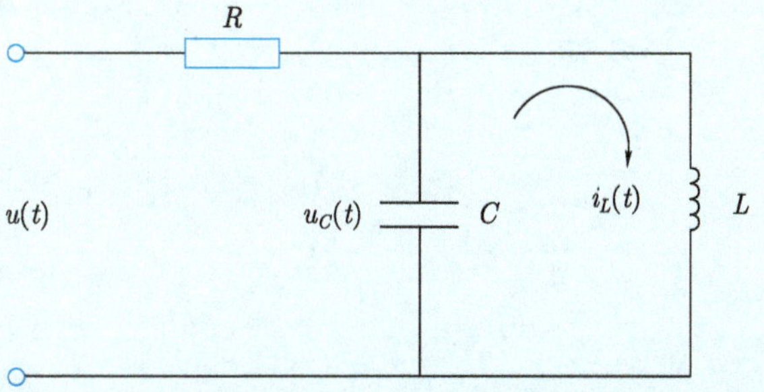

图 2.16　一个电路系统

2-5 考虑由题图 2.17 所描述的二阶水槽装置，该装置可以看成是由两个环节串联构成的系统，它的框图如题图 2.18 所示，试确定其状态空间模型。

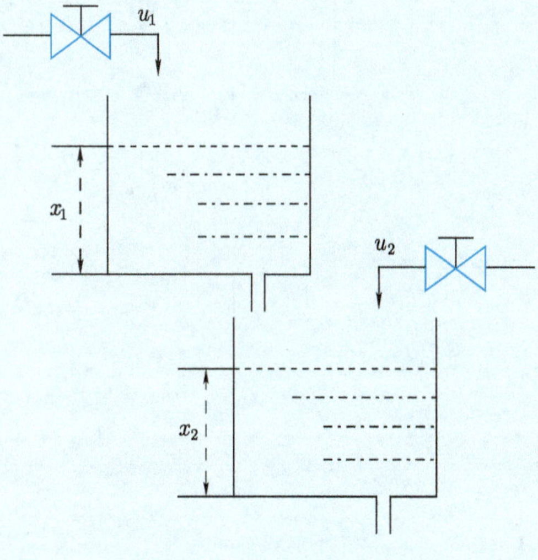

图 2.17　二阶水槽装置图

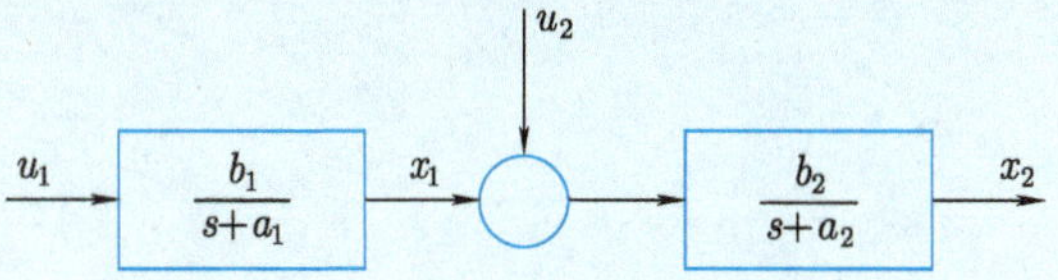

图 2.18　二阶水槽系统的框图

2-6 已知单输入单输出系统的微分方程，试将其变换为状态空间模型。

(1) $\dddot{y}+3\ddot{y}+4\dot{y}+y=2u$

(2) $\dddot{y}+6\ddot{y}+11\dot{y}=\dot{u}+2u$

2-7 已知系统的传递函数，试利用直接分解法建立其状态空间模型。

(1) $G(s)=\dfrac{2s+5}{s^2+8s+15}$

(2) $G(s)=\dfrac{s^2+s+2}{s^3+2s^2+3s}$

2-8 已知系统的状态空间模型

$$\dot{\boldsymbol{x}}=\begin{bmatrix}0 & 1\\ -6 & -5\end{bmatrix}\boldsymbol{x}+\begin{bmatrix}0\\ 1\end{bmatrix}u$$
$$y=[1\quad 1]\,\boldsymbol{x}$$

求其传递函数。

2-9 已知系统的状态空间模型

$$\dot{\boldsymbol{x}}=\begin{bmatrix}0 & 1\\ -5 & -2\end{bmatrix}\boldsymbol{x}+\begin{bmatrix}0\\ 1\end{bmatrix}u$$
$$y=[1\quad 3]\,\boldsymbol{x}$$

取线性变换矩阵为 $\boldsymbol{P}=\begin{bmatrix}0 & 1\\ 2 & 1\end{bmatrix}$，且 $\boldsymbol{x}=\boldsymbol{P}\bar{\boldsymbol{x}}$，试写出线性变换后的状态空间模型。

第 3 章　线性系统的运动分析

在建立了系统的状态空间模型之后，下一步就是进行系统分析。通过系统分析，揭示系统状态的运动规律和基本特性。通常，对系统的分析有定性分析和定量分析两种，其中定性分析包括系统的能控性、能观性和稳定性分析等，将在后续章节讨论。本章将考察线性系统的定量分析问题，即状态方程的求解问题，并讨论状态转移矩阵的定义、性质和计算方法，从而导出状态方程和输出方程的求解公式。

3.1　定常连续系统的齐次解

在没有控制作用时，线性定常系统由初始条件引起的运动称为线性定常系统的自由运动，可由齐次状态方程描述，即

$$\dot{\boldsymbol{x}}(t) = \boldsymbol{A}\boldsymbol{x}(t) \tag{3.1}$$

定理 3.1　方程式 (3.1) 满足初始条件 $\boldsymbol{x}(t)|_{t=t_0} = \boldsymbol{x}(t_0)$ 的解为

$$\boldsymbol{x}(t) = \mathrm{e}^{\boldsymbol{A}(t-t_0)}\boldsymbol{x}(t_0), t \geqslant t_0 \tag{3.2}$$

当 $t_0 = 0$ 时，有

$$\boldsymbol{x}(t) = \mathrm{e}^{\boldsymbol{A}t}\boldsymbol{x}(0), t \geqslant 0 \tag{3.3}$$

式中，$\mathrm{e}^{\boldsymbol{A}t} = \sum\limits_{k=0}^{\infty} \dfrac{1}{k!}\boldsymbol{A}^k t^k$ 称为矩阵指数函数。

证明　为简单起见，仅证明 $t_0 = 0$ 的情况。和标量微分方程 $\dot{x} = ax$ 求解类似，先假设式 (3.1) 的解 $\boldsymbol{x}(t)$ 为 t 的向量幂级数形式，即

$$\boldsymbol{x}(t) = \boldsymbol{b}_0 + \boldsymbol{b}_1 t + \boldsymbol{b}_2 t^2 + \cdots + \boldsymbol{b}_k t^k + \cdots \tag{3.4}$$

代入式 (3.1) 得

$$\begin{aligned} &\boldsymbol{b}_1 + 2\boldsymbol{b}_2 t + 3\boldsymbol{b}_3 t^2 + \cdots + k\boldsymbol{b}_k t^{k-1} + \cdots \\ &= \boldsymbol{A}\left(\boldsymbol{b}_0 + \boldsymbol{b}_1 t + \boldsymbol{b}_2 t^2 + \cdots + \boldsymbol{b}_k t^k + \cdots\right) \end{aligned}$$

既然式 (3.4) 是式 (3.1) 的解，则上式对任意时刻 t 都成立，故 t 的同次幂项的系数应相等，有

$$\begin{aligned}
\boldsymbol{b}_1 &= \boldsymbol{A}\boldsymbol{b}_0 \\
\boldsymbol{b}_2 &= \frac{1}{2}\boldsymbol{A}\boldsymbol{b}_1 = \frac{1}{2!}\boldsymbol{A}^2\boldsymbol{b}_0 \\
\boldsymbol{b}_3 &= \frac{1}{3}\boldsymbol{A}\boldsymbol{b}_2 = \frac{1}{3!}\boldsymbol{A}^3\boldsymbol{b}_0 \\
&\vdots \\
\boldsymbol{b}_k &= \frac{1}{k}\boldsymbol{A}\boldsymbol{b}_{k-1} = \frac{1}{k!}\boldsymbol{A}^k\boldsymbol{b}_0
\end{aligned}$$

在式 (3.4) 中，令 $t=0$ 可得

$$\boldsymbol{b}_0 = \boldsymbol{x}(0)$$

将以上结果代入式 (3.4)，故得

$$\boldsymbol{x}(t) = \left(\boldsymbol{I} + \boldsymbol{A}t + \frac{1}{2!}\boldsymbol{A}^2t^2 + \cdots + \frac{1}{k!}\boldsymbol{A}^kt^k + \cdots\right)\boldsymbol{x}(0) \tag{3.5}$$

等式右边括号内的展开式是 $n \times n$ 矩阵，它是一个**矩阵指数函数**，记为 $\mathrm{e}^{\boldsymbol{A}t}$，即

$$\mathrm{e}^{\boldsymbol{A}t} = \boldsymbol{I} + \boldsymbol{A}t + \frac{1}{2!}\boldsymbol{A}^2t^2 + \cdots + \frac{1}{k!}\boldsymbol{A}^kt^k + \cdots \tag{3.6}$$

于是式 (3.4) 可表示为

$$\boldsymbol{x}(t) = \mathrm{e}^{\boldsymbol{A}t}\boldsymbol{x}(0)$$

再用 $(t-t_0)$ 代替 $(t-0)$，即在任意初始时刻 $t_0 \geqslant 0$ 的情况下，同样可以证明式 (3.2) 的正确性。

3.2 状态转移矩阵

考虑到矩阵指数函数 $\mathrm{e}^{\boldsymbol{A}t}$ 在线性定常系统运动分析中的重要性，下面对其性质和计算方法做详细讨论。

3.2.1 定义

由上一节分析知，齐次微分方程式 (3.1) 的自由解为

$$\boldsymbol{x}(t) = \mathrm{e}^{\boldsymbol{A}(t-t_0)}\boldsymbol{x}(t_0)$$

或

$$\boldsymbol{x}(t) = \mathrm{e}^{\boldsymbol{A}t}\boldsymbol{x}(0) \tag{3.7}$$

从式 (3.7) 可知，它反映了从初始时刻的状态 $\boldsymbol{x}(0)$ 到任意 $t>0$ 时刻的状态 $\boldsymbol{x}(t)$ 的一种变换关系，变换矩阵就是矩阵指数函数 $\mathrm{e}^{\boldsymbol{A}t}$。从时间的角度而言，$\boldsymbol{x}(t)$ 是由 $\boldsymbol{x}(0)$ 转

移而来的，所以 $\mathrm{e}^{\boldsymbol{A}t}$ 又称为状态转移矩阵，通常记为 $\boldsymbol{\Phi}(t)$，即

$$\boldsymbol{\Phi}(t)=\mathrm{e}^{\boldsymbol{A}t}$$

同理，$\boldsymbol{\Phi}(t-t_0)=\mathrm{e}^{\boldsymbol{A}(t-t_0)}$ 表示 $\boldsymbol{x}(t_0)$ 到 $\boldsymbol{x}(t)$ 的转移矩阵。

于是, $\dot{\boldsymbol{x}}=\boldsymbol{A}\boldsymbol{x}$ 的解又可表示为

$$\boldsymbol{x}(t)=\boldsymbol{\Phi}(t)\boldsymbol{x}(0)$$

或

$$\boldsymbol{x}(t)=\boldsymbol{\Phi}(t-t_0)\boldsymbol{x}(t_0)$$

从上述分析可看出，齐次状态方程的求解问题，核心就是状态转移矩阵 $\boldsymbol{\Phi}(t)$ 的计算问题，因而有必要进一步研究状态转移矩阵的性质和计算。

3.2.2　性质

状态转移矩阵有以下几个重要性质：

1) $\boldsymbol{\Phi}(0)=\boldsymbol{I}$。
2) 交换性：$\dot{\boldsymbol{\Phi}}(t)=\boldsymbol{A}\boldsymbol{\Phi}(t)=\boldsymbol{\Phi}(t)\boldsymbol{A}$。
3) 可逆性：$\boldsymbol{\Phi}^{-1}(t)=\boldsymbol{\Phi}(-t)$。
4) 分解性：$\boldsymbol{\Phi}(t_1+t_2)=\boldsymbol{\Phi}(t_1)\boldsymbol{\Phi}(t_2)$。
5) 传递性：$\boldsymbol{\Phi}(t_2-t_1)\boldsymbol{\Phi}(t_1-t_0)=\boldsymbol{\Phi}(t_2-t_0)$。

利用 $\mathrm{e}^{\boldsymbol{A}t}$ 的定义式 (3.6) 不难证明上述几个性质。

例 3.2　已知状态转移矩阵为

$$\boldsymbol{\Phi}(t)=\begin{bmatrix}2\mathrm{e}^{-t}-\mathrm{e}^{-2t} & \mathrm{e}^{-t}-\mathrm{e}^{-2t}\\ -2\mathrm{e}^{-t}+2\mathrm{e}^{-2t} & -\mathrm{e}^{-t}+2\mathrm{e}^{-2t}\end{bmatrix} \tag{3.8}$$

试求 $\boldsymbol{\Phi}^{-1}(t)$ 和 $\boldsymbol{A}$。

解　根据状态转移矩阵的运算性质有

$$\begin{aligned}\boldsymbol{\Phi}^{-1}(t)=\boldsymbol{\Phi}(-t)&=\begin{bmatrix}2\mathrm{e}^{t}-\mathrm{e}^{2t} & \mathrm{e}^{t}-\mathrm{e}^{2t}\\ -2\mathrm{e}^{t}+2\mathrm{e}^{2t} & -\mathrm{e}^{t}+2\mathrm{e}^{2t}\end{bmatrix}\\ \boldsymbol{A}=\dot{\boldsymbol{\Phi}}(0)&=\begin{bmatrix}-2\mathrm{e}^{-t}+2\mathrm{e}^{-2t} & -\mathrm{e}^{-t}+2\mathrm{e}^{-2t}\\ 2\mathrm{e}^{-t}-4\mathrm{e}^{-2t} & \mathrm{e}^{-t}-4\mathrm{e}^{-2t}\end{bmatrix}_{t=0}=\begin{bmatrix}0 & 1\\ -2 & -3\end{bmatrix}\end{aligned} \tag{3.9}$$

3.2.3　计算

状态转移矩阵通常采用幂级数法、Laplace 变换法、线性变换法和凯莱-哈密顿定理等方法计算得到。这里主要介绍前两种方法。

1. 幂级数法：根据 $\boldsymbol{\Phi}$ 定义直接计算

$$\mathrm{e}^{\boldsymbol{A}t}=\boldsymbol{I}+\boldsymbol{A}t+\frac{1}{2!}\boldsymbol{A}^2t^2+\cdots+\frac{1}{n!}\boldsymbol{A}^nt^n+\cdots$$

例 3.3(双积分器)　考虑例 2.6 中式 (2.27) 双积分器系统，当输入 $u=0$ 时，求 $\mathrm{e}^{\boldsymbol{A}t}$。

解　由状态方程知

$$\boldsymbol{A}=\begin{bmatrix}0&1\\0&0\end{bmatrix}\tag{3.10}$$

于是，直接利用幂级数法公式计算得

$$\begin{aligned}\mathrm{e}^{\boldsymbol{A}t}&=\begin{bmatrix}1&0\\0&1\end{bmatrix}+\begin{bmatrix}0&1\\0&0\end{bmatrix}t+\begin{bmatrix}0&1\\0&0\end{bmatrix}^2\frac{t^2}{2!}+\begin{bmatrix}0&1\\0&0\end{bmatrix}^3\frac{t^3}{3!}+\cdots\\&=\begin{bmatrix}1&t\\0&1\end{bmatrix}\end{aligned}\tag{3.11}$$

此法具有步骤简便和编程容易的优点，适合于用计算机计算，但是采用此法计算难以获得解析形式的结果。

2. Laplace 变换法

将式 (3.1) 取 Laplace 变换，有

$$\boldsymbol{X}(s)=(s\boldsymbol{I}-\boldsymbol{A})^{-1}\boldsymbol{x}(0)\tag{3.12}$$

进行 Laplace 反变换，有

$$\boldsymbol{x}(t)=\mathcal{L}^{-1}\left[(s\boldsymbol{I}-\boldsymbol{A})^{-1}\right]\boldsymbol{x}(0)\tag{3.13}$$

与式 (3.7) 相比有

$$\mathrm{e}^{\boldsymbol{A}t}=\mathcal{L}^{-1}\left[(s\boldsymbol{I}-\boldsymbol{A})^{-1}\right]\tag{3.14}$$

例 3.4　已知 $\boldsymbol{A}=\begin{bmatrix}0&1\\-2&-3\end{bmatrix}$，求 $\mathrm{e}^{\boldsymbol{A}t}$。

解

$$s\boldsymbol{I}-\boldsymbol{A}=\begin{bmatrix}s&0\\0&s\end{bmatrix}-\begin{bmatrix}0&1\\-2&-3\end{bmatrix}=\begin{bmatrix}s&-1\\2&s+3\end{bmatrix}\tag{3.15}$$

$$\begin{aligned}(s\boldsymbol{I}-\boldsymbol{A})^{-1}&=\frac{\mathrm{adj}(s\boldsymbol{I}-\boldsymbol{A})}{|s\boldsymbol{I}-\boldsymbol{A}|}=\frac{1}{(s+1)(s+2)}\begin{bmatrix}s+3&1\\-2&s\end{bmatrix}\\&=\begin{bmatrix}\dfrac{2}{s+1}-\dfrac{1}{s+2}&\dfrac{1}{s+1}-\dfrac{1}{s+2}\\\dfrac{-2}{s+1}+\dfrac{2}{s+2}&\dfrac{-1}{s+1}+\dfrac{2}{s+2}\end{bmatrix}\end{aligned}\tag{3.16}$$

$$\boldsymbol{\Phi}(t) = \mathrm{e}^{\boldsymbol{A}t} = \mathcal{L}^{-1}\left[(s\boldsymbol{I}-\boldsymbol{A})^{-1}\right] = \begin{bmatrix} 2\mathrm{e}^{-t}-\mathrm{e}^{-2t} & \mathrm{e}^{-t}-\mathrm{e}^{-2t} \\ -2\mathrm{e}^{-t}+2\mathrm{e}^{-2t} & -\mathrm{e}^{-t}+2\mathrm{e}^{-2t} \end{bmatrix} \tag{3.17}$$

延伸阅读：状态转移矩阵其他计算方法

状态转移矩阵 $\mathrm{e}^{\boldsymbol{A}t}$ 还可以通过线性变换法 (将矩阵 $\boldsymbol{A}$ 化为对角标准型或约当标准型) 和凯莱-哈密顿 (Cayley-Hamilton) 定理 (将 $\mathrm{e}^{\boldsymbol{A}t}$ 表示为矩阵 $\boldsymbol{A}^k, k=0$、1、$\cdots$、$n-1$ 的一个多项式，其各项系数可以通过矩阵 $\boldsymbol{A}$ 的特征值求解) 来进行计算，有兴趣的读者可查阅参考文献 [5] 中的第 2.2.3 节内容。

3.3　定常连续系统的非齐次解

线性定常系统在控制作用下的运动称为线性定常系统的受控运动，其数学描述为非齐次状态微分方程，即

$$\dot{\boldsymbol{x}}(t) = \boldsymbol{A}\boldsymbol{x}(t) + \boldsymbol{B}\boldsymbol{u}(t),\ \boldsymbol{x}(t_0) = \boldsymbol{x}_0,\ t \geqslant t_0 \tag{3.18}$$

式中，$\boldsymbol{x}$ 为 n 维状态向量；$\boldsymbol{u}$ 为 m 维输入向量；$\boldsymbol{A}$ 为 $n\times n$ 维状态矩阵；$\boldsymbol{B}$ 为 $n\times m$ 维输入矩阵。

下述定理给出了方程式 (3.18) 的解，主要有两种证明方法。

定理 3.5　*线性定常系统的状态方程式 (3.18) 在初始条件 $\boldsymbol{x}(t)|_{t=t_0} = \boldsymbol{x}(t_0)$ 和控制输入 $\boldsymbol{u}(t)$ 同时作用下的解或状态运动表达式为*

$$\boldsymbol{x}(t) = \mathrm{e}^{\boldsymbol{A}(t-t_0)}\boldsymbol{x}(t_0) + \int_{t_0}^{t} \mathrm{e}^{\boldsymbol{A}(t-\tau)}\boldsymbol{B}\boldsymbol{u}(\tau)\mathrm{d}\tau, t \geqslant t_0 \tag{3.19}$$

当 $t_0 = 0$ 时，有

$$\boldsymbol{x}(t) = \mathrm{e}^{\boldsymbol{A}t}\boldsymbol{x}(0) + \int_{0}^{t} \mathrm{e}^{\boldsymbol{A}(t-\tau)}\boldsymbol{B}\boldsymbol{u}(\tau)\mathrm{d}\tau, t \geqslant 0 \tag{3.20}$$

式中，$\mathrm{e}^{\boldsymbol{A}t} = \sum\limits_{k=0}^{\infty}\dfrac{1}{k!}\boldsymbol{A}^k t^k$ 称为矩阵指数函数。

3.3.1　积分法

为方便推导说明，先考虑 $t_0 = 0$ 的情况。将式 (3.18) 移项得 $\dot{\boldsymbol{x}} - \boldsymbol{A}\boldsymbol{x} = \boldsymbol{B}\boldsymbol{u}$，两边左乘 $\mathrm{e}^{-\boldsymbol{A}t}$ 有

$$\mathrm{e}^{-\boldsymbol{A}t}[\dot{\boldsymbol{x}}(t) - \boldsymbol{A}\boldsymbol{x}(t)] = \mathrm{e}^{-\boldsymbol{A}t}\boldsymbol{B}\boldsymbol{u}(t) \tag{3.21}$$

由于

$$\frac{\mathrm{d}}{\mathrm{d}t}\left[\mathrm{e}^{-\boldsymbol{A}t}\boldsymbol{x}(t)\right] = -\mathrm{e}^{-\boldsymbol{A}t}\boldsymbol{A}\boldsymbol{x}(t) + \mathrm{e}^{-\boldsymbol{A}t}\dot{\boldsymbol{x}}(t) = \mathrm{e}^{-\boldsymbol{A}t}[\dot{\boldsymbol{x}}(t) - \boldsymbol{A}\boldsymbol{x}(t)] \tag{3.22}$$

将上式代入式 (3.21)，对式 (3.21) 两边积分后有

$$\mathrm{e}^{-\boldsymbol{A}t}\boldsymbol{x}(t)-\boldsymbol{x}(0)=\int_0^t \mathrm{e}^{-\boldsymbol{A}\tau}\boldsymbol{B}\boldsymbol{u}(\tau)\mathrm{d}\tau$$

即

$$\boldsymbol{x}(t)=\mathrm{e}^{\boldsymbol{A}t}\boldsymbol{x}(0)+\int_0^t \mathrm{e}^{\boldsymbol{A}(t-\tau)}\boldsymbol{B}\boldsymbol{u}(\tau)\mathrm{d}\tau=\boldsymbol{\Phi}(t)\boldsymbol{x}(0)+\int_0^t \boldsymbol{\Phi}(t-\tau)\boldsymbol{B}\boldsymbol{u}(\tau)\mathrm{d}\tau \tag{3.23}$$

式 (3.23) 中，等号右边第一项为状态转移项，是系统对初始状态的响应，即零输入响应；第二项是系统对输入作用的响应，即零状态响应。通过变量代换，式 (3.23) 又可表示为

$$\boldsymbol{x}(t)=\boldsymbol{\Phi}(t)\boldsymbol{x}(0)+\int_0^t \boldsymbol{\Phi}(\tau)\boldsymbol{B}\boldsymbol{u}(t-\tau)\mathrm{d}\tau \tag{3.24}$$

若取 t_0 作为初始时刻，则有

$$\begin{aligned}\boldsymbol{x}(t)&=\mathrm{e}^{\boldsymbol{A}(t-t_0)}\boldsymbol{x}(t_0)+\int_{t_0}^t \mathrm{e}^{\boldsymbol{A}(t-\tau)}\boldsymbol{B}\boldsymbol{u}(\tau)\mathrm{d}\tau\\&=\boldsymbol{\Phi}(t-t_0)\boldsymbol{x}(t_0)+\int_{t_0}^t \boldsymbol{\Phi}(t-\tau)\boldsymbol{B}\boldsymbol{u}(\tau)\mathrm{d}\tau\end{aligned}$$

3.3.2 Laplace 变换法

将式 (3.18) 两端取 Laplace 变换，有

$$\begin{aligned}&s\boldsymbol{X}(s)-\boldsymbol{X}(0)=\boldsymbol{A}\boldsymbol{X}(s)+\boldsymbol{B}\boldsymbol{U}(s)\\&\boldsymbol{X}(s)=(s\boldsymbol{I}-\boldsymbol{A})^{-1}\boldsymbol{X}(0)+(s\boldsymbol{I}-\boldsymbol{A})^{-1}\boldsymbol{B}\boldsymbol{U}(s)\end{aligned}$$

进行 Laplace 反变换有

$$\boldsymbol{x}(t)=\mathcal{L}^{-1}(s\boldsymbol{I}-\boldsymbol{A})^{-1}\boldsymbol{x}(0)+\mathcal{L}^{-1}\left[(s\boldsymbol{I}-\boldsymbol{A})^{-1}\boldsymbol{B}\boldsymbol{U}(s)\right]$$

或用状态转移矩阵表示为

$$\boldsymbol{x}(t)=\boldsymbol{\Phi}(t)\boldsymbol{x}(0)+\int_0^t \boldsymbol{\Phi}(t-\tau)\boldsymbol{B}\boldsymbol{u}(\tau)\mathrm{d}\tau$$

同样，如果初始状态为 $\boldsymbol{x}(t_0)$，则有

$$\boldsymbol{x}(t)=\boldsymbol{\Phi}(t-t_0)\boldsymbol{x}(t_0)+\int_{t_0}^t \boldsymbol{\Phi}(t-\tau)\boldsymbol{B}\boldsymbol{u}(\tau)\mathrm{d}\tau,\quad t\geqslant t_0 \tag{3.25}$$

这就是线性定常连续系统非齐次状态方程的解析解。

显然，以上两种方法得到同样的结果。在求得状态方程的解后，直接通过代数运算计算输出方程得

$$\boldsymbol{y}(t)=\boldsymbol{C}\boldsymbol{x}+\boldsymbol{D}\boldsymbol{u}=\boldsymbol{C}\boldsymbol{\Phi}(t-t_0)\boldsymbol{x}(t_0)+\int_{t_0}^t \boldsymbol{C}\boldsymbol{\Phi}(t-\tau)\boldsymbol{B}\boldsymbol{u}(\tau)\mathrm{d}\tau+\boldsymbol{D}\boldsymbol{u}(t) \tag{3.26}$$

例 3.6　设系统状态方程为

$$\begin{bmatrix}\dot{x}_1\\ \dot{x}_2\end{bmatrix}=\begin{bmatrix}0 & 1\\ -2 & -3\end{bmatrix}\begin{bmatrix}x_1\\ x_2\end{bmatrix}+\begin{bmatrix}0\\ 1\end{bmatrix}u \tag{3.27}$$

且 $\boldsymbol{x}(0)=[0\quad 1]^{\mathrm{T}}$，试求在 $u(t)=1(t)$ 作用下状态方程的解。

解　首先，由题可知系数矩阵为

$$\boldsymbol{A}=\begin{bmatrix}0 & 1\\ -2 & -3\end{bmatrix},\quad \boldsymbol{B}=\begin{bmatrix}0\\ 1\end{bmatrix}$$

计算

$$s\boldsymbol{I}-\boldsymbol{A}=\begin{bmatrix}s & -1\\ 2 & s+3\end{bmatrix},\quad (s\boldsymbol{I}-\boldsymbol{A})^{-1}=\frac{1}{s^2+3s+2}\begin{bmatrix}s+3 & 1\\ -2 & s\end{bmatrix}$$

因此，系统的状态转移矩阵为

$$\boldsymbol{\Phi}(t)=\mathcal{L}^{-1}\left[(s\boldsymbol{I}-\boldsymbol{A})^{-1}\right]=\begin{bmatrix}2\mathrm{e}^{-t}-\mathrm{e}^{-2t} & \mathrm{e}^{-t}-\mathrm{e}^{-2t}\\ -2\mathrm{e}^{-t}+2\mathrm{e}^{-2t} & -\mathrm{e}^{-t}+2\mathrm{e}^{-2t}\end{bmatrix}$$

代入式 (3.25) 中，经计算得到该系统的状态方程解为

$$\begin{aligned}\boldsymbol{x}(t)=&\begin{bmatrix}2\mathrm{e}^{-t}-\mathrm{e}^{-2t} & \mathrm{e}^{-t}-\mathrm{e}^{-2t}\\ -2\mathrm{e}^{-t}+2\mathrm{e}^{-2t} & -\mathrm{e}^{-t}+2\mathrm{e}^{-2t}\end{bmatrix}\boldsymbol{x}(0)+\\ &\begin{bmatrix}0.5-\mathrm{e}^{-t}+0.5\mathrm{e}^{-2t}\\ \mathrm{e}^{-t}-\mathrm{e}^{-2t}\end{bmatrix},\ t\geqslant 0\end{aligned} \tag{3.28}$$

其中，系统响应的右边第二项也可以通过对 $(s\boldsymbol{I}-\boldsymbol{A})^{-1}\boldsymbol{B}U(s)$ 进行 Laplace 反变换得到，即

$$\begin{aligned}\mathcal{L}^{-1}\left[(s\boldsymbol{I}-\boldsymbol{A})^{-1}\boldsymbol{B}U(s)\right]&=\mathcal{L}^{-1}\left(\frac{1}{s^2+3s+2}\begin{bmatrix}s+3 & 1\\ -2 & s\end{bmatrix}\begin{bmatrix}0\\ 1\end{bmatrix}\frac{1}{s}\right)\\ &=\mathcal{L}^{-1}\begin{bmatrix}\dfrac{1}{s\left(s^2+3s+2\right)}\\ \dfrac{1}{s^2+3s+2}\end{bmatrix}\\ &=\begin{bmatrix}0.5-\mathrm{e}^{-t}+0.5\mathrm{e}^{-2t}\\ \mathrm{e}^{-t}-\mathrm{e}^{-2t}\end{bmatrix}\end{aligned}$$

将初始条件 $\boldsymbol{x}(0)=[0\quad 1]^{\mathrm{T}}$ 代入式 (3.28) 得

$$\boldsymbol{x}(t)=\begin{bmatrix}0.5-0.5\mathrm{e}^{-2t}\\ \mathrm{e}^{-2t}\end{bmatrix},\ t\geqslant 0$$

例 3.7 (弹簧–阻尼器)　考虑例 2.1 中式 (2.3) 弹簧–阻尼器系统，取系统参数为 $m=k=1$，$\mu=2$，且初始状态为 $\boldsymbol{x}(0)=[0\quad 1]^{\mathrm{T}}$，试求在 $u(t)=1(t)$ 作用下状态方程的解。

解　由题可知系数矩阵为

$$\boldsymbol{A}=\begin{bmatrix}0 & 1\\ -1 & -2\end{bmatrix},\quad \boldsymbol{B}=\begin{bmatrix}0\\ 1\end{bmatrix}$$

计算

$$s\boldsymbol{I}-\boldsymbol{A}=\begin{bmatrix}s & -1\\ 1 & s+2\end{bmatrix},\quad (s\boldsymbol{I}-\boldsymbol{A})^{-1}=\frac{1}{s^2+2s+1}\begin{bmatrix}s+2 & 1\\ -1 & s\end{bmatrix}$$

因此，系统的状态转移矩阵为

$$\boldsymbol{\Phi}(t)=\mathcal{L}^{-1}\left[(s\boldsymbol{I}-\boldsymbol{A})^{-1}\right]=\begin{bmatrix}\mathrm{e}^{-t}+t\mathrm{e}^{-t} & t\mathrm{e}^{-t}\\ -t\mathrm{e}^{-t} & \mathrm{e}^{-t}-t\mathrm{e}^{-t}\end{bmatrix}$$

代入式 (3.25) 中，经计算得到该系统的状态方程解为

$$\begin{aligned}\boldsymbol{x}(t)&=\begin{bmatrix}\mathrm{e}^{-t}+t\mathrm{e}^{-t} & t\mathrm{e}^{-t}\\ -t\mathrm{e}^{-t} & \mathrm{e}^{-t}-t\mathrm{e}^{-t}\end{bmatrix}\boldsymbol{x}(0)+\begin{bmatrix}1-\mathrm{e}^{-t}-t\mathrm{e}^{-t}\\ t\mathrm{e}^{-t}\end{bmatrix}\\ &=\begin{bmatrix}1-\mathrm{e}^{-t}\\ \mathrm{e}^{-t}\end{bmatrix}\end{aligned}$$

3.4　离散时间状态空间模型

随着计算机技术的迅速发展，人们在控制系统中越来越多地应用数字控制器和计算机。在针对连续对象的数字控制中，控制器的输入信号和输出信号均是离散的，而控制对象是连续的。如何建立离散信号输入序列和输出序列之间的定量关系，即建立控制对象的离散化模型，是设计数字控制器的基础。本节将基于连续时间状态空间模型，导出其相应的离散化状态空间模型，进而依据所得到的离散化状态空间模型，分析系统的运动行为。

3.4.1　离散系统的状态空间模型

当系统的各个变量只在离散的时刻取值时，这种系统称为离散时间系统，简称离散系统。为了方便起见，假定离散时间是等间隔的，采样周期为 T。用 $\boldsymbol{u}(k)$ 代表 $\boldsymbol{u}(kT)$，$\boldsymbol{y}(k)$ 代表 $\boldsymbol{y}(kT)$，$k=0$、1、2、$\cdots$ 表示离散的时刻，$\boldsymbol{u}(k)$ 和 $\boldsymbol{y}(k)$ 分别表示系统的输入序列和输出序列。离散时间系统状态空间模型的一般形式为

$$\begin{cases}\boldsymbol{x}(k+1)=\boldsymbol{f}(\boldsymbol{x}(k),\boldsymbol{u}(k),k)\\ \boldsymbol{y}(k)=\boldsymbol{g}(\boldsymbol{x}(k),\boldsymbol{u}(k),k)\end{cases}\quad k=0,1,2,\cdots \tag{3.29}$$

线性定常离散时间系统的一般形式为

$$\begin{cases}\boldsymbol{x}(k+1)=\boldsymbol{G}\boldsymbol{x}(k)+\boldsymbol{H}\boldsymbol{x}(k)\\ \boldsymbol{y}(k)=\boldsymbol{C}\boldsymbol{x}(k)+\boldsymbol{D}\boldsymbol{u}(k)\end{cases}\quad k=0,1,2,\cdots \tag{3.30}$$

其中，$\boldsymbol{x}$ 是 n 维的状态向量；$\boldsymbol{u}$ 是 m 维的输入向量；$\boldsymbol{y}$ 是 p 维的输出向量；$\boldsymbol{G}$、$\boldsymbol{H}$、$\boldsymbol{C}$ 和 $\boldsymbol{D}$ 是已知的适当维数实常数矩阵。

数字计算机处理的是时间上离散的数字量。如果要采用数字计算机对连续时间系统进行控制，就必须将连续系统状态方程离散化。另外，在最优控制理论中，经常用到离散动态规划法对连续系统进行优化控制，同样也需要先进行离散化。

线性连续系统状态方程离散化的实质是将矩阵微分方程化为矩阵差分方程，它是描述多输入多输出离散系统的一种方便的数学模型。也就是将线性定常连续系统

$$\begin{cases} \dot{\boldsymbol{x}} = \boldsymbol{A}\boldsymbol{x} + \boldsymbol{B}\boldsymbol{u} \\ \boldsymbol{y} = \boldsymbol{C}\boldsymbol{x} + \boldsymbol{D}\boldsymbol{u} \end{cases} \tag{3.31}$$

变成如下形式的线性定常离散系统：

$$\begin{cases} \boldsymbol{x}(k+1) = \boldsymbol{G}(T)\boldsymbol{x}(k) + \boldsymbol{H}(T)\boldsymbol{x}(k) \\ \boldsymbol{y}(k) = \boldsymbol{C}\boldsymbol{x}(k) + \boldsymbol{D}\boldsymbol{u}(k) \end{cases} \tag{3.32}$$

同时要求离散化以后，系统在各采样时刻的情况与原连续系统的情况相一致，离散化过程如下。

已知线性定常连续系统状态方程

$$\dot{\boldsymbol{x}} = \boldsymbol{A}\boldsymbol{x} + \boldsymbol{B}\boldsymbol{u}$$

在 $\boldsymbol{x}(t_0)$ 及 $\boldsymbol{u}(t)$ 作用下的解为

$$\boldsymbol{x}(t) = \boldsymbol{\Phi}(t-t_0)\boldsymbol{x}(t_0) + \int_{t_0}^{t} \boldsymbol{\Phi}(t-\tau)\boldsymbol{B}\boldsymbol{u}(\tau)\mathrm{d}\tau$$

假定采样过程时间间隔相等，令 $t_0 = kT$，则 $\boldsymbol{x}(t_0) = \boldsymbol{x}(kT) = \boldsymbol{x}(k)$；令 $t = (k+1)T$，则 $\boldsymbol{x}(t) = \boldsymbol{x}((k+1)T) = \boldsymbol{x}(k+1)$。并且，假定输入信号在两个采样时刻之间都取常值，即在 $t \in [kT, (k+1)T]$ 区间内，$\boldsymbol{u}(t) = \boldsymbol{u}(kT) =$ 常数。于是，其解化为

$$\boldsymbol{x}(k+1) = \boldsymbol{\Phi}[(k+1)T - kT]\boldsymbol{x}(k) + \int_{kT}^{(k+1)T} \boldsymbol{\Phi}[(k+1)T-\tau]\boldsymbol{B}\mathrm{d}\tau \cdot \boldsymbol{u}(k)$$

令

$$\boldsymbol{G}(T) = \boldsymbol{\Phi}(T)$$

$$\boldsymbol{H}(T) = \int_{kT}^{(k+1)T} \boldsymbol{\Phi}[(k+1)T-\tau]\boldsymbol{B}\mathrm{d}\tau$$

通过变量代换得到

$$\boldsymbol{H}(T) = \int_{0}^{T} \boldsymbol{\Phi}(\xi)\boldsymbol{B}\mathrm{d}\xi$$

故离散化状态方程为

$$\boldsymbol{x}(k+1) = \boldsymbol{G}(T)\boldsymbol{x}(k) + \boldsymbol{H}(T)\boldsymbol{u}(k)$$

另一方面，对输出方程进行周期采样，采样周期为 T，可得

$$\boldsymbol{y}(k)=\boldsymbol{C}\boldsymbol{x}(k)+\boldsymbol{D}\boldsymbol{u}(k)$$

因此，在周期采样的情况下，连续时间状态空间模型式 (3.31) 的离散化方程可表示为式 (3.32)，其中

$$\begin{cases}\boldsymbol{G}(T)=\boldsymbol{\Phi}(T)\\ \boldsymbol{H}(T)=\displaystyle\int_0^T\boldsymbol{\Phi}(\xi)\boldsymbol{B}\mathrm{d}\xi\end{cases}\tag{3.33}$$

如果采样周期 T 很小，一般来说，当其值为系统最小时间常数的 $\dfrac{1}{10}$ 左右时，离散化系统方程可近似为

$$\begin{cases}\boldsymbol{x}(k+1)=(T\boldsymbol{A}+\boldsymbol{I})\boldsymbol{x}(k)+T\boldsymbol{B}\boldsymbol{u}(k)\\ \boldsymbol{y}(k)=\boldsymbol{C}\boldsymbol{x}(k)+\boldsymbol{D}\boldsymbol{u}(k)\end{cases}$$

即 $\boldsymbol{G}(T)=T\boldsymbol{A}+\boldsymbol{I}$，$\boldsymbol{H}(T)=T\boldsymbol{B}$。

例 3.8 已知一个线性定常连续系统的状态方程为

$$\dot{\boldsymbol{x}}=\begin{bmatrix}0&-1\\0&-2\end{bmatrix}\boldsymbol{x}+\begin{bmatrix}0\\1\end{bmatrix}u$$

试将其离散化。

解 先计算状态转移矩阵

$$\boldsymbol{\Phi}(t)=\mathcal{L}^{-1}\left[(s\boldsymbol{I}-\boldsymbol{A})^{-1}\right]=\mathcal{L}^{-1}\left\{\begin{bmatrix}s&1\\0&s+2\end{bmatrix}^{-1}\right\}=\mathcal{L}^{-1}\begin{bmatrix}\dfrac{1}{s}&-\dfrac{1}{s(s+2)}\\0&\dfrac{1}{s+2}\end{bmatrix}$$

$$=\begin{bmatrix}1&-\dfrac{1}{2}+\dfrac{1}{2}\mathrm{e}^{-2t}\\0&\mathrm{e}^{-2t}\end{bmatrix}$$

由式 (3.33) 可以得到

$$\boldsymbol{G}(T)=\boldsymbol{\Phi}(T)=\begin{bmatrix}1&-\dfrac{1}{2}+\dfrac{1}{2}\mathrm{e}^{-2T}\\0&\mathrm{e}^{-2T}\end{bmatrix}$$

再次根据式 (3.33) 可以得到

$$\boldsymbol{H}(T)=\int_0^T\boldsymbol{\Phi}(\xi)\boldsymbol{B}\mathrm{d}\xi=\int_0^T\begin{bmatrix}1&-\dfrac{1}{2}+\dfrac{1}{2}\mathrm{e}^{-2\xi}\\0&\mathrm{e}^{-2\xi}\end{bmatrix}\begin{bmatrix}0\\1\end{bmatrix}\mathrm{d}\xi=\begin{bmatrix}-\dfrac{T}{2}+\dfrac{1}{4}-\dfrac{1}{4}\mathrm{e}^{-2T}\\\dfrac{1}{2}-\dfrac{1}{2}\mathrm{e}^{-2T}\end{bmatrix}$$

当 $T=0.1$ 时，离散化方程为

$$\boldsymbol{x}(k+1)=\begin{bmatrix}1&-0.0906\\0&0.8187\end{bmatrix}\boldsymbol{x}(k)+\begin{bmatrix}-0.0047\\0.0906\end{bmatrix}u(k)$$

例 3.9　试求例 3.8 的近似离散化方程。

解

$$\boldsymbol{G}(T)=T\boldsymbol{A}+\boldsymbol{I}=\begin{bmatrix}0 & -T\\0 & -2T\end{bmatrix}+\begin{bmatrix}1 & 0\\0 & 1\end{bmatrix}=\begin{bmatrix}1 & -T\\0 & 1-2T\end{bmatrix}$$

$$\boldsymbol{H}(T)=T\boldsymbol{B}=\begin{bmatrix}0\\T\end{bmatrix}$$

当 $T=0.1$ 时，近似离散化方程为

$$\boldsymbol{x}(k+1)=\begin{bmatrix}1 & -0.1\\0 & 0.8\end{bmatrix}\boldsymbol{x}(k)+\begin{bmatrix}0\\0.1\end{bmatrix}u(k)$$

比较例 3.8 和例 3.9 的结果，可看出当采样周期 T 较小时，系统离散化的状态空间方程近似相等。

延伸阅读：混杂系统

除了连续时间系统和离散时间系统外，有时系统还会同时出现连续时间和离散时间两种运行模式混合的情况，即同时按照连续时间动力学和离散时间动力学演化并相互作用的系统，这一类系统称为混杂系统。

在工业过程设备的运行和监控中，混杂系统随处可见。例如，对于一类具有批处理及间歇特性的中小流程化工生产及处理装置，其混杂特性十分明显：间歇生产过程中由于控制策略涉及许多程序操作且被控对象的特性是变动的，所以完全沿用连续过程或离散过程的方法是不可取的，其过程的在线信息既包含了连续变量值，也包含了离散状态信息，即定量和定性的混杂信息。又比如，双足机器人在行走时每一步的运动过程分为摆动阶段和瞬间碰撞阶段：在摆动阶段，机器人的状态是连续变化的，一般通过微分方程建模；而在瞬间碰撞阶段，机器人的状态发生离散跳变，通过重置映射函数来描述状态的变化。柔性机器人在智能抓取物体时，控制过程的混杂特性也十分明显：首先要进行位置控制，使机械手末端到达物体附近，然后通过离散切换机制，转换到力控制，控制机械手末端抓取目标物体。

传统上，为了研究的方便，系统的混杂性质总是被简化处理，而将系统转化为一个纯连续的或者纯离散的系统加以研究。然而，由于混杂系统存在碰撞或冲击特性 (如机器人的步态切换过程) 以及计算机技术的广泛应用，混杂系统的结构比较复杂，系统的连续部分和离散部分往往交互影响，不能简单地分开，必须作为一个整体进行研究。近年来，混杂系统的动力学分析和综合设计也引起了非线性科学、机械工程、机器人和生物科学等领域学者们的广泛关注，许多研究成果不断问世。有兴趣的读者可查阅参考文献 [21]、[22]。

3.4.2 线性定常离散系统的运动分析

求解离散时间系统状态方程解的方法主要有递推法和 Z 变换法。

1. 递推法

对于线性定常离散系统状态空间方程

$$\begin{cases}\boldsymbol{x}(k+1)=\boldsymbol{G}\boldsymbol{x}(k)+\boldsymbol{H}\boldsymbol{u}(k)\\ \boldsymbol{y}(k)=\boldsymbol{C}\boldsymbol{x}(k)+\boldsymbol{D}\boldsymbol{u}(k)\end{cases} \tag{3.34}$$

令状态方程中的 $k=0$、1、$\cdots$、$k-1$，可得到 T、$2T$、$\cdots$、kT 时刻的状态, 即

$$\begin{aligned}&\boldsymbol{x}(1)=\boldsymbol{G}\boldsymbol{x}(0)+\boldsymbol{H}\boldsymbol{u}(0)\\ &\boldsymbol{x}(2)=\boldsymbol{G}\boldsymbol{x}(1)+\boldsymbol{H}(1)=\boldsymbol{G}^2\boldsymbol{x}(0)+\boldsymbol{G}\boldsymbol{H}\boldsymbol{u}(0)+\boldsymbol{H}\boldsymbol{u}(1)\\ &\boldsymbol{x}(3)=\boldsymbol{G}\boldsymbol{x}(2)+\boldsymbol{H}\boldsymbol{u}(2)=\boldsymbol{G}^3\boldsymbol{x}(0)+\boldsymbol{G}^2\boldsymbol{H}\boldsymbol{u}(0)+\boldsymbol{G}\boldsymbol{H}\boldsymbol{u}(1)+\boldsymbol{H}\boldsymbol{u}(2)\\ &\qquad\vdots\end{aligned} \tag{3.35}$$

从而可得

$$\boldsymbol{x}(k)=\boldsymbol{G}^k\boldsymbol{x}(0)+\sum_{i=0}^{k-1}\boldsymbol{G}^{k-1-i}\boldsymbol{H}\boldsymbol{u}(i) \tag{3.36}$$

式中， $\boldsymbol{G}^k$ 称为线性定常离散系统的状态转移矩阵。由上式可知，线性离散系统非齐次状态方程的解和连续系统类似，也包含两部分。一部分是由初始状态引起的响应，是系统运动的自由分量；另一部分是由各采样时刻的输入信号引起的响应，是系统运动的强迫分量。

将式 (3.36) 状态方程解的表达式代入线性定常离散系统的输出方程，可得

$$\boldsymbol{y}(k)=\boldsymbol{C}\boldsymbol{G}^k\boldsymbol{x}(0)+\boldsymbol{C}\sum_{i=0}^{k-1}\boldsymbol{G}^{k-1-i}\boldsymbol{H}\boldsymbol{u}(i)+\boldsymbol{D}\boldsymbol{u}(k) \tag{3.37}$$

这种递推算法特别适用于在计算机上进行计算，但由于后一步的计算依赖于前一步的计算结果，因此计算过程中引入的差错和误差都会造成累积式的差错和误差，这是递推算法的一个缺点。

例 3.10 线性定常离散系统状态方程为

$$\boldsymbol{x}(k+1)=\begin{bmatrix}0 & 1\\ -0.16 & -1\end{bmatrix}\boldsymbol{x}(k)+\begin{bmatrix}1\\ 1\end{bmatrix}u(k)$$

已知 $\boldsymbol{x}(0)=[1\ \ -1]^{\mathrm{T}}$，$u(k)=1$，求系统的状态解。

解

$$\boldsymbol{x}(1) = \boldsymbol{G}\boldsymbol{x}(0) + \boldsymbol{H}u(0) = \begin{bmatrix} 0 & 1 \\ -0.16 & -1 \end{bmatrix}\begin{bmatrix} 1 \\ -1 \end{bmatrix} + \begin{bmatrix} 1 \\ 1 \end{bmatrix} = \begin{bmatrix} 0 \\ 1.84 \end{bmatrix}$$

$$\boldsymbol{x}(2) = \boldsymbol{G}\boldsymbol{x}(1) + \boldsymbol{H}u(1) = \begin{bmatrix} 0 & 1 \\ -0.16 & -1 \end{bmatrix}\begin{bmatrix} 0 \\ 1.84 \end{bmatrix} + \begin{bmatrix} 1 \\ 1 \end{bmatrix} = \begin{bmatrix} 2.84 \\ -0.84 \end{bmatrix}$$

$$\boldsymbol{x}(3) = \boldsymbol{G}\boldsymbol{x}(2) + \boldsymbol{H}u(2) = \begin{bmatrix} 0 & 1 \\ -0.16 & -1 \end{bmatrix}\begin{bmatrix} 2.84 \\ -0.84 \end{bmatrix} + \begin{bmatrix} 1 \\ 1 \end{bmatrix} = \begin{bmatrix} 0.16 \\ 1.39 \end{bmatrix}$$

$$\vdots$$

可继续递推下去，直到所需要的时刻为止。

2. Z 变换法

设线性定常离散系统状态方程是

$$\boldsymbol{x}(k+1) = \boldsymbol{G}\boldsymbol{x}(k) + \boldsymbol{H}\boldsymbol{u}(k)$$

对上式两边进行 Z 变换，可得

$$z\boldsymbol{X}(z) - z\boldsymbol{x}(0) = \boldsymbol{G}\boldsymbol{X}(z) + \boldsymbol{H}\boldsymbol{U}(z)$$

整理后得

$$\boldsymbol{X}(z) = (z\boldsymbol{I} - \boldsymbol{G})^{-1}z\boldsymbol{x}(0) + (z\boldsymbol{I} - \boldsymbol{G})^{-1}\boldsymbol{H}\boldsymbol{U}(z) \tag{3.38}$$

取 Z 反变换，可得

$$\boldsymbol{x}(k) = \mathcal{Z}^{-1}\left[(z\boldsymbol{I} - \boldsymbol{G})^{-1}z\right]\boldsymbol{x}(0) + \mathcal{Z}^{-1}\left[(z\boldsymbol{I} - \boldsymbol{G})^{-1}\boldsymbol{H}\boldsymbol{U}(z)\right] \tag{3.39}$$

比较式 (3.36) 和式 (3.39)，应有

$$\mathcal{Z}^{-1}\left[(z\boldsymbol{I} - \boldsymbol{G})^{-1}z\right] = \boldsymbol{G}^k$$

$$\mathcal{Z}^{-1}\left[(z\boldsymbol{I} - \boldsymbol{G})^{-1}\boldsymbol{H}\boldsymbol{U}(z)\right] = \sum_{i=0}^{k-1}\boldsymbol{G}^{k-i-1}\boldsymbol{H}\boldsymbol{u}(i)$$

例 3.11　利用 Z 变换法求解例 3.10 中线性定常离散系统状态方程。

解　由式 (3.38) 有

$$\boldsymbol{X}(z) = (z\boldsymbol{I} - \boldsymbol{G})^{-1}z\boldsymbol{x}(0) + (z\boldsymbol{I} - \boldsymbol{G})^{-1}\boldsymbol{H}U(z) \tag{3.40}$$

计算

$$(z\boldsymbol{I} - \boldsymbol{G})^{-1} = \begin{bmatrix} z & -1 \\ 0.16 & z+1 \end{bmatrix}^{-1} = \frac{1}{(z+0.2)(z+0.8)}\begin{bmatrix} z+1 & 1 \\ -0.16 & z \end{bmatrix}$$

$$z\boldsymbol{x}(0)+\boldsymbol{H}U(z)=\begin{bmatrix}1\\-1\end{bmatrix}z+\begin{bmatrix}1\\1\end{bmatrix}\frac{z}{z-1}=\begin{bmatrix}\dfrac{z^2}{z-1}\\\dfrac{-z^2+2z}{z-1}\end{bmatrix}$$

代入式 (3.40) 得

$$\begin{aligned}\boldsymbol{X}(z)&=\frac{1}{(z-1)(z+0.2)(z+0.8)}\begin{bmatrix}\left(z^2+2\right)z\\\left(-z^2+1.84z\right)z\end{bmatrix}\\&=\begin{bmatrix}-\dfrac{17z/6}{z+0.2}+\dfrac{22z/9}{z+0.8}+\dfrac{25z/18}{z-1}\\\dfrac{3.4z/6}{z+0.2}-\dfrac{17.6z/9}{z+0.8}+\dfrac{7z/18}{z-1}\end{bmatrix}\end{aligned}$$

取 Z 反变换，可得

$$\begin{aligned}\boldsymbol{x}(k)&=\mathcal{Z}^{-1}\begin{bmatrix}-\dfrac{17z/6}{z+0.2}+\dfrac{22z/9}{z+0.8}+\dfrac{25z/18}{z-1}\\\dfrac{3.4z/6}{z+0.2}-\dfrac{17.6z/9}{z+0.8}+\dfrac{7z/18}{z-1}\end{bmatrix}\\&=\begin{bmatrix}-\dfrac{17}{6}(-0.2)^k+\dfrac{22}{9}(-0.8)^k+\dfrac{25}{18}\\\dfrac{3.4}{6}(-0.2)^k-\dfrac{17.6}{9}(-0.8)^k+\dfrac{7}{18}\end{bmatrix}\end{aligned}$$

3.5　循序渐进例子：单链机械臂

例 3.12(单链机械臂)　考虑例 2.16 中的单链机械臂系统，其线性化后的连续时间状态空间模型为

$$\begin{cases}\dot{\boldsymbol{x}}&=\begin{bmatrix}0&1\\-5&-6\end{bmatrix}\boldsymbol{x}+\begin{bmatrix}0\\1\end{bmatrix}u\\y&=\begin{bmatrix}1&0\end{bmatrix}\boldsymbol{x}\end{cases}$$

当初始状态取为 $\boldsymbol{x}(0)=[0\quad 1]^{\mathrm{T}}$ 时，试求在 $u(t)=1(t)$ 作用下状态方程的解；进一步地，当采样周期取 $T=0.01$ s 时，对系统进行离散化。

解　由题可知系数矩阵和控制矩阵分别为

$$\boldsymbol{A}=\begin{bmatrix}0&1\\-5&-6\end{bmatrix},\quad \boldsymbol{B}=\begin{bmatrix}0\\1\end{bmatrix}$$

计算

$$s\boldsymbol{I}-\boldsymbol{A}=\begin{bmatrix}s&-1\\5&s+6\end{bmatrix},\quad (s\boldsymbol{I}-\boldsymbol{A})^{-1}=\frac{1}{s^2+6s+5}\begin{bmatrix}s+6&1\\-5&s\end{bmatrix}$$

因此，系统的状态转移矩阵为

$$\boldsymbol{\Phi}(t)=\mathcal{L}^{-1}\left[(s\boldsymbol{I}-\boldsymbol{A})^{-1}\right]=\begin{bmatrix}\frac{5}{4}\mathrm{e}^{-t}-\frac{1}{4}\mathrm{e}^{-5t} & \frac{1}{4}\mathrm{e}^{-t}-\frac{1}{4}\mathrm{e}^{-5t}\\ \frac{5}{4}\mathrm{e}^{-5t}-\frac{5}{4}\mathrm{e}^{-t} & \frac{5}{4}\mathrm{e}^{-5t}-\frac{1}{4}\mathrm{e}^{-t}\end{bmatrix}$$

代入式 (3.25) 中，经计算得到该系统的状态方程解为

$$\begin{aligned}\boldsymbol{x}(t)&=\begin{bmatrix}\frac{5}{4}\mathrm{e}^{-t}-\frac{1}{4}\mathrm{e}^{-5t} & \frac{1}{4}\mathrm{e}^{-t}-\frac{1}{4}\mathrm{e}^{-5t}\\ \frac{5}{4}\mathrm{e}^{-5t}-\frac{5}{4}\mathrm{e}^{-t} & \frac{5}{4}\mathrm{e}^{-5t}-\frac{1}{4}\mathrm{e}^{-t}\end{bmatrix}\boldsymbol{x}(0)+\begin{bmatrix}-\frac{1}{4}\mathrm{e}^{-t}+\frac{1}{20}\mathrm{e}^{-5t}+\frac{1}{5}\\ \frac{1}{4}\mathrm{e}^{-t}-\frac{1}{4}\mathrm{e}^{-5t}\end{bmatrix}\\&=\begin{bmatrix}\frac{1}{5}-\frac{1}{5}\mathrm{e}^{-5t}\\ \mathrm{e}^{-5t}\end{bmatrix}\end{aligned}\tag{3.41}$$

当 $T=0.01$ 时，由式 (3.33) 可以得到

$$\boldsymbol{G}(T)=\boldsymbol{\Phi}(T)=\begin{bmatrix}\frac{5}{4}\mathrm{e}^{-T}-\frac{1}{4}\mathrm{e}^{-5T} & \frac{1}{4}\mathrm{e}^{-T}-\frac{1}{4}\mathrm{e}^{-5T}\\ \frac{5}{4}\mathrm{e}^{-5T}-\frac{5}{4}\mathrm{e}^{-T} & \frac{5}{4}\mathrm{e}^{-5T}-\frac{1}{4}\mathrm{e}^{-T}\end{bmatrix}\approx\begin{bmatrix}0.9998 & 0.0097\\ -0.0485 & 0.9415\end{bmatrix}$$

再根据 $\boldsymbol{H}(T)=\boldsymbol{A}^{-1}(\boldsymbol{G}(T)-\boldsymbol{I})\boldsymbol{B}$ 可以得到

$$\boldsymbol{H}(T)=\begin{bmatrix}0\\ 0.0097\end{bmatrix}$$

于是，离散化方程为

$$\boldsymbol{x}(k+1)=\begin{bmatrix}0.9998 & 0.0097\\ -0.0485 & 0.9415\end{bmatrix}\boldsymbol{x}(k)+\begin{bmatrix}0\\ 0.0097\end{bmatrix}u(k)$$

3.6 MATLAB 中进行线性系统运动分析

1. expm：矩阵指数函数

用 expm 函数可以得到系统的状态转移矩阵，进而获得状态方程的解。

例 3.13　考虑例 2.16 中的单链机械臂系统，其状态空间模型为

$$\begin{cases}\dot{\boldsymbol{x}} & = \begin{bmatrix}0 & 1\\ -5 & -6\end{bmatrix}\boldsymbol{x}+\begin{bmatrix}0\\ 1\end{bmatrix}u\\ y & = [1\quad 0]\boldsymbol{x}\end{cases}$$

当初始状态 $\boldsymbol{x}(0)=[0\quad 1]^{\mathrm{T}}$ 时，用 MATLAB 程序求出系统在 $u(t)=1(t)$ 作用下状态方程的解。

解　编写并执行以下的 m 文件：chap3_code1.m。

```
syms t tau;          % 定义时间变量 t, tau 为符号
A=[0 1; −5 −6];
B=[0; 1];
x0=[0; 1];
u=1;
Phi=expm(A*t)     % 计算状态转移矩阵
xt=expm(A*t)*x0 + int(expm(A*(t−tau))*B*u, tau, 0, t)
```

运行结果为

```
Phi =
  [ 5/(4*exp(t)) − 1/(4*exp(5*t)), 1/(4*exp(t)) − 1/(4*exp(5*t))]
  [ 5/(4*exp(5*t)) − 5/(4*exp(t)), 5/(4*exp(5*t)) − 1/(4*exp(t))]

xt =
 1/5 − 1/(5*exp(5*t))
          1/exp(5*t)
```

2. ode45：求常微分方程数值解的函数，采用四阶-五阶 Runge-Kutta（龙格–库塔）算法

在 MATLAB 中，可以用 ode45 函数来实现系统状态空间模型的数值解，并结合 plot 函数绘制系统状态轨迹曲线。

$$[\mathrm{T},\mathrm{X}]=\mathrm{ode45(odefun,tspan,x0)}$$

odefun 是函数句柄，可以是函数文件名、匿名函数句柄或内联函数名；tspan 是区间 [t0 tf] 或者一系列散点 [t0,t1,···,tf]；x0 是初始值向量；T 返回列向量的时间点；X 返回对应 T 的数值解列向量。

例 3.14　考虑例 2.11 中的 Chua 混沌系统

$$\begin{cases}\dot{x}_1=a\left(x_2-x_1-g(x_1)\right)\\ \dot{x}_2=x_1-x_2+x_3\\ \dot{x}_3=-bx_2\end{cases}\tag{3.42}$$

其中，$g(x_1)=m_0x_1+\dfrac{1}{2}(m_1-m_0)(|x_1+1|-|x_1-1|)$。

当系统参数取为

$$a=10,b=14.87,m_0=-0.68,m_1=-1.27$$

初始条件为 $\boldsymbol{x}(0)=[0.1\quad 0.1\quad 0.1]^{\mathrm{T}}$ 时，用 MATLAB 程序求出系统状态的数值解。

解　编写并执行以下的 m 文件：chap3_code2.m。

```
a=10; b=14.87; m0=−0.68; m1=−1.27;                    % 系统参数
fun=@(t,x)[a*(x(2)−x(1)−(m0*x(1)+0.5*(m1−m0)*...
              *(abs(x(1)+1)−abs(x(1)−1))));
          x(1)−x(2)+x(3);−b*x(2)];                    % 系统微分方程组描述
x0 =[0.1;0.1;0.1];                                    % 初始条件
[t,x]=ode45(fun,[0,300],x0);                          % 调用函数
plot(x(:,1),x(:,2));                                  % 绘制系统状态的相位图
xlabel('x_1');ylabel('x_2');
```

可以得到如图 3.1 所示混沌系统吸引子相位图。

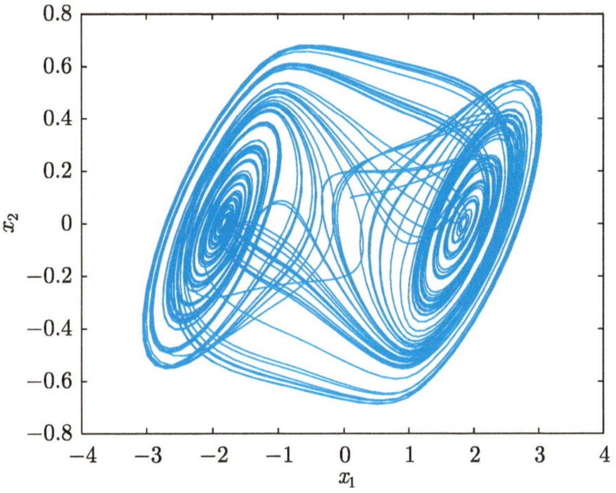

图 3.1 Chua 系统吸引子相位图

例 3.15 用 MATLAB 程序实现例 3.13 中单链机械臂系统状态的数值解。

解 编写并执行以下的 m 文件：chap3_code3.m。

```
A=[0 1; −5 −6];
B=[0; 1];
u=1;
fun=@(t,x)(A*x+B*u);              % 系统状态空间模型
x0=[0;1];                         % 初始条件
[t,x]=ode45(fun,[0,5],x0);        % 调用函数求解微分方程
plot(t,x(:,1),'b−');              % 实线绘制状态 x1 的数值解
hold on;
plot(t,x(:,2),'r−−');             % 虚线绘制状态 x2 的数值解
xlabel('t');ylabel('x');
legend('x_1','x_2');
```

可以得到如图 3.2 所示系统状态的时间响应曲线。由图可见，状态 x_1 指数收敛到 0.2，状态 x_2 指数收敛到 0，这与式 (3.41) 的理论结果一致。

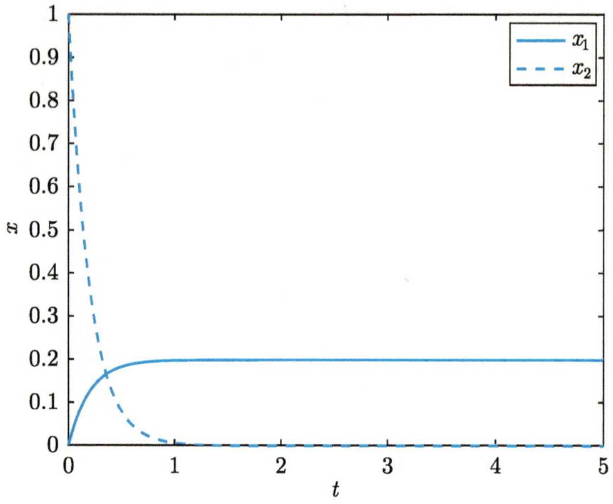

图 3.2 单链机械臂系统状态的时间响应曲线

3. c2d：连续系统状态方程转化为离散状态方程

用 c2d 函数可以实现连续系统离散化，调用格式为

$$[G,H]=c2d(A,B,T)$$

其中，T 为采样周期。相关的函数还有 d2c、d2d。

例 3.16(单链机械臂) 考虑例 3.12 中单链机械臂系统

$$\begin{cases} \dot{\boldsymbol{x}} = \begin{bmatrix} 0 & 1 \\ -5 & -6 \end{bmatrix} \boldsymbol{x} + \begin{bmatrix} 0 \\ 1 \end{bmatrix} u \\ y = \begin{bmatrix} 1 & 0 \end{bmatrix} \boldsymbol{x} \end{cases}$$

试编写 MATLAB 程序将其离散化。

解 编写并执行以下的 m 文件：chap3_code4.m。

```
A=[0 1; -5 -6];
B=[0; 1];
T=0.01;                        % 采样周期
[G,H]=c2d(A,B,T)               % 连续系统离散化
```

运行结果为

```
G =
    0.9998    0.0097
   -0.0485    0.9415

H =
    0.0000
    0.0097
```

本章要点

- **状态转移矩阵**
  - 状态转移矩阵描述了状态向量由初始状态 $\boldsymbol{x}(0)$ 向任意时刻 t 的状态 $\boldsymbol{x}(t)$ 转移的特性。
  - 线性定常连续系统的状态转移矩阵 $\boldsymbol{\Phi}(t)=\mathrm{e}^{\boldsymbol{A}t}$ 的重要性质：$\boldsymbol{\Phi}(0)=\boldsymbol{I}$、$\dot{\boldsymbol{\Phi}}(t)=\boldsymbol{A}\boldsymbol{\Phi}(t)=\boldsymbol{\Phi}(t)\boldsymbol{A}$、$\boldsymbol{\Phi}^{-1}(t)=\boldsymbol{\Phi}(-t)$。
  - 拉氏计算法：$\mathrm{e}^{\boldsymbol{A}t}=\mathcal{L}^{-1}\left[(s\boldsymbol{I}-\boldsymbol{A})^{-1}\right]$。
- **状态方程的解**
  - 齐次方程 $\dot{\boldsymbol{x}}(t)=\boldsymbol{A}\boldsymbol{x}(t)$ 的解：$\boldsymbol{x}(t)=\mathrm{e}^{\boldsymbol{A}t}\boldsymbol{x}(0)$。
  - 非齐次方程 $\dot{\boldsymbol{x}}(t)=\boldsymbol{A}\boldsymbol{x}(t)+\boldsymbol{B}\boldsymbol{u}(t)$ 的解：

$$\boldsymbol{x}(t)=\mathrm{e}^{\boldsymbol{A}t}\boldsymbol{x}(0)+\int_0^t \mathrm{e}^{\boldsymbol{A}(t-\tau)}\boldsymbol{B}\boldsymbol{u}(\tau)\mathrm{d}\tau, t\geqslant 0$$

- **线性定常连续系统离散化**

$$\begin{cases}\boldsymbol{x}(k+1)=\boldsymbol{G}(T)\boldsymbol{x}(k)+\boldsymbol{H}(T)\boldsymbol{x}(k)\\ \boldsymbol{y}(k)=\boldsymbol{C}\boldsymbol{x}(k)+\boldsymbol{D}\boldsymbol{u}(k)\end{cases}$$

其中

$$\begin{cases}\boldsymbol{G}(T)=\mathrm{e}^{\boldsymbol{A}T}\\ \boldsymbol{H}(T)=\displaystyle\int_0^T \mathrm{e}^{\boldsymbol{A}\xi}\boldsymbol{B}\mathrm{d}\xi\end{cases}$$

习题 3

3-1 什么是系统的状态转移矩阵？其意义是什么？

3-2 列出状态转移矩阵的基本性质。

3-3 线性定常系统的状态转移矩阵计算方法有哪些？

3-4 计算下列矩阵 $\boldsymbol{A}$ 的矩阵指数函数 $\mathrm{e}^{\boldsymbol{A}t}$：

(1) $\boldsymbol{A}=\begin{bmatrix}0 & 1\\ 0 & -5\end{bmatrix}$

(2) $\boldsymbol{A}=\begin{bmatrix}0 & 1\\ 1 & 0\end{bmatrix}$

(3) $\boldsymbol{A}=\begin{bmatrix}0 & 6\\ -1 & -5\end{bmatrix}$

3-5 求下面状态转移矩阵的逆矩阵 $\boldsymbol{\Phi}^{-1}(t)$。

$$\boldsymbol{\Phi}(t)=\begin{bmatrix}2\mathrm{e}^{-t}-\mathrm{e}^{-2t} & \mathrm{e}^{-t}-\mathrm{e}^{-2t}\\ -5\mathrm{e}^{-t}+5\mathrm{e}^{-2t} & -\mathrm{e}^{-t}+2\mathrm{e}^{-2t}\end{bmatrix}$$

3-6 验证下面矩阵是否满足状态转移矩阵的条件。若满足，求相应的系统矩阵 $\boldsymbol{A}$。

$$\boldsymbol{\Phi}(t)=\begin{bmatrix}\frac{1}{2}(\mathrm{e}^{-t}+\mathrm{e}^{-3t}) & \frac{1}{4}(-\mathrm{e}^{-t}+\mathrm{e}^{-3t})\\ -\mathrm{e}^{-t}+\mathrm{e}^{-3t} & \frac{1}{2}(\mathrm{e}^{-t}+\mathrm{e}^{-3t})\end{bmatrix}$$

3-7 对线性定常系统 $\dot{\boldsymbol{x}}=\boldsymbol{A}\boldsymbol{x}$，已知

$$\boldsymbol{x}(0)=\begin{bmatrix}2\\1\end{bmatrix}\text{时，}\quad \boldsymbol{x}(t)=\begin{bmatrix}2\mathrm{e}^{-2t}\\ \mathrm{e}^{-t}\end{bmatrix}$$

$$\boldsymbol{x}(0)=\begin{bmatrix}1\\1\end{bmatrix}\text{时，}\quad \boldsymbol{x}(t)=\begin{bmatrix}\mathrm{e}^{-t}+2t\mathrm{e}^{-2t}\\ \mathrm{e}^{-t}+t\mathrm{e}^{-t}\end{bmatrix}$$

(1) 求系统的状态转移矩阵 $\boldsymbol{\Phi}(t)$。

(2) 求系统矩阵 $\boldsymbol{A}$。

3-8 已知系统的状态空间模型为

$$\begin{aligned}\dot{\boldsymbol{x}} &= \begin{bmatrix}-5 & -1\\ 6 & 0\end{bmatrix}\boldsymbol{x}+\begin{bmatrix}0\\2\end{bmatrix}u\\ y &= [2\quad 1]\,\boldsymbol{x}\end{aligned}$$

(1) 求系统的状态转移矩阵 $\boldsymbol{\Phi}(t)$。

(2) 当 $\boldsymbol{x}(0)=[1\quad 0]^{\mathrm{T}}, u(t)=1(t)$ 时，求系统的输出 $y(t)$。

3-9 已知系统的状态空间模型为

$$\begin{aligned}\dot{\boldsymbol{x}} &= \begin{bmatrix}-1 & 0\\ 0 & -2\end{bmatrix}\boldsymbol{x}+\begin{bmatrix}1\\1\end{bmatrix}u\\ y &= [1\quad 1]\,\boldsymbol{x}\end{aligned}$$

在输入 $u(t)=\mathrm{e}^{\alpha t}$ 的作用下，如何选取 α 和初始状态 $\boldsymbol{x}(0)$ 使系统的输出 y 恒为零？

3-10 已知系统的状态空间模型为

$$\begin{aligned}\dot{\boldsymbol{x}} &= \begin{bmatrix}0 & 1\\ 0 & -1\end{bmatrix}\boldsymbol{x}+\begin{bmatrix}0\\1\end{bmatrix}u\\ y &= [1\quad 0]\,\boldsymbol{x}\end{aligned}$$

求系统离散化状态空间模型 (采样周期 $T=1\mathrm{s}$)。

第 4 章　线性系统的能控性与能观性

能控性 (controllability) 和能观性 (observability) 概念是卡尔曼在 1960 年首先提出的，是控制系统的两个重要性质，是实现各种控制和状态估计的基础，在控制理论中起着核心的作用。能控性和能观性这两个概念与控制系统状态空间描述相对应，深刻地揭示了系统的内部结构关系，分别对应以下两个基本问题：

1) 在有限时间内，控制作用能否使系统从初始状态转移到要求的状态？

2) 在有限时间内，能否通过对系统输出的测定来估计系统的初始状态？

本章着重介绍能控性、能观性的概念及其判别准则。

4.1　能控性和能观性问题

对于用状态空间方程描述的控制系统，状态方程描述了由输入引起的状态变化，输出方程描述了由状态变化引起的输出改变，状态空间模型的结构如图 4.1 所示。

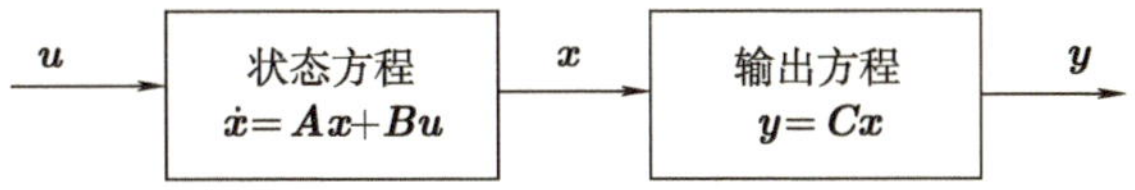

图 4.1　状态空间模型的结构图

采用状态反馈控制可以实现最优控制等各种控制目标，如图 4.2 所示。

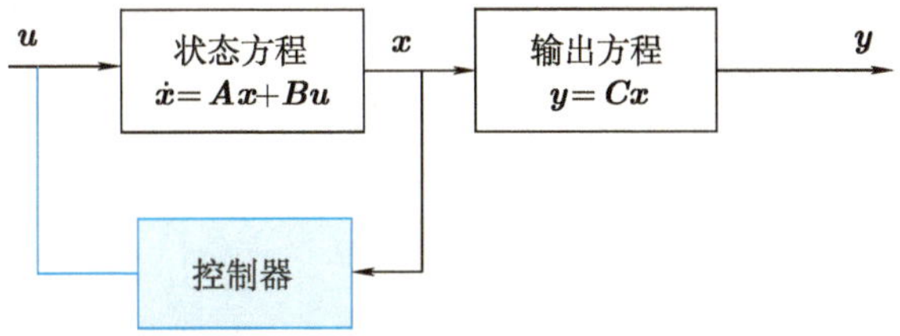

图 4.2　状态反馈控制

控制系统设计的主要任务是寻求控制 $\boldsymbol{u}(t)$，使状态 $\boldsymbol{x}(t)$ 达到预期的状态。但首要问题是确定系统状态能否被控制，即输入能否控制状态的变化。如果系统能控制，才可以选取或设计某个控制 $\boldsymbol{u}(t)$ 将 $\boldsymbol{x}(t)$ 控制到指定的新状态。如果系统不能控制，则无论采用什么控制信号也不可能达到目的。这就是系统的能控性问题。

另一方面，为了实现各种状态反馈控制，系统的全部状态应该能够被测量，但实际系统的状态 $\boldsymbol{x}(t)$ 通常是难以完全测量的，往往需要从可以测量的输出 $\boldsymbol{y}(t)$ 中估计出来，具有状态估计器的状态反馈控制如图 4.3 所示。

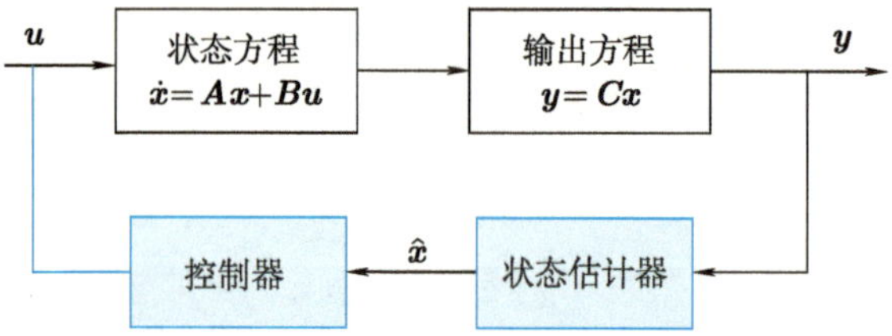

图 4.3　具有状态估计器的状态反馈控制

状态估计的任务就是设计状态估计器，从输出 $\boldsymbol{y}(t)$ 中估计出状态 $\boldsymbol{x}(t)$，以实现状态反馈。但首要问题是确定系统输出能否估计出状态。如果 $\boldsymbol{y}(t)$ 不能完全反映系统的状态 $\boldsymbol{x}(t)$，也就无法实现状态估计。这就是系统的能观性问题。

下面通过两个实例对能控性和能观测性问题的含义进行讨论，使读者对能控性和能观性有直观性的了解，以便后续做深入的分析。

例 4.1　图 4.4 是一个 RC 桥式电路。这里 $C_1=C_2$，$R_1=R_2$，电容 C_1 上的电压为状态变量 x_1，电容 C_2 上的电压为状态变量 x_2，且设电容 C_1、C_2 上的初始电压为零。根据电路理论，$x_1(t)=x_2(t)$，且电源电压无论如何变化，$x_1(t)=x_2(t)$ 总是成立。因此，系统状态只能在相位图的一条直线上移动，不论电源电压如何变动，都不能使系统的状态变量离开这条直线。显然，它是不完全能控的。

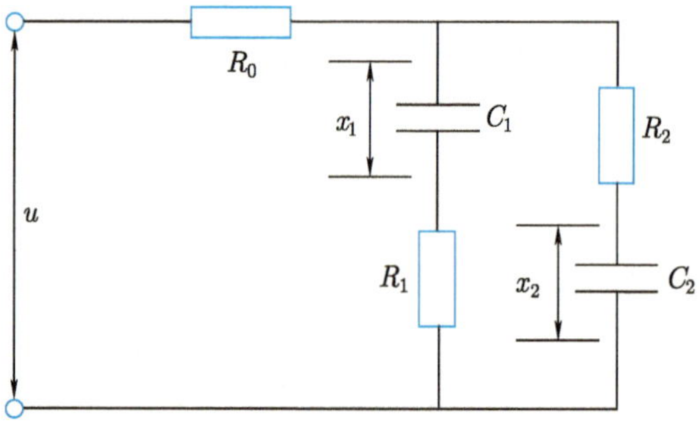

图 4.4　RC 桥式电路

例 4.2　考查如图 4.5 所示桥式电路的能控性和能观性。

解　选取 $x_1=i_L$、$x_2=u_C$ 为状态变量，$y=u_C$ 为输出量，则由电路分析方法不难写出该电路的状态变量模型

$$\dot{\boldsymbol{x}}=\begin{bmatrix}\dfrac{\mathrm{d}i_L}{\mathrm{d}t}\\\dfrac{\mathrm{d}u_C}{\mathrm{d}t}\end{bmatrix}=\begin{bmatrix}-\dfrac{1}{L}R_{11} & -\dfrac{1}{L}R_{12}\\-\dfrac{1}{C}R_{21} & -\dfrac{1}{C}R_{22}\end{bmatrix}\boldsymbol{x}+\begin{bmatrix}\dfrac{1}{L}\\0\end{bmatrix}u \tag{4.1}$$

$$y=\begin{bmatrix}0 & 1\end{bmatrix}\boldsymbol{x}$$

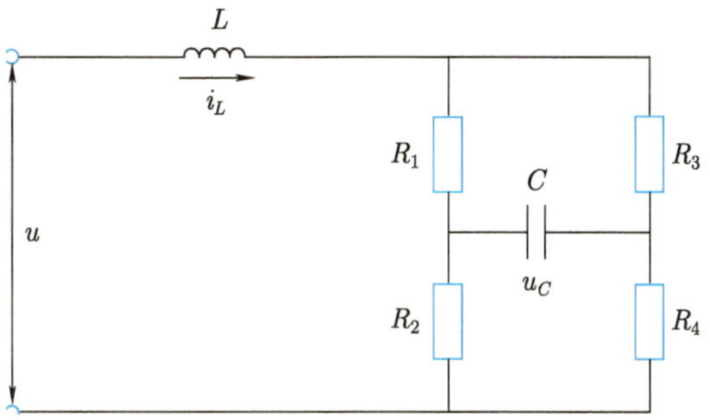

图 4.5　桥式电路

其中

$$R_{11}=\left(\frac{R_1R_2}{R_1+R_2}+\frac{R_3R_4}{R_3+R_4}\right)$$

$$R_{12}=\left(\frac{R_1}{R_1+R_2}-\frac{R_3}{R_3+R_4}\right)$$

$$R_{21}=\left(\frac{R_2}{R_1+R_2}-\frac{R_4}{R_3+R_4}\right)$$

$$R_{22}=\left(\frac{1}{R_1+R_2}+\frac{1}{R_3+R_4}\right)$$

由 $R_1\sim R_4$ 组成的电桥平衡时，即

$$\frac{R_1}{R_3}=\frac{R_2}{R_4}\ \text{或}\ \frac{R_2}{R_1+R_2}=\frac{R_4}{R_3+R_4} \tag{4.2}$$

有

$$\begin{cases}\dot{x}_1=\dfrac{\mathrm{d}i_L}{\mathrm{d}t}=-\dfrac{1}{L}R_{11}i_L+\dfrac{1}{L}u\\ \dot{x}_2=\dfrac{\mathrm{d}u_C}{\mathrm{d}t}=-\dfrac{1}{C}R_{22}u_C\\ y=u_C\end{cases} \tag{4.3}$$

可以看出，调节控制输入 $u(t)$ 时，对状态 $x_2=u_C$ 没有影响；而通过观测输出 y，也不能确定状态 $x_1=i_L$ 的解或信息。

综上，人们设计一个控制系统，总是要达到某种预期的控制目的，这就必须借助于对被控制系统施加控制作用，以便使系统的状态变量沿着期望的轨迹运动。为此，首先必须研究控制作用 u 对系统的各个状态变量施加影响的可能性，如果系统的状态变量不完全受控于 u，那么最优控制或其他控制目的就很难实现，甚至根本不可能实现；其次，一个系统的状态变量往往难以直接测量，需要通过输出量来估计状态，不能观测的系统就无法实现此目的。

4.2　定常连续系统的能控性

4.2.1　能控性定义

设线性定常连续系统的状态方程为

$$\dot{\boldsymbol{x}}(t)=\boldsymbol{A}\boldsymbol{x}(t)+\boldsymbol{B}\boldsymbol{u}(t) \tag{4.4}$$

其中，$\boldsymbol{x}$ 为 n 维状态向量；$\boldsymbol{u}$ 为 m 维控制向量；$\boldsymbol{A}$ 为 $n\times n$ 维系统矩阵；$\boldsymbol{B}$ 为 $n\times m$ 维控制矩阵。

定义 4.3　对于式 (4.4) 的系统，若存在一分段连续控制向量 $\boldsymbol{u}(t)$，能在有限时间区间 $[t_0,t_\mathrm{f}]$ 内，将系统从初始状态 $\boldsymbol{x}(t_0)$ 转移到任意终端状态 $\boldsymbol{x}(t_\mathrm{f})$[一般指原点，即 $\boldsymbol{x}(t_\mathrm{f})=0$]，则称系统的状态是能控的。若系统任意 t_0 时刻的所有状态 $\boldsymbol{x}(t_0)$ 都是能控的，就称此系统是**状态完全能控的**，简称**能控**。

上述定义也适用于一般连续非线性系统。显然，线性定常连续系统的状态能控性只需考虑系统矩阵 $\boldsymbol{A}$ 和控制矩阵 $\boldsymbol{B}$。

4.2.2　能控性判据

由 4.1 节中能控性的定义来判断一个具体状态方程的能控性还是令人望而却步的，因为不能直截了当地来描述输入信号对状态轨迹所产生的影响。为克服这个困难，将状态方程的能控性转化为与状态方程系数矩阵 $\boldsymbol{A}$、$\boldsymbol{B}$ 等价的线性代数特性。下面以线性定常连续系统为研究对象，给出基于系数矩阵判断能控性的常用准则。

定理 4.4(Gram 矩阵判据)　式 (4.4) 线性定常系统在给定时间区间 $[t_0,t_\mathrm{f}]$ 内，状态完全能控的充要条件是如下定义的 Gram (格拉姆) 矩阵

$$\boldsymbol{W}_\mathrm{c}(t_0,t_\mathrm{f})\triangleq\int_{t_0}^{t_\mathrm{f}}\boldsymbol{\varPhi}(t_0-\tau)\boldsymbol{B}\boldsymbol{B}^\mathrm{T}\boldsymbol{\varPhi}^\mathrm{T}(t_0-\tau)\mathrm{d}\tau$$

为非奇异，式中 $\boldsymbol{\varPhi}(t_0-\tau)=\mathrm{e}^{\boldsymbol{A}(t_0-\tau)}$。

证明　1) 先证明充分性，即

$$\boldsymbol{W}_\mathrm{c}(t_0,t_\mathrm{f})\text{ 存在且非奇异 }\Rightarrow\text{ 能控}$$

由于 $\boldsymbol{W}_\mathrm{c}(t_0,t_\mathrm{f})$ 存在且非奇异，则对于任意 $\boldsymbol{x}(t_0)$，可以构造控制向量

$$\boldsymbol{u}(t)=-\boldsymbol{B}^\mathrm{T}\boldsymbol{\varPhi}^\mathrm{T}(t_0-t)\boldsymbol{W}_\mathrm{c}^{-1}(t_0,t_\mathrm{f})\boldsymbol{x}(t_0)$$

系统在此控制向量的作用下，经过有限时间 $[t_0,t_\mathrm{f}]$ 后，系统状态则从 $\boldsymbol{x}(t_0)$ 转移到

$$
\begin{aligned}
\boldsymbol{x}(t_{\mathrm{f}}) &= \boldsymbol{\Phi}(t_{\mathrm{f}}, t_0)\,\boldsymbol{x}(t_0) + \int_{t_0}^{t_{\mathrm{f}}} \boldsymbol{\Phi}(t_{\mathrm{f}}, \tau)\,\boldsymbol{B}\boldsymbol{u}(\tau)\mathrm{d}\tau \\
&= \boldsymbol{\Phi}(t_{\mathrm{f}}, t_0)\,\boldsymbol{x}(t_0) - \int_{t_0}^{t_{\mathrm{f}}} \boldsymbol{\Phi}(t_{\mathrm{f}}, \tau)\,\boldsymbol{B}\boldsymbol{B}^{\mathrm{T}}\boldsymbol{\Phi}^{\mathrm{T}}(t_0, \tau)\,\boldsymbol{W}_{\mathrm{c}}^{-1}(t_0, t_{\mathrm{f}})\,\boldsymbol{x}(t_0)\,\mathrm{d}\tau \\
&= \boldsymbol{\Phi}(t_{\mathrm{f}}, t_0)\,\boldsymbol{x}(t_0) - \boldsymbol{\Phi}(t_{\mathrm{f}}, t_0)\left[\int_{t_0}^{t_{\mathrm{f}}} \boldsymbol{\Phi}(t_0, \tau)\,\boldsymbol{B}\boldsymbol{B}^{\mathrm{T}}\boldsymbol{\Phi}^{\mathrm{T}}(t_0, \tau)\,\mathrm{d}\tau\right]\boldsymbol{W}_{\mathrm{c}}^{-1}(t_0, t_{\mathrm{f}})\,\boldsymbol{x}(t_0) \\
&= \boldsymbol{\Phi}(t_{\mathrm{f}}, t_0)\,\boldsymbol{x}(t_0) - \boldsymbol{\Phi}(t_{\mathrm{f}}, t_0)\,\boldsymbol{W}_{\mathrm{c}}(t_0, t_{\mathrm{f}})\,\boldsymbol{W}_{\mathrm{c}}^{-1}(t_0, t_{\mathrm{f}})\,\boldsymbol{x}(t_0) \\
&= \mathbf{0}
\end{aligned}
$$

这表明，如果 $\boldsymbol{W}_{\mathrm{c}}(t_0, t_{\mathrm{f}})$ 非奇异，那么在时间 $[t_0, t_{\mathrm{f}}]$ 内，任何初始状态 $\boldsymbol{x}(t_0)$ 都可以被转移到零状态。所以定理的充分性得证。

2) 其次，证明必要性，即

$$\text{能控} \Rightarrow \boldsymbol{W}_{\mathrm{c}}(t_0, t_{\mathrm{f}})\ \text{存在且非奇异}$$

采用反证法。假定 $\boldsymbol{W}_{\mathrm{c}}(t_0, t_{\mathrm{f}})$ 是奇异的，则必存在某个非零初始状态 $\boldsymbol{x}(t_0)$，使得

$$\boldsymbol{x}(t_0)^{\mathrm{T}}\,\boldsymbol{W}_{\mathrm{c}}(t_0, t_{\mathrm{f}})\,\boldsymbol{x}(t_0) = 0$$

又

$$
\begin{aligned}
\boldsymbol{x}(t_0)^{\mathrm{T}}\,\boldsymbol{W}_{\mathrm{c}}(t_0, t_{\mathrm{f}})\,\boldsymbol{x}(t_0) &= \int_{t_0}^{t_{\mathrm{f}}} \boldsymbol{x}(t_0)^{\mathrm{T}}\,\boldsymbol{\Phi}(t_0, \tau)\,\boldsymbol{B}\boldsymbol{B}^{\mathrm{T}}\boldsymbol{\Phi}^{\mathrm{T}}(t_0, \tau)\,\boldsymbol{x}(t_0)\,\mathrm{d}\tau \\
&= \int_{t_0}^{t_{\mathrm{f}}} \left[\boldsymbol{B}^{\mathrm{T}}\boldsymbol{\Phi}^{\mathrm{T}}(t_0, \tau)\,\boldsymbol{x}(t_0)\right]^{\mathrm{T}}\left[\boldsymbol{B}^{\mathrm{T}}(\tau)\boldsymbol{\Phi}^{\mathrm{T}}(t_0, \tau)\boldsymbol{x}(t_0)\right]\mathrm{d}\tau
\end{aligned}
$$

从而有

$$\boldsymbol{x}(t_0)^{\mathrm{T}}\,\boldsymbol{W}_{\mathrm{c}}(t_0, t_{\mathrm{f}})\,\boldsymbol{x}(t_0) = \int_{t_0}^{t_{\mathrm{f}}} \left\|\boldsymbol{B}^{\mathrm{T}}\boldsymbol{\Phi}^{\mathrm{T}}(t_0, \tau)\,\boldsymbol{x}(t_0)\right\|^2\ \mathrm{d}\tau = 0$$

但 $\boldsymbol{B}^{\mathrm{T}}\boldsymbol{\Phi}^{\mathrm{T}}(t_0, \tau)$ 在变量定义域内是连续的，所以根据上式必有

$$\boldsymbol{B}^{\mathrm{T}}\boldsymbol{\Phi}^{\mathrm{T}}(t_0, \tau)\,\boldsymbol{x}(t_0) = \mathbf{0}, \quad t \in [t_0, t_{\mathrm{f}}] \tag{4.5}$$

又因系统是能控的，$\boldsymbol{x}(t_0)$ 是能控状态，应有

$$\boldsymbol{x}(t_0) = -\int_{t_0}^{t_{\mathrm{f}}} \boldsymbol{\Phi}(t_0, \tau)\,\boldsymbol{B}\boldsymbol{u}(\tau)\mathrm{d}\tau$$

于是，结合式 (4.5) 可得

$$\|\boldsymbol{x}(t_0)\|^2 = \boldsymbol{x}^{\mathrm{T}}(t_0)\,\boldsymbol{x}(t_0) = \left[-\int_{t_0}^{t_{\mathrm{f}}} \boldsymbol{\Phi}(t_0, \tau)\,\boldsymbol{B}\boldsymbol{u}(\tau)\mathrm{d}\tau\right]^{\mathrm{T}}\boldsymbol{x}(t_0) = 0$$

这里 $\|\boldsymbol{x}\|$ 表示 $\boldsymbol{x}$ 的范数，其定义见式 (5.4)。上述说明，$\boldsymbol{x}(t_0)$ 只能等于零。只有这时，$\boldsymbol{x}(t_0)$ 才是能控的，但这和原假定 $\boldsymbol{x}(t_0) \neq \mathbf{0}$(非零状态) 是矛盾的。因此，原来假

设 $\boldsymbol{W}_{\mathrm{c}}(t_0,t_{\mathrm{f}})$ 为奇异不成立，从而 $\boldsymbol{W}_{\mathrm{c}}(t_0,t_{\mathrm{f}})$ 必是非奇异，必要性得证。

该定理的好处是可以直接将控制律取为

$$\boldsymbol{u}(t)=-\boldsymbol{B}^{\mathrm{T}}\boldsymbol{\Phi}^{\mathrm{T}}(t_0-t)\boldsymbol{W}_{\mathrm{c}}^{-1}(t_0,t_{\mathrm{f}})\boldsymbol{x}(t_0) \tag{4.6}$$

上式中输入信号将状态轨迹从初始状态 $\boldsymbol{x}(t_0)$ 驱动到终端状态 $\boldsymbol{x}(t_{\mathrm{f}})=0$，并且 $\boldsymbol{x}_0$ 在状态空间可以处于任意位置。进一步，在理论上可以证明该控制律是将初始状态 $\boldsymbol{x}(t_0)$ 转移到零状态的所有控制律中能量消耗最小的。另外，注意到该控制律没有引入反馈信号，属于开环控制信号，它可以预先计算好，然后加入到系统中。

定理 4.4 意味着若系统是能控的，则将系统的非零初始状态转移到零状态的过程可以在任意短的时间内完成。这在实际中表示: 一个空调系统可以在任意短的时间内将温度从 38℃ 调节到 25℃，一个电加热炉控制系统可以在任意短的时间内将温度从 30℃ 升到 800℃，一个水位系统可以在任意短的时间内将水位从 2m 调节到 1m。显然，这些行为在实际中是行不通的。

为什么会存在这种理论结果与实际应用之间的差异？仔细分析控制律式 (4.6) 可以看出，t_{f} 越小，则控制律的参数越大，从而导致控制信号的幅值很大，这要求执行器的调节幅度要很大，从而使得在有限时间内完成这一控制作用所需要消耗的能量也很大。由于在实际过程中，执行器的调节幅度总是有限的 (如阀门的开度等)，能量供应也是有限制的。因此，这种理论方案在实际中就未必是可行的。另外，实际控制装置中执行器的有限调节幅度导致了称为执行器饱和特性的现象。饱和特性的存在使得具有较大幅值的控制信号在实际中不能得到完全实现，从而也就不可能使得控制系统具有所期望的特性。正是这些问题的存在和提出，不断地推动着控制理论和技术的发展。

例 4.5 (双积分器) 考虑例 2.6 中式 (2.27) 双积分器系统，初始条件为 $\boldsymbol{x}(0)=\boldsymbol{x}_0$，判断系统的能控性。

解 首先求状态转移矩阵，在例 3.3 中已经求出 $\boldsymbol{\Phi}(t)$ 为

$$\boldsymbol{\Phi}(t)=\mathrm{e}^{\boldsymbol{A}t}=\begin{bmatrix}1 & t\\0 & 1\end{bmatrix} \tag{4.7}$$

通过计算，可得

$$\begin{aligned}\boldsymbol{W}_{\mathrm{c}}(0,t_{\mathrm{f}}) &= \int_0^{t_{\mathrm{f}}}\boldsymbol{\Phi}(-\tau)\boldsymbol{B}\boldsymbol{B}^{\mathrm{T}}\boldsymbol{\Phi}^{\mathrm{T}}(-\tau)\mathrm{d}\tau\\ &= \int_0^{t_{\mathrm{f}}}\begin{bmatrix}1 & -\tau\\0 & 1\end{bmatrix}\begin{bmatrix}0\\1\end{bmatrix}\begin{bmatrix}0\\1\end{bmatrix}^{\mathrm{T}}\begin{bmatrix}1 & -\tau\\0 & 1\end{bmatrix}^{\mathrm{T}}\mathrm{d}\tau\\ &= \begin{bmatrix}\dfrac{1}{3}t_{\mathrm{f}}^3 & -\dfrac{1}{2}t_{\mathrm{f}}^2\\ -\dfrac{1}{2}t_{\mathrm{f}}^2 & t_{\mathrm{f}}\end{bmatrix}\end{aligned}$$

可以看出，对于任意 $t_{\mathrm{f}}>0$，$\boldsymbol{W}_{\mathrm{c}}(0,t_{\mathrm{f}})$ 非奇异，故系统状态完全能控。

不难看出，应用 Gram 矩阵判据，须先计算状态转移矩阵 $\boldsymbol{\Phi}(t)=\mathrm{e}^{\boldsymbol{A}t}$，当系统阶

次 n 较大时并非易事，故这一判据主要用于理论分析。下面利用该判据推导出直接由系数矩阵 $\boldsymbol{A}$ 和 $\boldsymbol{B}$ 判断线性定常系统能控性的秩判据。

定理 4.6 (秩判据) 线性定常系统式 (4.4) 状态完全能控的充要条件是系统的能控性矩阵

$$\boldsymbol{U}_{\mathrm{c}} = \begin{bmatrix} \boldsymbol{B} & \boldsymbol{AB} & \cdots & \boldsymbol{A}^{n-1}\boldsymbol{B} \end{bmatrix} \tag{4.8}$$

满秩，即

$$\operatorname{rank} \boldsymbol{U}_{\mathrm{c}} = n \tag{4.9}$$

证明 已知方程式 (4.4) 的解在 t_1 时刻的值可表示为

$$\boldsymbol{x}(t_1) = \mathrm{e}^{\boldsymbol{A}(t_1-t_0)}\boldsymbol{x}(t_0) + \int_{t_0}^{t_1} \mathrm{e}^{A(t_1-\tau)}\boldsymbol{Bu}(\tau)\mathrm{d}\tau$$

不失一般性，假设 $x(t_1) = 0$ 且 $t_0 = 0$。根据能控性的定义，有

$$\boldsymbol{x}(0) = -\int_0^{t_1} \mathrm{e}^{-\boldsymbol{A}\tau}\boldsymbol{Bu}(\tau)\mathrm{d}\tau$$

利用凯莱-哈密顿定理，可将 $\mathrm{e}^{-\boldsymbol{A}\tau}$ 表示为 $\mathrm{e}^{-\boldsymbol{A}\tau} = \sum\limits_{k=0}^{n-1} \alpha_k(\tau)\boldsymbol{A}^k$，代入上式得

$$-\boldsymbol{x}(0) = \int_0^{t_1} \sum_{k=0}^{n-1} \alpha_k(\tau)\boldsymbol{A}^k\boldsymbol{Bu}(\tau)\mathrm{d}\tau = \sum_{k=0}^{n-1} \boldsymbol{A}^k\boldsymbol{B}\int_0^{t_1} \alpha_k(\tau)\boldsymbol{u}(\tau)\mathrm{d}\tau$$

式中，$\boldsymbol{A}^k\boldsymbol{B}$ 为 $n \times m$ 矩阵，而 $\int_0^{t_1} \alpha_k(\tau)\boldsymbol{u}(\tau)\mathrm{d}\tau$ 为 m 维向量。令向量 $\boldsymbol{\beta}_k$ 等于

$$\boldsymbol{\beta}_k = \begin{bmatrix} \beta_{k,1} \\ \beta_{k,2} \\ \vdots \\ \beta_{k,m} \end{bmatrix} = \begin{bmatrix} \int_0^{t_1} \alpha_k(\tau)u_1(\tau)\mathrm{d}\tau \\ \int_0^{t_1} \alpha_k(\tau)u_2(\tau)\mathrm{d}\tau \\ \vdots \\ \int_0^{t_1} \alpha_k(\tau)u_m(\tau)\mathrm{d}\tau \end{bmatrix}$$

则 $\boldsymbol{x}(0)$ 可写成

$$-\boldsymbol{x}(0) = \sum_{k=0}^{n-1} \boldsymbol{A}^k\boldsymbol{B}\boldsymbol{\beta}_k = \sum_{k=0}^{n-1} \boldsymbol{A}^k \begin{bmatrix} \boldsymbol{b}_1 & \boldsymbol{b}_2 & \cdots & \boldsymbol{b}_m \end{bmatrix} \begin{bmatrix} \beta_{k,1} \\ \beta_{k,2} \\ \vdots \\ \beta_{k,m} \end{bmatrix}$$

式中，$\boldsymbol{b}_1, \boldsymbol{b}_2, \cdots, \boldsymbol{b}_m$ 为矩阵 $\boldsymbol{B}$ 中的 m 个 n 维列向量。上式可进一步写为

$$
\begin{aligned}
-\boldsymbol{x}(0) &= \sum_{k=0}^{n-1}\left[\beta_{k,1}\boldsymbol{A}^k\boldsymbol{b}_1 + \beta_{k,2}\boldsymbol{A}^k\boldsymbol{b}_2 + \cdots + \beta_{k,m}\boldsymbol{A}^k\boldsymbol{b}_m\right] \\
&= \begin{bmatrix} \boldsymbol{b}_1\cdots\boldsymbol{b}_m & \boldsymbol{A}\boldsymbol{b}_1\cdots\boldsymbol{A}\boldsymbol{b}_m & \cdots & \boldsymbol{A}^{n-1}\boldsymbol{b}_1\cdots\boldsymbol{A}^{n-1}\boldsymbol{b}_m \end{bmatrix}\begin{bmatrix} \boldsymbol{\beta}_0 \\ \boldsymbol{\beta}_1 \\ \vdots \\ \boldsymbol{\beta}_{n-1} \end{bmatrix} \\
&= \begin{bmatrix} \boldsymbol{B} & \boldsymbol{A}\boldsymbol{B} & \cdots & \boldsymbol{A}^{n-1}\boldsymbol{B} \end{bmatrix}\begin{bmatrix} \boldsymbol{\beta}_0 \\ \boldsymbol{\beta}_1 \\ \vdots \\ \boldsymbol{\beta}_{n-1} \end{bmatrix} = \boldsymbol{U}_{\mathrm{c}}\boldsymbol{U}_{\beta}
\end{aligned}
$$

式中，$\boldsymbol{U}_{\mathrm{c}}$ 为 $n \times nm$ 能控性矩阵；$\boldsymbol{U}_{\beta}$ 为 $nm \times 1$ 矩阵。上式实际上是 n 个代数方程式，有 nm 个待求的未知量。根据线性代数方程理论，若 $n \times nm$ 矩阵 $\boldsymbol{U}_{\mathrm{c}}$ 的秩为 n，则方程有解。所以系统完全能控的充要条件是能控性矩阵 $\boldsymbol{U}_{\mathrm{c}}$ 的秩为 n，即

$$
\operatorname{rank}\boldsymbol{U}_{\mathrm{c}} = \operatorname{rank}\begin{bmatrix} \boldsymbol{B} & \boldsymbol{A}\boldsymbol{B} & \cdots & \boldsymbol{A}^{n-1}\boldsymbol{B} \end{bmatrix} = n
$$

定理得证。

如果系统是单输入系统，即控制变量维数 $m=1$，则系统的状态完全能控性的判据为

$$
\boldsymbol{U}_{\mathrm{c}} = \operatorname{rank}\begin{bmatrix} \boldsymbol{b} & \boldsymbol{A}\boldsymbol{b} & \cdots & \boldsymbol{A}^{n-1}\boldsymbol{b} \end{bmatrix} = n
$$

此时，能控性矩阵 $\boldsymbol{U}_{\mathrm{c}}$ 为 $n \times n$ 维，即要求 $\boldsymbol{U}_{\mathrm{c}}$ 是非奇异的。

注意到，定理 4.6 中能控性矩阵是直接由状态方程的系数矩阵 $\boldsymbol{A}$ 和 $\boldsymbol{B}$ 构成的。此定理表明状态方程式 (4.4) 的能控性等价于矩阵 $\boldsymbol{U}_{\mathrm{c}}$ 是满行秩的，从而得到一个能控性的线性代数检验方法。

例 4.7 (双积分器) 考虑例 2.6 中式 (2.27) 双积分器系统，初始条件为 $\boldsymbol{x}(0) = \boldsymbol{x}_0$，利用秩判据判断系统的能控性。

解 由状态方程知

$$
\boldsymbol{A} = \begin{bmatrix} 0 & 1 \\ 0 & 0 \end{bmatrix},\ \boldsymbol{B} = \begin{bmatrix} 0 \\ 1 \end{bmatrix}
$$

计算能控性矩阵 $\boldsymbol{U}_{\mathrm{c}}$：

$$
\boldsymbol{A}\boldsymbol{B} = \begin{bmatrix} 1 \\ 0 \end{bmatrix},\quad \boldsymbol{U}_{\mathrm{c}} = \begin{bmatrix} 0 & 1 \\ 1 & 0 \end{bmatrix}
$$

显然，$\operatorname{rank}\boldsymbol{U}_{\mathrm{c}} = 2 = n$。因此，利用定理 4.6 知，系统状态完全能控。

例 4.8 (双容水箱) 判断如图 4.6 所示双容水箱系统的能控性。设两个水箱的横截面积分别为 S_1、S_2，液面高度为 h_1、h_2，平衡工作状态为 (Q_0, C_{10}, C_{20})，离开平衡状态单位时间的流量为 Q，通过阀的流量为 C_1，漏流量为 C_2，阀的流量的阻抗和漏流量的阻抗

分别为 R_1、R_2。分析以流量 Q 为输入、水箱 2 的液位 h_2 为输出时，系统的能控性。

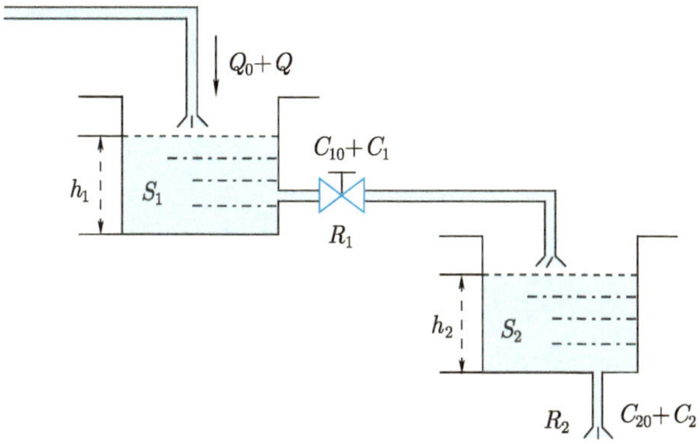

图 4.6　双容水箱

解　首先建立系统的状态空间模型。根据流体力学定律，考虑到离开平衡状态的液面变化，可列写下面一组微分方程

$$\begin{cases} S_1\dfrac{\mathrm{d}h_1}{\mathrm{d}t}=Q-C_1 \\ S_2\dfrac{\mathrm{d}h_2}{\mathrm{d}t}=C_1-C_2 \end{cases}$$

令 $x_1=h_1, x_2=h_2, u=Q$，且 C_1、C_2 与液位成正比，$C_1=\dfrac{x_1}{R_1}, C_2=\dfrac{x_2}{R_2}$，上式经整理可写出下面的向量–矩阵形式

$$\begin{bmatrix} \dot{x}_1 \\ \dot{x}_2 \end{bmatrix}=\begin{bmatrix} -\dfrac{1}{S_1R_1} & 0 \\ \dfrac{1}{S_2R_1} & -\dfrac{1}{S_2R_2} \end{bmatrix}\begin{bmatrix} x_1 \\ x_2 \end{bmatrix}+\begin{bmatrix} \dfrac{1}{S_1} \\ 0 \end{bmatrix}u$$

计算能控性矩阵

$$\boldsymbol{U}_\mathrm{c}=\begin{bmatrix} \boldsymbol{B} & \boldsymbol{AB} \end{bmatrix}=\begin{bmatrix} \dfrac{1}{S_1} & -\dfrac{1}{S_1^2R_1} \\ 0 & \dfrac{1}{S_1S_2R_1} \end{bmatrix}$$

因为 $\operatorname{rank}\boldsymbol{U}_\mathrm{c}=2=n$，故利用定理 4.6 知，系统状态完全能控，说明输入量能够引起两个水箱的水位 h_1、h_2 的变化。

例 4.9　考察如下系统的能控性：

$$\begin{bmatrix} \dot{x}_1 \\ \dot{x}_2 \\ \dot{x}_3 \end{bmatrix}=\begin{bmatrix} 1 & 2 & 1 \\ 0 & 1 & 0 \\ 1 & 0 & 3 \end{bmatrix}\begin{bmatrix} x_1 \\ x_2 \\ x_3 \end{bmatrix}+\begin{bmatrix} 1 & 0 \\ 0 & 1 \\ 0 & 0 \end{bmatrix}\begin{bmatrix} u_1 \\ u_2 \end{bmatrix}$$

解　由系统状态方程得

$$
\boldsymbol{B}=\begin{bmatrix}1&0\\0&1\\0&0\end{bmatrix},\boldsymbol{AB}=\begin{bmatrix}1&2&1\\0&1&0\\1&0&3\end{bmatrix}\begin{bmatrix}1&0\\0&1\\0&0\end{bmatrix}=\begin{bmatrix}1&2\\0&1\\1&0\end{bmatrix}
$$

$$
\boldsymbol{A}^2\boldsymbol{B}=\begin{bmatrix}1&2&1\\0&1&0\\1&0&3\end{bmatrix}\begin{bmatrix}1&2\\0&1\\1&0\end{bmatrix}=\begin{bmatrix}2&4\\0&1\\4&2\end{bmatrix}
$$

所以

$$
\boldsymbol{U}_{\mathrm{c}}=\begin{bmatrix}1&0&1&2&2&4\\0&1&0&1&0&1\\0&0&1&0&4&2\end{bmatrix}
$$

的秩为 3，即 $\operatorname{rank}\boldsymbol{U}_{\mathrm{c}}=3=n$，该系统能控。

例 4.10　判断例 2.14 中倒立摆系统的能控性，该系统线性化后的状态方程为

$$
\dot{\boldsymbol{x}}=\begin{bmatrix}0&1&0&0\\11&0&0&0\\0&0&0&1\\-1&0&0&0\end{bmatrix}\boldsymbol{x}+\begin{bmatrix}0\\-1\\0\\1\end{bmatrix}u \tag{4.10}
$$

解　系统的能控性矩阵为

$$
\boldsymbol{U}_{\mathrm{c}}=\begin{bmatrix}\boldsymbol{B} & \boldsymbol{AB} & \boldsymbol{A}^2\boldsymbol{B} & \boldsymbol{A}^3\boldsymbol{B}\end{bmatrix}=\begin{bmatrix}0&-1&0&-11\\-1&0&-11&0\\0&1&0&1\\1&0&1&0\end{bmatrix} \tag{4.11}
$$

经计算该系统的能控性矩阵的行列式为 $|\boldsymbol{U}_{\mathrm{c}}|=100$，因而秩 $\operatorname{rank}\boldsymbol{U}_{\mathrm{c}}=4$，满秩，所以该系统的状态完全能控。

这就说明尽管被控过程倒立摆是一个不稳定的系统，但由于该系统的状态完全能控，所以如果摆角 θ 从平衡位置偏离一个小的角度，总会存在一个能将该偏离角 θ 推回到零的控制作用，同样存在一个同时将状态 θ 和 z 以及它们的导数推向零的控制作用和。

对于一个线性系统来说，经过线性非奇异状态变换后，其状态能控性不变。这一结论的证明不难，留给读者自己证明。

例 4.11　判断如下单输入二维线性系统状态方程的能控性：

$$
\begin{bmatrix}\dot{x}_1\\\dot{x}_2\end{bmatrix}=\begin{bmatrix}1&5\\8&4\end{bmatrix}\begin{bmatrix}x_1\\x_2\end{bmatrix}+\begin{bmatrix}-2\\2\end{bmatrix}u \tag{4.12}
$$

解　计算能控性矩阵 $\boldsymbol{U}_{\mathrm{c}}$:

$$\boldsymbol{AB}=\begin{bmatrix}8\\-8\end{bmatrix}\quad \boldsymbol{U}_{\mathrm{c}}=\begin{bmatrix}-2 & 8\\2 & -8\end{bmatrix} \tag{4.13}$$

显然，$|\boldsymbol{U}_{\mathrm{c}}|=0$。因此状态方程是不能控的。为了研究为什么不能控，考虑另外一组状态变量定义

$$\begin{bmatrix}z_1\\z_2\end{bmatrix}=\begin{bmatrix}x_1\\x_1+x_2\end{bmatrix} \tag{4.14}$$

其对应的坐标变换为

$$\begin{gathered}\boldsymbol{x}=\boldsymbol{Tz}\\ \begin{bmatrix}x_1\\x_2\end{bmatrix}=\begin{bmatrix}1 & 0\\-1 & 1\end{bmatrix}\begin{bmatrix}z_1\\z_2\end{bmatrix}\end{gathered} \tag{4.15}$$

通过如上坐标变换，得到变换后的状态方程

$$\begin{bmatrix}\dot{z}_1\\\dot{z}_2\end{bmatrix}=\begin{bmatrix}-4 & 5\\0 & 9\end{bmatrix}\begin{bmatrix}z_1\\z_2\end{bmatrix}+\begin{bmatrix}-2\\0\end{bmatrix}u \tag{4.16}$$

可以看出，$\dot{z}_2$ 和输入 u 无关，因此这个状态是不能控的。

以下判据由波波夫 (Popov) 和贝尔维奇 (Belevitch) 提出，并由哈特斯 (Hautus) 指出其广泛的可应用性而得名。

定理 4.12(PBH 秩判据)　线性定常系统式 (4.4) 为状态完全能控的充要条件是对系统矩阵 $\boldsymbol{A}$ 的所有特征值 s_i，$i=1,2,\cdots,n$ 均满足

$$\operatorname{rank}\,[s_i\boldsymbol{I}-\boldsymbol{A},\boldsymbol{B}]=n,\quad i=1,2,\cdots,n \tag{4.17}$$

或等价地表示为 $\operatorname{rank}[s\boldsymbol{I}-\boldsymbol{A},\boldsymbol{B}]=n$，其中 s 为复变量。

在分析和设计控制问题中，系统的被控制量往往不是系统的状态，而是系统的输出，因此有必要研究系统的输出是否能控的问题。

线性定常系统的状态空间模型为

$$\begin{cases}\dot{\boldsymbol{x}}=\boldsymbol{Ax}+\boldsymbol{Bu}\\ \boldsymbol{y}=\boldsymbol{Cx}+\boldsymbol{Du}\end{cases} \tag{4.18}$$

式中，$\boldsymbol{x}\in\mathbb{R}^n$, $\boldsymbol{u}\in\mathbb{R}^m$, $\boldsymbol{y}\in\mathbb{R}^p$。

定义 4.13　对于系统式 (4.18)，如果在一个有限时间区间 $[t_0,t_{\mathrm{f}}]$ 内，存在一分段连续控制向量 $\boldsymbol{u}(t)$，使系统能从任意的初始输出 $\boldsymbol{y}(t_0)$ 转移到任意指定的最终输出 $\boldsymbol{y}(t_{\mathrm{f}})$，则称系统是**输出能控的**。

定理 4.14(输出能控性)　线性定常系统式 (4.18) 为输出能控的充要条件是系统的输

出能控性矩阵

$$U_o=\begin{bmatrix}CB & CAB & \cdots & CA^{n-1}B & D\end{bmatrix} \tag{4.19}$$

的秩为 p，即

$$\operatorname{rank}\begin{bmatrix}CB & CAB & \cdots & CA^{n-1}B & D\end{bmatrix}=p \tag{4.20}$$

其中，p 为 $\boldsymbol{y}$ 的维数。

本书中，若不特别指明，能控性均指状态的能控性。

例 4.15 (双积分器) 考虑例 2.6 中双积分器系统

$$\begin{cases}\dot{\boldsymbol{x}} &= \begin{bmatrix}0 & 1\\0 & 0\end{bmatrix}\boldsymbol{x}+\begin{bmatrix}0\\1\end{bmatrix}u\\ y &= [1\quad 0]\boldsymbol{x}\end{cases}$$

判断系统的输出能控性。

解 计算输出能控性矩阵

$$U_o=\begin{bmatrix}CB & CAB & D\end{bmatrix}=\begin{bmatrix}0 & 1 & 0\end{bmatrix} \tag{4.21}$$

显然，$\operatorname{rank}U_o=1=p$。因此，利用定理 4.14 知，系统输出能控。

延伸阅读：复杂网络的能控性

2011 年，美国东北大学教授 Albert-László Barabási 团队在 *Nature* 上发表了一篇文章 (Nature, vol. 473, pp, 167-173, 2011)，在复杂网络能控性方向做出了开创性工作。该文巧妙地将复杂网络与传统控制理论结合，在结构能控性的基础上解析计算出有向网络实现完全能控所需要的最少外界输入数目。

研究复杂系统的最终目标是希望能对它们进行控制，例如：基因药物的靶标选取问题，选择哪个基因 (基因调控网络中的节点) 作为药物的靶标，能使得整个生物系统达到一个期望的状态？还有社交网络中，选取哪个节点作为信息的发布点可对整个社交网络产生预期的宣传效果？这些都可以抽象为如何对一个表示状态的复杂网络进行有效的控制，从而使得整个网络进入期望的状态。

这篇文章最开始的出发点是研究复杂有向网络的能控性。众所周知，若是能对整个网络中的每一个节点输入一个控制信号，那么整个网络是能控的。但是对于一个大规模的复杂系统，这是很难实现的，所以最好能找到最少的驱动节点 (driver nodes) 来有效地控制整个网络。这篇文章将统计物理与复杂网络控制之间建立了重要联系，采用比较古老的“最大匹配”方法 (这是基于将整个网络看成一个线性系统) 来寻找最小的驱动节点数，并将这种方法用于几个基于对象建模的真实网络和一些随机网络，通过比较发现最新驱动节点数主要是由网络的度分布性质确定的。

4.3　定常连续系统的能观性

在线性定常系统的状态空间模型中，状态向量构成了系统的内部变量，受输入信号的影响，进而反映到输出信号中。在实际工程实践中，往往需要知道状态变量，然而由于各种原因，实际系统的复杂性使得人们较难测量每个状态变量，而输出变量总是可以获得和测量的。能否通过对输出的测量来确定系统的状态变量，即能观性，就成为现代控制理论中的一个重要问题。

4.3.1　能观性定义

能观性问题考虑的是给定输入 $\boldsymbol{u}(t)$，通过系统输出 $\boldsymbol{y}(t)$ 确定初始状态 $\boldsymbol{x}(t_0)$ 的问题。若 $\boldsymbol{x}(t_0)$ 能确定，那么由状态方程便可以确定任意时刻的状态。因此，$\boldsymbol{u}(t)$ 不影响系统的能观性，故为讨论能观性简便，假设控制输入为 $\boldsymbol{u}=0$。考查一个 n 阶线性定常连续系统

$$\begin{cases} \dot{\boldsymbol{x}} = \boldsymbol{A}\boldsymbol{x} \\ \boldsymbol{y} = \boldsymbol{C}\boldsymbol{x} \end{cases} \tag{4.22}$$

式中，符号及相应的维数如前所述。

定义 4.16　*对于系统式 (4.22)，如果根据输出量 $\boldsymbol{y}(t)$ 在有限时间区间 $[t_0, t_{\mathrm{f}}]$ 内的测量值，能唯一地确定系统在初始时刻 t_0 的状态 $\boldsymbol{x}(t_0)$，就称系统在 t_0 时刻是能观的。若在任意初始时刻系统都能观，则称系统是***状态完全能观的，简称能观的。**

根据 $\boldsymbol{y}(t)=\boldsymbol{C}\mathrm{e}^{\boldsymbol{A}(t-t_0)}\boldsymbol{x}(t_0)$ 以及定义 4.16 可知，若系统式 (4.22) 在任意非零初始状态 $\boldsymbol{x}(t_0)$ 的激励下输出恒为零，表明初始状态对系统输出响应没有任何影响，即系统输出不能反映状态 $\boldsymbol{x}(t_0)$ 的任何信息，这样的状态 $\boldsymbol{x}(t_0)$ 是不能观的。

从输出方程可见，若 $\boldsymbol{y}$ 的维数等于状态 $\boldsymbol{x}$ 的维数，即 $p=n$，并且 $\boldsymbol{C}$ 是非奇异的，则 $\boldsymbol{x}(t)=\boldsymbol{C}^{-1}\boldsymbol{y}(t)$，显然这不需要观测时间，即 $t_{\mathrm{f}}=t_0$。当 $p<n$ 时，为了能唯一地求出 n 个状态变量，必须在不同时刻多测出几组输出，使之构成 n 个方程式。若测量时间相隔太近，则测量值相差无几，线性方程组可能出现奇异或接近奇异。因此为了观测某一时刻的状态，需要有一定的观测时间。

4.3.2　能观性判据

类似于能控 Gram 矩阵，定义如下的能观 Gram 矩阵：

$$\boldsymbol{W}_{\mathrm{o}}(t_0, t_{\mathrm{f}}) \triangleq \int_{t_0}^{t_{\mathrm{f}}} \boldsymbol{\Phi}^{\mathrm{T}}(\tau - t_0)\boldsymbol{C}^{\mathrm{T}}\boldsymbol{C}\boldsymbol{\Phi}(\tau - t_0)\mathrm{d}\tau \tag{4.23}$$

和能控性对应，可以证明系统式 (4.22) 状态完全能观的充要条件是 $\boldsymbol{W}_{\mathrm{o}}(t_0, t_{\mathrm{f}})$ 为非奇异矩阵。特别地，有如下结论。

定理 4.17 如果矩阵 $\boldsymbol{W}_{\mathrm{o}}(t_0, t_{\mathrm{f}})$ 是非奇异的，则系统式 (4.22) 的初始状态 $\boldsymbol{x}(t_0)$ 可以用时间段 $[t_0, t_{\mathrm{f}}]$ 上的输出信号来确定

$$\boldsymbol{x}(t_0) = \int_{t_0}^{t_{\mathrm{f}}} \boldsymbol{W}_{\mathrm{o}}^{-1}(t_0, t_{\mathrm{f}}) \boldsymbol{\Phi}^{\mathrm{T}}(\tau - t_0) \boldsymbol{C}^{\mathrm{T}} \boldsymbol{y}(\tau) \mathrm{d}\tau \tag{4.24}$$

证明 由于 $\boldsymbol{y}(t) = \boldsymbol{C\Phi}(t - t_0)\boldsymbol{x}(t_0)$，故

$$\begin{aligned}
&\int_{t_0}^{t_{\mathrm{f}}} \boldsymbol{W}_{\mathrm{o}}^{-1}(t_0, t_{\mathrm{f}}) \boldsymbol{\Phi}^{\mathrm{T}}(\tau - t_0) \boldsymbol{C}^{\mathrm{T}} \boldsymbol{y}(\tau) \mathrm{d}\tau \\
=&\int_{t_0}^{t_{\mathrm{f}}} \boldsymbol{W}_{\mathrm{o}}^{-1}(t_0, t_{\mathrm{f}}) \boldsymbol{\Phi}^{\mathrm{T}}(\tau - t_0) \boldsymbol{C}^{\mathrm{T}} \boldsymbol{C\Phi}(\tau - t_0) \boldsymbol{x}(t_0) \mathrm{d}\tau \\
=&\boldsymbol{W}_{\mathrm{o}}^{-1}(t_0, t_{\mathrm{f}}) \boldsymbol{W}_{\mathrm{o}}(t_0, t_{\mathrm{f}}) \boldsymbol{x}(t_0) = \boldsymbol{x}(t_0)
\end{aligned}$$

定理结论得证。

该定理给出了用时间段 $[t_0, t_f]$ 上的输出信号 $\boldsymbol{y}(t)$ 来确定一个能观状态 $\boldsymbol{x}(t_0)$ 的构造性方法。

下面类似于能控性秩判据给出直接由系数矩阵 $\boldsymbol{A}$ 和 $\boldsymbol{C}$ 判断线性定常系统能观性的秩判据。

定理 4.18 (秩判据) 线性定常系统式 (4.22) 状态完全能观的充要条件是如下定义的 $np \times n$ 维能观性矩阵：

$$\boldsymbol{V}_{\mathrm{o}} = \begin{bmatrix} \boldsymbol{C} \\ \boldsymbol{CA} \\ \vdots \\ \boldsymbol{CA}^{n-1} \end{bmatrix} \tag{4.25}$$

满秩，即

$$\operatorname{rank} \boldsymbol{V}_{\mathrm{o}} = n \tag{4.26}$$

证明 考虑输入作用下系统的状态为

$$\boldsymbol{x}(t) = \mathrm{e}^{\boldsymbol{A}(t-t_0)} \boldsymbol{x}(t_0) + \int_{t_0}^{t} \mathrm{e}^{\boldsymbol{A}(t-\tau)} \boldsymbol{Bu}(\tau) \mathrm{d}\tau$$

输出向量可表示为

$$\boldsymbol{y}(t) = \boldsymbol{C}\mathrm{e}^{\boldsymbol{A}(t-t_0)} \boldsymbol{x}(t_0) + \boldsymbol{C}\int_{t_0}^{t} \mathrm{e}^{\boldsymbol{A}(t-\tau)} \boldsymbol{Bu}(\tau) \mathrm{d}\tau$$

或者写成

$$\boldsymbol{y}(t) - \boldsymbol{C}\int_{t_0}^{t} \mathrm{e}^{\boldsymbol{A}(t-\tau)} \boldsymbol{Bu}(\tau) \mathrm{d}\tau = \boldsymbol{C}\mathrm{e}^{\boldsymbol{A}(t-t_0)} \boldsymbol{x}(t_0)$$

对于线性定常系统，不妨假设 $t_0=0$，则上式可改写为

$$\boldsymbol{y}(t)-\boldsymbol{C}\int_0^t \mathrm{e}^{\boldsymbol{A}(t-\tau)}\boldsymbol{B}\boldsymbol{u}(\tau)\mathrm{d}\tau=\boldsymbol{C}\mathrm{e}^{\boldsymbol{A}t}\boldsymbol{x}(0)$$

又由于 $\boldsymbol{u}(t)$ 是已知给定的，因此用上述方程求解 $\boldsymbol{x}(0)$，与通过下式来解 $\boldsymbol{x}(0)$ 没有本质的区别：

$$\boldsymbol{y}(t)=\boldsymbol{C}\mathrm{e}^{\boldsymbol{A}t}\boldsymbol{x}(0) \tag{4.27}$$

故为简单起见，常假定 $\boldsymbol{u}(t)=\boldsymbol{0}$。

利用 Cayley-Hamilton 定理，可得

$$\mathrm{e}^{\boldsymbol{A}t}=\sum_{k=0}^{n-1}\alpha_k(t)\boldsymbol{A}^k$$

可以证明 $\alpha_k(t)$ 是线性独立的，将上式代入方程式 (4.27)，则有

$$\begin{aligned}\boldsymbol{y}(t)&=\sum_{k=0}^{n-1}\alpha_k(t)\boldsymbol{C}\boldsymbol{A}^k\boldsymbol{x}(0)\\&=\alpha_0(t)\boldsymbol{C}\boldsymbol{x}(0)+\alpha_1(t)\boldsymbol{C}\boldsymbol{A}\boldsymbol{x}(0)+\cdots+\alpha_{n-1}(t)\boldsymbol{C}\boldsymbol{A}^{n-1}\boldsymbol{x}(0)\\&=\begin{bmatrix}\alpha_0(t)\boldsymbol{I} & \alpha_1(t)\boldsymbol{I} & \cdots & \alpha_{n-1}(t)\boldsymbol{I}\end{bmatrix}\begin{bmatrix}\boldsymbol{C}\\ \boldsymbol{C}\boldsymbol{A}\\ \vdots\\ \boldsymbol{C}\boldsymbol{A}^{n-1}\end{bmatrix}\boldsymbol{x}(0)\end{aligned} \tag{4.28}$$

上式表明，根据在 $[0,t_\mathrm{f}]$ 时段内的输出 $\boldsymbol{y}(t)$ 的测量值，能将初始状态 $x(0)$ 确定下来的充要条件是，以下能观性矩阵的秩为 n：

$$\boldsymbol{V}_\mathrm{o}=\begin{bmatrix}\boldsymbol{C}\\ \boldsymbol{C}\boldsymbol{A}\\ \vdots\\ \boldsymbol{C}\boldsymbol{A}^{n-1}\end{bmatrix}$$

定理得证。

对应于能控性 PBH 秩判据，有如下结论。

定理 4.19 (PBH 秩判据)　线性定常系统式 (4.22) 状态完全能观的充要条件是对系统矩阵 $\boldsymbol{A}$ 的所有特征值 s_i，$i=1,2,\cdots,n$，均满足

$$\mathrm{rank}\begin{bmatrix}\boldsymbol{C}\\ s_i\boldsymbol{I}-\boldsymbol{A}\end{bmatrix}=n,\quad i=1,2,\cdots,n \tag{4.29}$$

例 4.20　考虑如下线性连续定常系统:

$$\begin{cases} \dot{\boldsymbol{x}} & = \begin{bmatrix} 1 & 5 \\ 8 & 4 \end{bmatrix}\boldsymbol{x} + \begin{bmatrix} -2 \\ 2 \end{bmatrix}u \\ y & = [2 \quad 2]\boldsymbol{x} \end{cases}$$

试判断系统的能观性。

解　能观性矩阵 $\boldsymbol{V}_\mathrm{o}$ 计算如下:

$$\begin{aligned} \boldsymbol{C} &= [2 \quad 2] \\ \boldsymbol{CA} &= [18 \quad 18] \end{aligned} \tag{4.30}$$

因此

$$\boldsymbol{V}_\mathrm{o} = \begin{bmatrix} 2 & 2 \\ 18 & 18 \end{bmatrix} \tag{4.31}$$

很明显，$\det(\boldsymbol{V}_\mathrm{o}) = 0$，因此该系统是不能观的。

为了看清楚这个系统为什么是不能观的，再次进行状态坐标变换，即

$$\begin{bmatrix} z_1 \\ z_2 \end{bmatrix} = \begin{bmatrix} x_1 \\ x_1 + x_2 \end{bmatrix} = \begin{bmatrix} 1 & 0 \\ 1 & 1 \end{bmatrix}\begin{bmatrix} x_1 \\ x_2 \end{bmatrix} \tag{4.32}$$

得到变换后的状态空间模型

$$\begin{cases} \dot{\boldsymbol{z}} & = \begin{bmatrix} -4 & 5 \\ 0 & 9 \end{bmatrix}\boldsymbol{z} + \begin{bmatrix} -2 \\ 0 \end{bmatrix}u \\ y & = [0 \quad 2]\boldsymbol{z} \end{cases}$$

这里状态变量 z_2 和输出 y 都和 z_1 解耦，所以 $z_1(0)$ 就不能通过测量零输入响应来确定。这就是上述系统不能观的原因。

例 4.21 (双积分器)　考虑例 2.6 中双积分器系统式 (2.27)，判断系统的能观性。

解　由状态空间模型知

$$\boldsymbol{A} = \begin{bmatrix} 0 & 1 \\ 0 & 0 \end{bmatrix}, \boldsymbol{C} = [1 \quad 0]$$

计算能观性矩阵 $\boldsymbol{V}_\mathrm{o}$

$$\boldsymbol{CA} = \begin{bmatrix} 0 \\ 1 \end{bmatrix}, \quad \boldsymbol{V}_\mathrm{o} = \begin{bmatrix} 1 & 0 \\ 0 & 1 \end{bmatrix} \tag{4.33}$$

显然，$\operatorname{rank} \boldsymbol{V}_\mathrm{o} = 2 = n$。因此，利用定理 4.18 知，系统状态完全能观。

例 4.22　判断例 2.14 中倒立摆系统的能观性，该系统线性化后的状态空间模型为

$$
\dot{\boldsymbol{x}} = \begin{bmatrix} 0 & 1 & 0 & 0 \\ 11 & 0 & 0 & 0 \\ 0 & 0 & 0 & 1 \\ -1 & 0 & 0 & 0 \end{bmatrix} \boldsymbol{x} + \begin{bmatrix} 0 \\ -1 \\ 0 \\ 1 \end{bmatrix} u
$$
$$
\boldsymbol{y} = \begin{bmatrix} \theta \\ z \end{bmatrix} = \begin{bmatrix} 1 & 0 & 0 & 0 \\ 0 & 0 & 1 & 0 \end{bmatrix} \boldsymbol{x} \tag{4.34}
$$

判断系统的能观性。

解　系统的能观性矩阵为

$$
\boldsymbol{V}_{\mathrm{o}} = \begin{bmatrix} \boldsymbol{C} \\ \boldsymbol{CA} \\ \boldsymbol{CA}^2 \\ \boldsymbol{CA}^3 \end{bmatrix} = \begin{bmatrix} 1 & 0 & 0 & 0 \\ 0 & 0 & 1 & 0 \\ 0 & 1 & 0 & 0 \\ 0 & 0 & 0 & 1 \\ 11 & 0 & 0 & 0 \\ -1 & 0 & 0 & 0 \\ 0 & 11 & 0 & 0 \\ 0 & -1 & 0 & 0 \end{bmatrix} \tag{4.35}
$$

于是有 $\mathrm{rank}\boldsymbol{V}_{\mathrm{o}} = 4$。因此，倒立摆系统是完全能观的，这意味着四个状态 z、$\dot{z}$、θ 和 $\dot{\theta}$ 的值在任意有限时间内，通过测量系统输出 $z(t)$(小车的位置) 和 θ(摆倾角) 即可以确定系统的状态信息。

延伸阅读：复杂网络的能观性

继 2011 年，在 *Nature* 上发表了关于复杂网络能控性的研究工作后，美国东北大学教授 Albert-László Barabási 团队于 2013 年在美国国家科学院院刊上发表了一篇文章 (Proc. Natl. Acad. Sci., vol. 110, pp. 2460-2465, 2013)，在复杂网络的能观性方向做出了重要工作。

复杂网络的能观性问题指能否通过观察和分析系统网络中节点或连接的状态，来了解整个系统网络的行为和特征。例如：在社交媒体网络中，可以通过分析用户之间的关系和行为，来研究网络中的信息传播和影响力机制；在金融市场中，可以通过分析股票价格和交易量的变化，来了解市场的趋势和特征。能观性的研究可以帮助人们更好地理解和预测复杂系统网络的行为和发展趋势。当应用于大规模复杂网络时，能观性的评估也变得复杂烦琐，因为它取决于能重塑整体网络动力学的变量。上述文章采用了一种包含推理图 (inference diagram)、强连通分量分解 (strongly connected component decomposition) 和传感节点选取 (sensor node selection) 三个步骤的图示方法，来确定重建复杂系统完整内部状态所需的传感器，并将该方法应用于生物化学反应系统识别出必要的传感器，进而确定复杂系统的能观性。

4.4 能控标准型和能观标准型

选取不同的状态变量，系统状态空间模型便具有不同的形式，某些特定的形式称为标准型，也称规范型。状态空间模型的标准型，对于系统分析、设计往往是很方便的。例如，对角标准型对于状态转移矩阵的计算、能控性与能观性的分析都是十分方便的。但是从另外的角度来看，对角标准型并不一定是合适的，其他标准型也许更为适用。本节介绍的能控标准型对于系统的状态反馈设计是方便的，能观标准型对于系统状态观测器的设计以及系统辨识是方便的。本节介绍如何将一个状态空间模型转化成能控标准型和能观标准型。能控标准型是指在一组基底下将能控性矩阵中的 $\boldsymbol{A}$ 和 $\boldsymbol{B}$ 表现为能控的标准形式；能观标准型是指在一组基底下，将能观性矩阵中的 $\boldsymbol{A}$ 和 $\boldsymbol{C}$ 表现为能观的标准形式。

4.4.1 能控标准型

设 $m=p=1$，则系统式 (2.5) 为单输入单输出系统，其中 $\boldsymbol{C}$ 为任意 $1\times n$ 矩阵，若系统矩阵 $\boldsymbol{A}$ 和控制矩阵 $\boldsymbol{B}$ 分别为

$$\boldsymbol{A}=\begin{bmatrix} 0 & 1 & \cdots & 0 \\ \vdots & \vdots & \ddots & \vdots \\ 0 & 0 & \cdots & 1 \\ -a_n & -a_{n-1} & \cdots & -a_1 \end{bmatrix},\quad \boldsymbol{B}=\begin{bmatrix} 0 \\ \vdots \\ 0 \\ 1 \end{bmatrix} \tag{4.36}$$

则称其为系统状态空间表达式的能控标准型，且该系统一定是完全能控的。

定理 4.23　*设线性定常系统的状态空间模型为*

$$\begin{cases} \dot{\boldsymbol{x}}=\boldsymbol{A}\boldsymbol{x}+\boldsymbol{B}u \\ y=\boldsymbol{C}\boldsymbol{x} \end{cases}$$

如果系统是能控的，那么必存在一个非奇异变换 $\boldsymbol{x}=\boldsymbol{P}\bar{\boldsymbol{x}}$，*可将其变换成能控标准型*

$$\begin{cases} \dot{\bar{\boldsymbol{x}}}=\boldsymbol{A}_{\mathrm{c}}\bar{\boldsymbol{x}}+\boldsymbol{B}_{\mathrm{c}}u \\ y=\boldsymbol{C}_{\mathrm{c}}\bar{\boldsymbol{x}} \end{cases}$$

式中

$$\boldsymbol{A}_{\mathrm{c}}=\boldsymbol{P}^{-1}\boldsymbol{A}\boldsymbol{P}=\begin{bmatrix} 0 & 1 & \cdots & 0 \\ \vdots & \vdots & \ddots & \vdots \\ 0 & 0 & \cdots & 1 \\ -a_n & -a_{n-1} & \cdots & -a_1 \end{bmatrix},\quad \boldsymbol{B}_{\mathrm{c}}=\boldsymbol{P}^{-1}\boldsymbol{B}=\begin{bmatrix} 0 \\ \vdots \\ 0 \\ 1 \end{bmatrix}$$

$$\boldsymbol{C}_{\mathrm{c}}=\boldsymbol{C}\boldsymbol{P}=\begin{bmatrix} c_1 & \cdots & c_{n-1} & c_n \end{bmatrix}$$

其中，$a_1,a_2,\cdots,a_n$ *为系统特征多项式* $|s\boldsymbol{I}-\boldsymbol{A}|=s^n+a_1s^{n-1}+\cdots+a_n$ *的系数。*

线性变换矩阵 $\boldsymbol{P}$ 的逆矩阵可由下式确定：

$$\boldsymbol{P}^{-1}=\begin{bmatrix}\boldsymbol{p}_1\\ \boldsymbol{p}_1\boldsymbol{A}\\ \vdots\\ \boldsymbol{p}_1\boldsymbol{A}^{n-1}\end{bmatrix} \tag{4.37}$$

其中

$$\boldsymbol{p}_1=\begin{bmatrix}0 & 0 & \cdots & 0 & 1\end{bmatrix}\begin{bmatrix}\boldsymbol{b} & \boldsymbol{A}\boldsymbol{b} & \cdots & \boldsymbol{A}^{n-2}\boldsymbol{b} & \boldsymbol{A}^{n-1}\boldsymbol{b}\end{bmatrix}^{-1} \tag{4.38}$$

定理表明，当原系统是能控的时，可以找到一个非奇异线性变换将其变换成能控标准型。如果原系统不能控，那么一定不存在非奇异线性变换将其变换成能控标准型。事实上，通过计算线性变换后能控性矩阵的秩，可以证明非奇异线性变换 $\boldsymbol{x}=\boldsymbol{P}\bar{\boldsymbol{x}}$ 不改变系统的能控性。简单证明如下：

$$\begin{aligned}&\operatorname{rank}\begin{bmatrix}\boldsymbol{P}^{-1}\boldsymbol{B} & (\boldsymbol{P}^{-1}\boldsymbol{A}\boldsymbol{P})\boldsymbol{P}^{-1}\boldsymbol{B} & \cdots & (\boldsymbol{P}^{-1}\boldsymbol{A}\boldsymbol{P})^{n-1}\boldsymbol{P}^{-1}\boldsymbol{B}\end{bmatrix}\\ =&\operatorname{rank}\begin{bmatrix}\boldsymbol{P}^{-1}\boldsymbol{B} & \boldsymbol{P}^{-1}\boldsymbol{A}\boldsymbol{B} & \cdots & \boldsymbol{P}^{-1}\boldsymbol{A}^{n-1}\boldsymbol{B}\end{bmatrix}\\ =&\operatorname{rank}\boldsymbol{P}^{-1}\begin{bmatrix}\boldsymbol{B} & \boldsymbol{A}\boldsymbol{B} & \cdots & \boldsymbol{A}^{n-1}\boldsymbol{B}\end{bmatrix}\\ =&\operatorname{rank}\begin{bmatrix}\boldsymbol{B} & \boldsymbol{A}\boldsymbol{B} & \cdots & \boldsymbol{A}^{n-1}\boldsymbol{B}\end{bmatrix}\end{aligned}$$

上式表明，变换前、后的能控性矩阵的秩相同，故能控性不变。

4.4.2　能观标准型

设 $m=p=1$，则系统式 (2.5) 为单输入单输出系统，其中 $\boldsymbol{B}$ 为任意 $n\times 1$ 矩阵，若系统矩阵 $\boldsymbol{A}$ 和输出矩阵 $\boldsymbol{C}$ 分别为

$$\boldsymbol{A}=\begin{bmatrix}0 & \cdots & 0 & -a_n\\ 1 & \cdots & 0 & -a_{n-1}\\ \vdots & & \vdots & \vdots\\ 0 & \cdots & 1 & -a_1\end{bmatrix},\quad \boldsymbol{C}=\begin{bmatrix}0 & \cdots & 0 & 1\end{bmatrix} \tag{4.39}$$

则称其为系统状态空间表达式的能观标准型，且该系统一定是完全能观的。

定理 4.24　设线性定常系统的状态空间模型为

$$\begin{cases}\dot{\boldsymbol{x}}=\boldsymbol{A}\boldsymbol{x}+\boldsymbol{B}u\\ y=\boldsymbol{C}\boldsymbol{x}\end{cases}$$

如果系统是能观的，那么必存在一个非奇异变换 $\boldsymbol{x}=\boldsymbol{P}\bar{\boldsymbol{x}}$，可将其变换成能观标准型

$$\begin{cases}\dot{\bar{\boldsymbol{x}}}=\boldsymbol{A}_{\mathrm{o}}\bar{\boldsymbol{x}}+\boldsymbol{B}_{\mathrm{o}}u\\ y=\boldsymbol{C}_{\mathrm{o}}\bar{\boldsymbol{x}}\end{cases}$$

式中

$$\boldsymbol{A}_{\mathrm{o}}=\boldsymbol{P}^{-1}\boldsymbol{A}\boldsymbol{P}=\begin{bmatrix}0&\cdots&0&-a_n\\1&\cdots&0&-a_{n-1}\\\vdots&&\vdots&\vdots\\0&\cdots&1&-a_1\end{bmatrix},\quad \boldsymbol{B}_{\mathrm{o}}=\boldsymbol{P}^{-1}\boldsymbol{B}=\begin{bmatrix}b_1\\b_2\\\vdots\\b_n\end{bmatrix}$$

$$\boldsymbol{C}_{\mathrm{o}}=\boldsymbol{C}\boldsymbol{P}=\begin{bmatrix}0&\cdots&0&1\end{bmatrix}$$

其中，$a_1,a_2,\cdots,a_n$ 为系统特征多项式 $|s\boldsymbol{I}-\boldsymbol{A}|=s^n+a_1s^{n-1}+\cdots+a_n$ 的系数。

线性变换矩阵 $\boldsymbol{P}$ 为

$$\boldsymbol{P}=\begin{bmatrix}\boldsymbol{p}_1&\boldsymbol{A}\boldsymbol{p}_1&\boldsymbol{A}^2\boldsymbol{p}_1&\cdots&\boldsymbol{A}^{n-1}\boldsymbol{p}_1\end{bmatrix}$$

其中

$$\boldsymbol{p}_1=\begin{bmatrix}\boldsymbol{C}\\\boldsymbol{C}\boldsymbol{A}\\\vdots\\\boldsymbol{C}\boldsymbol{A}^{n-1}\end{bmatrix}^{-1}\begin{bmatrix}0\\0\\\vdots\\1\end{bmatrix}$$

类似地，如果原系统不能观，那么一定不存在非奇异线性变换将其变换成能观标准型。通过计算线性变换后能观性矩阵的秩，可以证明非奇异线性变换 $\boldsymbol{x}=\boldsymbol{P}\bar{\boldsymbol{x}}$ 也不改变系统的能观性。简单证明如下：

$$\begin{aligned}&\operatorname{rank}\left[(\boldsymbol{C}\boldsymbol{P})^{\mathrm{T}}\quad(\boldsymbol{P}^{-1}\boldsymbol{A}\boldsymbol{P})^{\mathrm{T}}(\boldsymbol{C}\boldsymbol{P})^{\mathrm{T}}\quad\cdots\quad\left((\boldsymbol{P}^{-1}\boldsymbol{A}\boldsymbol{P})^{n-1}\right)^{\mathrm{T}}(\boldsymbol{C}\boldsymbol{P})^{\mathrm{T}}\right]^{\mathrm{T}}\\
=&\operatorname{rank}\left[\boldsymbol{P}^{\mathrm{T}}\boldsymbol{C}^{\mathrm{T}}\quad\boldsymbol{P}^{\mathrm{T}}\boldsymbol{A}^{\mathrm{T}}\boldsymbol{C}^{\mathrm{T}}\quad\cdots\quad\boldsymbol{P}^{\mathrm{T}}\left(\boldsymbol{A}^{n-1}\right)^{\mathrm{T}}\boldsymbol{C}^{\mathrm{T}}\right]^{\mathrm{T}}\\
=&\operatorname{rank}\boldsymbol{P}^{\mathrm{T}}\left[\boldsymbol{C}^{\mathrm{T}}\quad\boldsymbol{A}^{\mathrm{T}}\boldsymbol{C}^{\mathrm{T}}\quad\cdots\quad\left(\boldsymbol{A}^{n-1}\right)^{\mathrm{T}}\boldsymbol{C}^{\mathrm{T}}\right]^{\mathrm{T}}\\
=&\operatorname{rank}\left[\boldsymbol{C}^{\mathrm{T}}\quad(\boldsymbol{C}\boldsymbol{A})^{\mathrm{T}}\quad\cdots\quad\left(\boldsymbol{C}\boldsymbol{A}^{n-1}\right)^{\mathrm{T}}\right]^{\mathrm{T}}\end{aligned}$$

上式表明，变换前、后的能观性矩阵的秩相同，故能观性不变。

4.4.3　对偶原理

学习了能控性和能观性后，不难发现能控性和能观性无论在概念上还是在形式上都是对偶的。利用对偶关系，可把对系统的能观性分析转化为其对偶系统的能控性分析，从而也沟通了最优控制问题和最优估计问题之间的内在联系。

设系统 Σ_1 的状态空间表达式为

$$\begin{cases}\dot{\boldsymbol{x}}=\boldsymbol{A}\boldsymbol{x}+\boldsymbol{B}\boldsymbol{u}\\ \boldsymbol{y}=\boldsymbol{C}\boldsymbol{x}\end{cases}\tag{4.40}$$

另有一个系统 Σ_2 的状态空间表达式为

$$\begin{cases}\dot{\boldsymbol{z}}=\boldsymbol{A}^{\mathrm{T}}\boldsymbol{z}+\boldsymbol{C}^{\mathrm{T}}\boldsymbol{v}\\ \boldsymbol{w}=\boldsymbol{B}^{\mathrm{T}}\boldsymbol{z}\end{cases}\tag{4.41}$$

这两个系统中的状态向量 $\boldsymbol{x}$ 与 $\boldsymbol{z}$ 都是 n 维，控制向量 $\boldsymbol{u}$ 与 $\boldsymbol{v}$ 分别是 m 维与 p 维，输出向量 $\boldsymbol{y}$ 与 $\boldsymbol{w}$ 分别是 p 维与 m 维。这两个系统称为对偶系统。

对偶原理是卡尔曼首先提出的，它揭示了线性系统的能控性与能观性之间的内在联系，即一个系统的能控性等价于其对偶系统的能观性。

定理 4.25 (对偶原理)

1) *系统式 (4.40) 状态完全能控的充要条件是对偶系统式 (4.41) 状态完全能观。*

2) *系统式 (4.40) 状态完全能观的充要条件是对偶系统式 (4.41) 状态完全能控。*

能控性和能观性的对偶原理是连续线性系统中十分重要的性质，同样适用于线性离散系统。根据对偶原理，针对每一个有关系统能控性的性质，必定存在与它对偶的有关能观性的性质。例如，等价的状态空间模型具有相同的能控性，由对偶原理就可推出等价的状态空间模型也具有相同的能观性；任一能控状态空间模型都可以等价变换到能控标准型，则任一能观状态空间模型也可以等价变换到能观标准型。借助于对偶系统的对偶关系，可以把所要研究的问题转化为对其对偶系统的对偶性质的研究问题，而后者常常是比较容易解决或已解决的问题。

根据对偶系统的定义，可以得到它的两个基本特征。

1. 对偶系统传递函数矩阵互为转置

设由式 (4.40) 和式 (4.41) 求得的传递函数矩阵分别记为 $\boldsymbol{G}_1(s)$ 和 $\boldsymbol{G}_2(s)$，有

$$\begin{aligned}\boldsymbol{G}_2(s)&=\boldsymbol{C}(s\boldsymbol{I}-\boldsymbol{A})^{-1}\boldsymbol{B}=\boldsymbol{B}^{\mathrm{T}}\left(s\boldsymbol{I}-\boldsymbol{A}^{\mathrm{T}}\right)^{-1}\boldsymbol{C}^{\mathrm{T}}\\&=\boldsymbol{B}^{\mathrm{T}}\left[(s\boldsymbol{I}-\boldsymbol{A})^{-1}\right]^{\mathrm{T}}\boldsymbol{C}^{\mathrm{T}}=\left[\boldsymbol{C}(s\boldsymbol{I}-\boldsymbol{A})^{-1}\boldsymbol{B}\right]^{\mathrm{T}}=\boldsymbol{G}_1^{\mathrm{T}}(s)\end{aligned}\tag{4.42}$$

如果系统是单输入单输出系统，则两者的传递函数相同。

2. 对偶系统特征值相同

$$|\lambda\boldsymbol{I}-\boldsymbol{A}|=\left|\lambda\boldsymbol{I}-\boldsymbol{A}^{\mathrm{T}}\right|=(|\lambda\boldsymbol{I}-\boldsymbol{A}|)^{\mathrm{T}}=0$$

即 $|\lambda\boldsymbol{I}-\boldsymbol{A}|=0$ 和 $\left|\lambda\boldsymbol{I}-\boldsymbol{A}^{\mathrm{T}}\right|=0$ 是等价的。

4.5 定常离散系统的能控性和能观性

4.5.1 定常离散系统的能控性

设线性定常离散系统为

$$
\begin{aligned}
\boldsymbol{x}(k+1) &= \boldsymbol{G}\boldsymbol{x}(k)+\boldsymbol{H}\boldsymbol{u}(k) \\
\boldsymbol{y}(k) &= \boldsymbol{C}\boldsymbol{x}(k)
\end{aligned} \tag{4.43}
$$

式中，$\boldsymbol{x}(k)$ 为 n 维状态向量；$\boldsymbol{u}(k)$ 为 m 维输入向量；$\boldsymbol{G}$ 为 $n\times n$ 阶系统矩阵；$\boldsymbol{H}$ 为 $n\times m$ 阶控制矩阵；$\boldsymbol{y}(k)$ 为 p 维输出向量；$\boldsymbol{C}$ 为 $p\times n$ 维观测矩阵。

定义 4.26　考虑系统式 (4.43)，如果对于任意给定的一个初始状态 $\boldsymbol{x}(0)$，存在 $N>0$，在有限时间区间 $[0,N]$ 内，存在允许控制序列 $\{\boldsymbol{u}(k)\}_0^N$，使得系统状态在第 N 步到达零状态，即 $\boldsymbol{x}(N)=\boldsymbol{0}$，那么称此系统在第 0 步上是能控的。如果系统在第 0 步上的任意状态都是能控的，则称此系统是状态完全能控的，简称能控。

定理 4.27　线性定常离散系统式 (4.43) 状态完全能控的充要条件是系统的能控性矩阵

$$
\boldsymbol{S}_{\mathrm{c}}=\begin{bmatrix}\boldsymbol{H} & \boldsymbol{G}\boldsymbol{H} & \boldsymbol{G}^2\boldsymbol{H} & \cdots & \boldsymbol{G}^{n-1}\boldsymbol{H}\end{bmatrix} \tag{4.44}
$$

满秩，即

$$
\operatorname{rank}\begin{bmatrix}\boldsymbol{H} & \boldsymbol{G}\boldsymbol{H} & \boldsymbol{G}^2\boldsymbol{H} & \cdots & \boldsymbol{G}^{n-1}\boldsymbol{H}\end{bmatrix}=n \tag{4.45}
$$

对一个连续系统状态空间模型，可以通过采样得到该系统的离散化状态空间模型。那么，对一个能控的连续时间状态空间模型，其离散化后的离散时间状态空间模型是否仍然保持能控？以下的例子给出了否定的回答。

例 4.28　考虑由以下状态空间模型描述的一个连续系统：

$$
\dot{\boldsymbol{x}}=\begin{bmatrix}0 & 1\\ -\omega^2 & 0\end{bmatrix}\boldsymbol{x}+\begin{bmatrix}0\\1\end{bmatrix}u
$$

判断该系统和其离散化状态空间模型的能控性。

解　由于该状态空间模型是能控标准型，故是能控的。将状态方程离散化，设采样周期为 T，系统的状态转移矩阵为

$$
\begin{aligned}
\boldsymbol{\Phi}(t) &= \mathcal{L}^{-1}\left[(s\boldsymbol{I}-\boldsymbol{A})^{-1}\right] \\
&= \mathcal{L}^{-1}\left(\begin{bmatrix}s & -1\\ \omega^2 & s\end{bmatrix}^{-1}\right) \\
&= \mathcal{L}^{-1}\left(\begin{bmatrix}\dfrac{s}{s^2+\omega^2} & \dfrac{1}{s^2+\omega^2}\\ \dfrac{-\omega^2}{s^2+\omega^2} & \dfrac{s}{s^2+\omega^2}\end{bmatrix}\right) \\
&= \begin{bmatrix}\cos\omega t & (\sin\omega t)/\omega\\ -\omega\sin\omega t & \cos\omega t\end{bmatrix}
\end{aligned}
$$

根据 $\boldsymbol{G}=\mathrm{e}^{\boldsymbol{A}T},\boldsymbol{H}=\int_0^T \mathrm{e}^{\boldsymbol{A}t}\boldsymbol{B}\mathrm{d}t$，可得系统的离散化状态方程为

$$\begin{aligned}\boldsymbol{x}(k+1)=&\boldsymbol{G}\boldsymbol{x}(k)+\boldsymbol{H}u(k)\\=&\begin{bmatrix}\cos\omega T & (\sin\omega T)/\omega\\ -\omega\sin\omega T & \cos\omega T\end{bmatrix}\boldsymbol{x}(k)+\\&\begin{bmatrix}\dfrac{1-\cos\omega T}{\omega^2}\\ \dfrac{\sin\omega T}{\omega}\end{bmatrix}u(k)\end{aligned}$$

根据所得到的离散化状态方程，可以计算出能控性矩阵

$$\boldsymbol{S}_{\mathrm{c}}=\begin{bmatrix}\dfrac{1-\cos\omega T}{\omega^2} & \dfrac{\cos\omega T-\cos^2\omega T+\sin^2\omega T}{\omega^2}\\ \dfrac{\sin\omega T}{\omega} & \dfrac{2\sin\omega T\cos\omega T-\sin\omega T}{\omega}\end{bmatrix}$$

容易看到，当采样周期 $T=\dfrac{k\pi}{\omega}(k=1,2,\cdots)$ 时，以上能控性矩阵的第二行全为零，故该能控性矩阵不可能是满秩的，从而得到离散化状态空间模型是不能控的。

由这个例子看出：当离散化状态空间模型的采样周期选择不当时，就不能保证能控的连续时间状态空间模型离散化后的状态空间模型仍然是能控的，即采样可能破坏系统的能控性。

然而，只要采样周期足够小，就能够使得连续系统的性能得到较好的保持，从而也能保持原来系统的能控性。

4.5.2　定常离散系统的能观性

定义 4.29　考虑系统式 (4.43)，如果存在 $N>0$，在有限时间区间 $[0,N]$ 内，根据输出序列 $\{\boldsymbol{y}(k)\}_0^N$ 能唯一地确定系统第 0 步的状态 $\boldsymbol{x}(0)$，那么称此系统在第 0 步上是能观的。如果系统在第 0 步上的任意状态都是能观的，则称此系统是状态完全能观的，简称能观。

定理 4.30　线性定常离散系统式 (4.43) 状态完全能观的充要条件是如下定义的 $np\times n$ 维能观性矩阵满秩：

$$\boldsymbol{S}_{\mathrm{o}}=\begin{bmatrix}\boldsymbol{C}\\ \boldsymbol{C}\boldsymbol{G}\\ \vdots\\ \boldsymbol{C}\boldsymbol{G}^{n-1}\end{bmatrix}\tag{4.46}$$

即

$$\operatorname{rank}\boldsymbol{S}_{\mathrm{o}}=n \tag{4.47}$$

例 4.31　判断下列系统的能观性：

$$\boldsymbol{x}(k+1)=\begin{bmatrix}1 & 0 & -1\\ 0 & -2 & 1\\ 3 & 0 & 2\end{bmatrix}\boldsymbol{x}(k)+\begin{bmatrix}2\\ -1\\ 1\end{bmatrix}u(k)$$

$$y=[0\quad 1\quad 0]\,\boldsymbol{x}(k)$$

解　系统的观测矩阵为 $\boldsymbol{C}=[0\quad 1\quad 0]$，系统矩阵为 $\boldsymbol{G}=\begin{bmatrix}1 & 0 & -1\\ 0 & -2 & 1\\ 3 & 0 & 2\end{bmatrix}$，则有

$$\boldsymbol{CG}=[0\quad -2\quad 1],\quad \boldsymbol{CG}^2=\begin{bmatrix}3 & 4 & 0\end{bmatrix}$$

于是系统的能观性矩阵为

$$\boldsymbol{S}_{\mathrm{o}}=\begin{bmatrix}\boldsymbol{C}\\ \boldsymbol{CG}\\ \boldsymbol{CG}^2\end{bmatrix}=\begin{bmatrix}0 & 1 & 0\\ 0 & -2 & 1\\ 3 & 4 & 0\end{bmatrix}$$

它的秩为 3，所以系统是能观的。

例 4.32　假设系统状态方程仍如上例所述，而输出方程为

$$\boldsymbol{y}(k)=\begin{bmatrix}0 & 0 & 1\\ 1 & 0 & 0\end{bmatrix}\boldsymbol{x}(k)$$

试问，系统是否仍是能观的?

解　系统的能观性矩阵为

$$\boldsymbol{S}_{\mathrm{o}}=\begin{bmatrix}\boldsymbol{C}\\ \boldsymbol{CG}\\ \boldsymbol{CG}^2\end{bmatrix}=\begin{bmatrix}0 & 0 & 1\\ 1 & 0 & 0\\ 3 & 0 & 2\\ 1 & 0 & -1\\ 9 & 0 & 1\\ -2 & 0 & -3\end{bmatrix}$$

它的秩小于 3，所以系统是不能观的。

将这两个例子比较一下，得到一个有趣的启发：它们的状态方程相同，但输出方程不同，观测数据少，系统是能观的，观测数据多了，反而是不一定能观的。这说明，通过

观测输出变量来确定系统内部的状态变量时，要正确选择观测量。在这两个例子中，状态变量 x_2 是关键量，若观测量的输出量中包含了关于 x_2 的信息，就能把全部状态变量确定出来，否则，即使增加系统输出的个数，还是得不到 x_2 的信息，系统仍然是不能观的。

类似于连续系统离散化后不能保持能控性，如果原连续系统不能观，则离散化的系统必是不能观的；如果离散化后系统能观，则离散化前的连续系统必定是能观的。反之则不成立，也就是说，若原连续系统能观，则离散化的系统不一定是能观的，与采样周期的选取有很大关系。

4.6 系统的实现

所谓实现问题，就是由表征系统外部因果关系的传递函数矩阵，来确定表征系统内部结构特性的状态空间描述。

定义 4.33 对于线性定常系统，给定其传递函数矩阵 $\boldsymbol{G}(s)$，若可以找到一组 $(\boldsymbol{A},\boldsymbol{B},\boldsymbol{C},\boldsymbol{D})$ 使下式成立：

$$\boldsymbol{G}(s)=\boldsymbol{C}(s\boldsymbol{I}-\boldsymbol{A})^{-1}\boldsymbol{B}+\boldsymbol{D}$$

则称此状态空间描述 $(\boldsymbol{A},\boldsymbol{B},\boldsymbol{C},\boldsymbol{D})$ 为给定传递函数矩阵 $\boldsymbol{G}(s)$ 的一个实现，记为 $\Sigma(\boldsymbol{A},\boldsymbol{B},\boldsymbol{C},\boldsymbol{D})$。当 $\boldsymbol{D}=\boldsymbol{O}$ 时，记为 $\Sigma(\boldsymbol{A},\boldsymbol{B},\boldsymbol{C})$。

对于线性定常系统，如果其传递函数矩阵 $\boldsymbol{G}(s)$ 为 $p\times m$ 维，则传递函数矩阵可实现的充要条件是 $\lim\limits_{s\to\infty}\boldsymbol{G}(s)$ 为 $p\times m$ 维的常数阵，即 $\boldsymbol{G}(s)$ 是真的有理分式，此常数即为系统的关联矩阵 $\boldsymbol{D}$；若 $\lim\limits_{s\to\infty}\boldsymbol{G}(s)=0$，则 $\boldsymbol{G}(s)$ 是严格真的有理分式。以下在研究实现问题时，均考虑 $\boldsymbol{G}(s)$ 是严格真的有理分式；若不是，则应先转换为严格真的有理分式再实现。

同一个系统的实现有多种形式，且传递函数矩阵只反映能控且能观的部分，同一个 $\boldsymbol{G}(s)$ 还能导出 $\boldsymbol{A}$ 具有不同维数的实现，这些不同的方程表示了系统的不同物理结构。在众多实现中，维数最小的实现称为最小实现，它能以最简单的状态空间结构去获取等价的外部传递特性。最小实现也不唯一。

关于最小实现，有如下一些重要的结论。

定理 4.34 设 $\Sigma(\boldsymbol{A},\boldsymbol{B},\boldsymbol{C})$ 为严格真的传递函数矩阵 $\boldsymbol{G}(s)$ 的一个实现，则其为最小实现的充要条件是 $\Sigma(\boldsymbol{A},\boldsymbol{B},\boldsymbol{C})$ 为完全能控且完全能观的。

定理 4.35 若 $\Sigma(\boldsymbol{A}_1,\boldsymbol{B}_1,\boldsymbol{C}_1)$ 与 $\Sigma(\boldsymbol{A}_2,\boldsymbol{B}_2,\boldsymbol{C}_2)$ 均为给定传递函数矩阵 $\boldsymbol{G}(s)$ 的最小实现，则它们一定是代数等价的，即存在一个非奇异矩阵 $\boldsymbol{T}$ 使下面式子成立：

$$\boldsymbol{A}_2=\boldsymbol{T}^{-1}\boldsymbol{A}_1\boldsymbol{T},\quad \boldsymbol{B}_2=\boldsymbol{T}^{-1}\boldsymbol{B}_1,\quad \boldsymbol{C}_2=\boldsymbol{C}_1\boldsymbol{T}$$

4.7 循序渐进例子：单链机械臂

例 4.36(单链机械臂) 考虑例 2.16 中的单链机械臂系统，其线性化后连续时间状态空间模型为

$$\begin{cases} \dot{\boldsymbol{x}} = \begin{bmatrix} 0 & 1 \\ -5 & -6 \end{bmatrix} \boldsymbol{x} + \begin{bmatrix} 0 \\ 1 \end{bmatrix} u \\ y = \begin{bmatrix} 1 & 0 \end{bmatrix} \boldsymbol{x} \end{cases} \tag{4.48}$$

试判断系统的能控性和能观性。

解 计算能控性矩阵如下：

$$\boldsymbol{U}_{\mathrm{c}} = \begin{bmatrix} \boldsymbol{B} & \boldsymbol{AB} \end{bmatrix} = \begin{bmatrix} 0 & 1 \\ 1 & -6 \end{bmatrix}$$

因为 $\operatorname{rank} \boldsymbol{U}_{\mathrm{c}} = 2 = n$，故由定理 4.6 知，系统状态完全能控。

计算能观性矩阵如下：

$$\boldsymbol{V}_{\mathrm{o}} = \begin{bmatrix} \boldsymbol{C} \\ \boldsymbol{CA} \end{bmatrix} = \begin{bmatrix} 1 & 0 \\ 0 & 1 \end{bmatrix} \tag{4.49}$$

显然，$\operatorname{rank} \boldsymbol{V}_{\mathrm{o}} = 2 = n$。因此，由定理 4.18 知，系统状态完全能观。

由于系统式 (4.48) 完全能控且完全能观，故由定理 4.34 知，状态空间模型式 (4.48) 是传递函数式 (2.88) 的一个最小实现。

4.8 MATLAB 中分析线性系统能控性和能观性

1. ctrb：求系统的能控性判别矩阵

在 MATLAB 中，可以用 ctrb(A,B) 函数来求系统的能控性判别矩阵 $\boldsymbol{U}$，再用 rank(U) 函数求 $\boldsymbol{U}$ 的秩，判断该秩是否等于矩阵 $\boldsymbol{A}$ 的维数来确定系统是否能控。

例 4.37 考虑例 2.16 中的单链机械臂系统，其线性化后连续时间状态空间模型为

$$\begin{cases} \dot{\boldsymbol{x}} = \begin{bmatrix} 0 & 1 \\ -5 & -6 \end{bmatrix} \boldsymbol{x} + \begin{bmatrix} 0 \\ 1 \end{bmatrix} u \\ y = \begin{bmatrix} 1 & 0 \end{bmatrix} \boldsymbol{x} \end{cases} \tag{4.50}$$

用 MATLAB 程序判断系统的状态能控性。

解 编写并执行以下的 m 文件：chap4_code1.m。

```
A=[0 1; -5 -6];
B=[0; 1];
U=ctrb(A,B)
if(rank(U)==2)
  disp('Controllable!')
else
```

```
  disp('Uncontrollable!')
end
```

运行结果为

```
U =
     0     1
     1    -6

Controllable!
```

2. obsv：求系统的能观性判别矩阵

在 MATLAB 中，可以用 obsv(A,C) 函数来求系统的能观性判别矩阵 $\boldsymbol{V}$，再用 rank(V) 函数求 $\boldsymbol{V}$ 的秩，通过判断该秩是否等于矩阵 $\boldsymbol{A}$ 的维数来确定系统是否能观。

例 4.38　考虑例 4.37 中单链机械臂系统的状态空间模型式 (4.50)，用 MATLAB 程序判断系统的能观性。

解　编写并执行以下的 m 文件：chap4_code2.m。

```
A=[0 1; -5 -6];
C=[1 0];
V=obsv(A,C)
if(rank(V)==2)
  disp('Observable!')
else
  disp('Unobservable!')
end
```

运行结果为

```
V =
     1     0
     0     1

Observable!
```

3. gram：求系统的 Gram 判别矩阵

在 MATLAB 中，还可以用 gram(G,'c') 函数和 gram(G,'o') 函数来求系统的 Gram 判别矩阵，再用 det 函数求相应判别矩阵的行列式值，进而判断该系统是否能控或能观。

例 4.39　考虑例 4.37 中单链机械臂系统的状态空间模型式 (4.50)，用 MATLAB 程序调用 gram 函数来判断系统的能控性和能观性。

解　编写并执行以下的 m 文件：chap4_code3.m。

```
A=[0 1; -5 -6];
B=[0; 1];
C=[1 0]; D=0;
G=ss(A,B,C,D);
wc=gram(G,'c')    % 计算能控性Gram 矩阵
nc=det(wc)        % 计算矩阵行列式
if nc~=0
  disp('Controllable!')
else
  disp('Uncontrollable!')
end

wo=gram(G,'o')    % 计算能观性Gram 矩阵
no=det(wo)        % 计算矩阵行列式
if no~=0
  disp('Observable!')
else
  disp('Unobservable!')
end
```

运行结果为

```
wc =
    0.0167    0.0000
    0.0000    0.0833

nc =
    0.0014

Controllable!

wo =
    0.6833    0.1000
    0.1000    0.0167

no =
    0.0014

Observable!
```

本章要点

- **系统的能控性**
  - **能控性**：在有限时间内，控制作用能使系统从初始状态转移到要求的状态。
  - **Gram 矩阵判据**：$\boldsymbol{W}_{\mathrm{c}}(t_0,t_{\mathrm{f}})=\int_{t_0}^{t_{\mathrm{f}}}\boldsymbol{\Phi}(t_0-\tau)\boldsymbol{B}\boldsymbol{B}^{\mathrm{T}}\boldsymbol{\Phi}^{\mathrm{T}}(t_0-\tau)\mathrm{d}\tau$ 非奇异。
  - **能控性秩判据**：$\operatorname{rank}\begin{bmatrix}\boldsymbol{B} & \boldsymbol{AB} & \cdots & \boldsymbol{A}^{n-1}\boldsymbol{B}\end{bmatrix}=n$
- **系统的能观性**
  - **能观性**：在有限时间内，通过系统输出能唯一确定初始状态。
  - **Gram 矩阵判据**：$\boldsymbol{W}_{\mathrm{o}}(t_0,t_{\mathrm{f}})=\int_{t_0}^{t_{\mathrm{f}}}\boldsymbol{\Phi}^{\mathrm{T}}(\tau-t_0)\boldsymbol{C}^{\mathrm{T}}\boldsymbol{C}\boldsymbol{\Phi}(\tau-t_0)\mathrm{d}\tau$ 非奇异。
  - **能观性秩判据**：$\operatorname{rank}\begin{bmatrix}\boldsymbol{C}\\ \boldsymbol{CA}\\ \vdots\\ \boldsymbol{CA}^{n-1}\end{bmatrix}=n$
- **能控标准型**

$$\boldsymbol{A}=\begin{bmatrix}0 & 1 & \cdots & 0\\ \vdots & \vdots & & \vdots\\ 0 & 0 & \cdots & 1\\ -a_n & -a_{n-1} & \cdots & -a_1\end{bmatrix},\quad \boldsymbol{B}=\begin{bmatrix}0\\ \vdots\\ 0\\ 1\end{bmatrix}$$

- **能观标准型**

$$\boldsymbol{A}=\begin{bmatrix}0 & \cdots & 0 & -a_n\\ 1 & \cdots & 0 & -a_{n-1}\\ \vdots & & \vdots & \vdots\\ 0 & \cdots & 1 & -a_1\end{bmatrix},\quad \boldsymbol{C}=\begin{bmatrix}0 & \cdots & 0 & 1\end{bmatrix} \tag{4.51}$$

- **离散化后能控性和能观性**
  - 若原连续系统能控 (能观)，则离散化的系统不一定是能控 (能观) 的，与采样周期的选取有很大关系。
  - 若原连续系统不能控 (不能观)，则离散化的系统必是不能控 (不能观) 的；如果离散化后系统能控 (能观)，则离散化前的连续系统必定是能控 (能观) 的。

习题 4

4-1 什么是状态的能控性？能控性在系统设计有什么作用？

4-2 什么是状态的能观性？能观性在系统设计有什么作用？

4-3 能控性和能观性之间有什么关系？

4-4 什么是系统的实现和最小实现？

4-5 什么是输出能控性？状态能控性与输出能控性有何区别和联系？

4-6 若 $\boldsymbol{x}_1$ 和 $\boldsymbol{x}_2$ 是系统的能控状态，则对任意的常数 a 和 b，状态 $a\boldsymbol{x}_1+b\boldsymbol{x}_2$ 是否都能控？

4-7 判断系统 $\dot{\boldsymbol{x}}=\boldsymbol{A}\boldsymbol{x}+\boldsymbol{B}\boldsymbol{u}$ 的能控性，其中

(1) $\boldsymbol{A}=\begin{bmatrix}0 & 1\\ 0 & -5\end{bmatrix}, \boldsymbol{B}=\begin{bmatrix}0\\ 1\end{bmatrix}$

(2) $\boldsymbol{A}=\begin{bmatrix}1 & 1\\ 1 & 0\end{bmatrix}, \boldsymbol{B}=\begin{bmatrix}0\\ 1\end{bmatrix}$

(3) $\boldsymbol{A}=\begin{bmatrix}0 & 1 & 0\\ 0 & 0 & 1\\ -2 & -4 & -3\end{bmatrix}, \boldsymbol{B}=\begin{bmatrix}1 & 0\\ 0 & 1\\ -1 & 1\end{bmatrix}$

4-8 给定系统

$$\dot{\boldsymbol{x}}=\begin{bmatrix}1 & 0\\ 2 & 1\end{bmatrix}\boldsymbol{x}+\begin{bmatrix}0\\ 1\end{bmatrix}u,\quad y=[0\quad 1]\boldsymbol{x}$$

试确定系统的状态能控性和输出能控性。

4-9 给定二阶系统

$$\dot{\boldsymbol{x}}=\begin{bmatrix}a & 1\\ 0 & b\end{bmatrix}\boldsymbol{x}+\begin{bmatrix}1\\ 1\end{bmatrix}u,\quad y=[1\quad -1]\boldsymbol{x}$$

为使系统同时能控能观，确定参数 a 和 b 应满足的关系式。

4-10 判断系统 $\dot{\boldsymbol{x}}=\boldsymbol{A}\boldsymbol{x},\quad \boldsymbol{y}=\boldsymbol{C}\boldsymbol{x}$ 的能观性，其中

(1) $\boldsymbol{A}=\begin{bmatrix}1 & 1\\ 1 & 0\end{bmatrix}, \boldsymbol{C}=\begin{bmatrix}1 & 1\end{bmatrix}$

(2) $\boldsymbol{A}=\begin{bmatrix}0 & 1 & 0\\ 0 & 0 & 1\\ -2 & -4 & -3\end{bmatrix}, \boldsymbol{C}=\begin{bmatrix}0 & 1 & -1\\ 1 & 2 & 1\end{bmatrix}$

4-11 给定系统

$$\dot{\boldsymbol{x}}=\begin{bmatrix}a & c\\ b & 0\end{bmatrix}\boldsymbol{x}+\begin{bmatrix}1\\ 0\end{bmatrix}u,\quad y=[1\quad 0]\boldsymbol{x}$$

为使系统同时能控能观，确定参数 a、b、c 的取值范围。

4-12 已知完全能控系统的状态方程为

$$\dot{\boldsymbol{x}} = \begin{bmatrix} 1 & 2 & 0 \\ 3 & -1 & 1 \\ 0 & 2 & 0 \end{bmatrix} \boldsymbol{x} + \begin{bmatrix} 2 \\ 1 \\ 1 \end{bmatrix} u$$

$$y = [0 \quad 0 \quad 1]\, \boldsymbol{x}$$

求出它的能控标准型。

4-13 已知系统的状态空间模型为

$$\dot{\boldsymbol{x}} = \begin{bmatrix} 1 & 0 \\ -2 & 4 \end{bmatrix} \boldsymbol{x}, \quad y = [-1 \quad 1]\, \boldsymbol{x}$$

求出它的能观标准型。

4-14 已知完全能控系统的状态方程为

$$\dot{\boldsymbol{x}} = \begin{bmatrix} 0 & 1 \\ -1 & 0 \end{bmatrix} \boldsymbol{x} + \begin{bmatrix} 0 \\ 1 \end{bmatrix} u$$

试问以下与它相应的离散化方程 (采样周期为 T) 是否一定能控：

$$\boldsymbol{x}(k+1) = \begin{bmatrix} \cos T & \sin T \\ -\sin T & \cos T \end{bmatrix} \boldsymbol{x}(k) + \begin{bmatrix} 1-\cos T \\ \sin T \end{bmatrix} u(k)$$

第 5 章　控制系统的稳定性

在控制工程中，人们往往希望所设计的系统在受到扰动后，尽管系统会偏离处于平衡状态的工作点，但在扰动消失后，它有能力回到并保持在原来的工作点附近。例如，在倒立摆装置中，当摆杆受扰动而偏离垂直位置后，系统仍能使摆杆回到垂直位置，并能使摆杆始终保持在垂直位置附近。这就是系统稳定的基本含义。系统稳定是保证系统能正常工作的首要条件，只有在系统稳定的前提下才能进一步探讨其他特性。

稳定性是控制系统最基本的性质，不稳定的系统是不可能付诸工程实施的。在线性定常系统中，许多稳定性判据，如奈奎斯特稳定判据及劳斯稳定判据都给出了极为实用和方便的判别稳定性的方法。它们的基础是描述系统动态特性的特征方程式的根都分布在根平面虚轴的左半部分。对于时变系统和非线性系统，分析稳定性的问题要复杂得多，上述各种稳定判据不能直接应用。

1892 年，俄国数学力学家亚历山大·米哈依诺维奇·李雅普诺夫 (A. M. Lyapunov) 对线性定常、线性时变和非线性系统提出了基于状态变量内部描述的著名 Lyapunov 稳定性方法。直到目前，虽然有很多判据可应用于线性定常系统或其他各自相应类型的问题中，以判断系统稳定性，但能同时有效地适用于线性、非线性、定常和时变等各类系统的方法，仍是 Lyapunov 稳定性方法，该方法被应用到系统估计、滤波、同步和控制器设计等研究中。

Lyapunov 稳定性理论的核心是提出了判别系统稳定性的两种方法，分别被称为 Lyapunov 第一法和 Lyapunov 第二法。Lyapunov 第一法也称为间接法，它是通过分析非线性系统在平衡点附近小范围内的线性系统的微分方程或特征根来判断系统的稳定性。Lyapunov 第二法又称为直接法，它是一种不必求解系统微分方程就能分析系统的稳定性的方法，这种方法对线性定常系统是一种稳定性判断的充要条件，但对时变系统和非线性系统仅仅是一个充分条件，构造 Lyapunov 函数需要有相当的技巧与经验，当采用其他方法无效时，这种方法却能解决复杂系统的稳定性问题。

5.1 Lyapunov 稳定性的基本概念

考查一个 n 阶状态变量表示的非自治系统[⊖]

$$\dot{\boldsymbol{x}} = \boldsymbol{f}(\boldsymbol{x}, t) \tag{5.1}$$

⊖ 所谓自治系统指系统中 $\boldsymbol{f}$ 与 t 无关，或者说其中不显含时间变量 t 的一类动态系统。

式中，$\boldsymbol{x}$ 表示 n 维状态向量；t 是时间变量；$\boldsymbol{f}(\boldsymbol{x},t)$ 为 n 维向量函数，其展开式为

$$\dot{x}_i = f_i\left(x_1, x_2, \cdots, x_n, t\right),\ i = 1, \cdots, n$$

假定方程式 (5.1) 的解为 $\boldsymbol{x}\left(t; \boldsymbol{x}_0, t_0\right)$，$\boldsymbol{x}_0$ 和 t_0 分别为初始状态向量和初始时刻。当 $t = t_0$ 时，有初态 $\boldsymbol{x}\left(t_0; \boldsymbol{x}_0, t_0\right) = \boldsymbol{x}_0$。

5.1.1　平衡状态

定义 5.1　对于所有 t，满足

$$\dot{\boldsymbol{x}}_{\mathrm{e}} = \boldsymbol{f}\left(\boldsymbol{x}_{\mathrm{e}}, t\right) = \boldsymbol{0} \tag{5.2}$$

的状态 $\boldsymbol{x}_{\mathrm{e}}$ 称为平衡状态，又称为平衡点。

事实上，平衡状态就是系统的静止状态，因为平衡状态的各分量不再随时间变化。若已知状态方程，令 $\dot{\boldsymbol{x}} = \boldsymbol{0}$ 所求得的解 $\boldsymbol{x}_{\mathrm{e}}$，便是平衡状态。

1) 对于线性定常系统 $\dot{\boldsymbol{x}} = \boldsymbol{A}\boldsymbol{x}$，其平衡状态满足 $\boldsymbol{A}\boldsymbol{x}_{\mathrm{e}} = \boldsymbol{0}$，则：

① 当 $\boldsymbol{A}$ 为非奇异矩阵时，状态空间的原点就是平衡状态。

② 当 $\boldsymbol{A}$ 为奇异矩阵时，有多个平衡状态。

2) 对于非线性系统可有一个或多个平衡状态，对任一个孤立的平衡点都可通过坐标变换将其平移到原点 $\boldsymbol{x}_{\mathrm{e}} = 0$，即 $\boldsymbol{f}(0,t) = \boldsymbol{0}$。

为此，本书主要分析 $\boldsymbol{x}_{\mathrm{e}} = \boldsymbol{0}$ 平衡点附近的稳定性。

例 5.2　求下列非线性系统的平衡状态：

$$\begin{cases} \dot{x}_1 = -x_1 \\ \dot{x}_2 = x_1 + x_2 - x_2^2 \end{cases}$$

解　由平衡状态定义，平衡状态 $\boldsymbol{x}_{\mathrm{e}} = \boldsymbol{0}$ 应满足

$$\begin{aligned} & x_{1\mathrm{e}} = 0 \\ & x_{1\mathrm{e}} + x_{2\mathrm{e}} - x_{2\mathrm{e}}^2 = 0 \end{aligned}$$

计算得

$$x_{2\mathrm{e}}(1 - x_{2\mathrm{e}}) = 0$$

因此，该系统有两个平衡状态：$\boldsymbol{x}_{\mathrm{e}1} = [0 \quad 0]^{\mathrm{T}}$，$\boldsymbol{x}_{\mathrm{e}2} = [0 \quad 1]^{\mathrm{T}}$。

5.1.2　Lyapunov 稳定性定义

设 $\boldsymbol{x}_{\mathrm{e}}$ 代表系统的平衡状态，用下式表示平衡状态 $\boldsymbol{x}_{\mathrm{e}}$ 周围半径为 δ 的球域：

$$\|\boldsymbol{x} - \boldsymbol{x}_{\mathrm{e}}\| \leqslant \delta \tag{5.3}$$

式中，$\|\cdot\|$ 为欧几里得范数，其定义为

$$\|\boldsymbol{x} - \boldsymbol{x}_{\mathrm{e}}\| = \sqrt{(x_1 - x_{1\mathrm{e}})^2 + (x_2 - x_{2\mathrm{e}})^2 + \cdots + (x_n - x_{n\mathrm{e}})^2} \tag{5.4}$$

它代表向量的长度。

设对应于系统的初始条件 $\boldsymbol{x}_0$，可以划出一个球域 $S(\delta)$，它的范数表示为

$$\|\boldsymbol{x}_0-\boldsymbol{x}_{\mathrm{e}}\| \leqslant \delta \tag{5.5}$$

另外，还可以划出一个球域 $S(\varepsilon)$，它能将系统 $\dot{\boldsymbol{x}}=\boldsymbol{f}(\boldsymbol{x},t)$ 的解 $\boldsymbol{x}(t;\boldsymbol{x}_0,t_0)$ 的所有各点都包围在内，即其范数为

$$\|\boldsymbol{x}(t;\boldsymbol{x}_0,t_0)-\boldsymbol{x}_{\mathrm{e}}\| \leqslant \varepsilon \quad (t \geqslant t_0) \tag{5.6}$$

1. 稳定

定义 5.3　如果对给定的任一实数 $\varepsilon>0$，都对应地存在一个实数 $\delta=\delta(\varepsilon,t_0)>0$，当初始状态满足 $\|\boldsymbol{x}_0-\boldsymbol{x}_{\mathrm{e}}\| \leqslant \delta$ 时，系统运动轨迹满足

$$\|\boldsymbol{x}(t;\boldsymbol{x}_0,t_0)-\boldsymbol{x}_{\mathrm{e}}\| \leqslant \varepsilon,\ \forall t \geqslant t_0 \tag{5.7}$$

则称该平衡状态 $\boldsymbol{x}_{\mathrm{e}}$ 是 Lyapunov 意义下稳定的，简称稳定的。

Lyapunov 意义下的稳定性具有直观的几何含义：把式 (5.7) 看成状态空间中以 $\boldsymbol{x}_{\mathrm{e}}$ 为球心和以 ε 为半径的一个超球体，对任给的以正数 ε 为半径的球域 $S(\varepsilon)$，总能找到相应的以 $\delta>0$ 为半径的另一个球域 $S(\delta)$，当 t 无限增长时，从 $S(\delta)$ 球域内出发的轨线总不会越出 $S(\varepsilon)$ 的球域内，这一平衡状态 $\boldsymbol{x}_{\mathrm{e}}$ 就是 Lyapunov 意义下稳定的，如图 5.1a 所示。

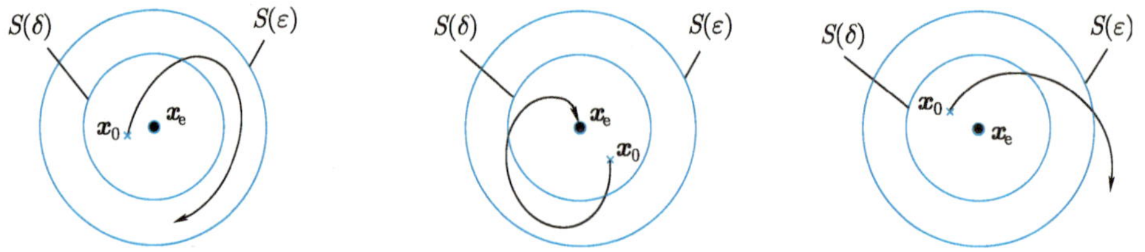

图 5.1　几个稳定性示意图

通常 δ 与 ε、t_0 都有关。

定义 5.4　在定义 5.3 中，如果 δ 与 t_0 无关，则称平衡状态是一致稳定的。

定常系统的 δ 与 t_0 无关，因此若定常系统是稳定的，则一定是一致稳定的。通常要求系统是一致稳定的，以便在任意初始时刻 t_0 出现的受扰运动都是 Lyapunov 意义下稳定的。

2. 渐近稳定

定义 5.5　如果平衡状态 $\boldsymbol{x}_{\mathrm{e}}$ 是 Lyapunov 意义下稳定的，且有

$$\lim_{t\to\infty}\|\boldsymbol{x}(t;\boldsymbol{x}_0,t_0)-\boldsymbol{x}_{\mathrm{e}}\|=0 \tag{5.8}$$

称此平衡状态 $\boldsymbol{x}_{\mathrm{e}}$ 是渐近稳定的。

这时，从 $S(\delta)$ 出发的轨迹不仅不会超出 $S(\varepsilon)$，且当 $t\to\infty$ 时收敛于 $\boldsymbol{x}_{\mathrm{e}}$ 或其附近，其平面几何表示如图 5.1b 所示。

从实际应用的角度看，渐近稳定性要比稳定性重要，一致渐近稳定性又比渐近稳定性重要。需要指出，渐近稳定性实质上是个局部概念，它并不意味着系统就一定能在任意区

域上运行，还需要考察渐近稳定性的最大作用范围。这种渐近稳定性的最大区域被称为吸引域，显然吸引域是状态空间的一部分，并且起源于吸引域的每个受扰运动都是渐近稳定的。

3. 大范围渐近稳定

定义 5.6　当初始条件扩展至整个状态空间时，由这些初始条件出发的轨迹都保持渐近稳定性，则称该平衡状态是大范围渐近稳定的，也称全局渐近稳定的。

实质上，大范围渐近稳定是把状态解的运动范围 $S(\varepsilon)$ 和初始状态的范围 $S(\delta)$ 扩展到了整个状态空间。对于状态空间中的所有点，如果从这些点出发的状态轨迹都具有渐近稳定性，则该平衡状态称为大范围渐近稳定的。显然，大范围渐近稳定的必要条件是在整个状态空间中只有一个平衡状态。

对于线性系统，由于其满足叠加原理，所以系统若是渐近稳定的，则一定是大范围渐近稳定的，说明线性系统的稳定性与初始条件大小无关。一般来说，渐近稳定是个局部的性质。在控制工程中，通常总是希望系统具有大范围稳定的特性。

4. 不稳定

定义 5.7　如果对于某个实数 $\varepsilon > 0$ 和任意一个实数 $\delta > 0$，不管这两个实数有多么小，在 $\boldsymbol{x}_{\mathrm{e}}$ 周围的球域 $S(\delta)$ 内总存在一个初态 $\boldsymbol{x}_0$，使得从这一初始状态出发的轨迹最终会脱离开球域 $S(\varepsilon)$ 范围，那么平衡状态 $\boldsymbol{x}_{\mathrm{e}}$ 称为不稳定的，如图 5.1c 所示。

对于不稳定平衡状态的轨迹，虽超出了 $S(\varepsilon)$，并不意味着趋近于无穷大。对于线性定常系统，如果系统不稳定，那么轨迹趋近于无穷远处，而对非线性系统，有可能趋于 $S(\varepsilon)$ 以外的某个极限环。

注意到，稳定性讨论的是系统没有输入 (包括参考输入和扰动) 作用或输入作用消失后的自由运动状态，所以通常通过分析系统的零输入响应或脉冲响应来分析系统的稳定性。

5.2　Lyapunov 第一法

Lyapunov 第一法 (间接法) 是利用状态方程解的特性来判断系统稳定性的方法，它适用于线性定常、线性时变及可线性化的非线性系统。分析思路如下:

1) 先将非线性系统在平衡点附近线性化。

2) 解线性化定常系统的特征值。

3) 判断非线性系统的稳定性。

考察自治非线性系统，设在零输入响应下的状态方程为

$$\dot{\boldsymbol{x}} = \boldsymbol{f}(\boldsymbol{x}) \tag{5.9}$$

式中，$\boldsymbol{x}$ 表示 n 维状态向量；$\boldsymbol{f}(\boldsymbol{x})$ 为 n 维向量函数，其展开式为

$$\dot{x}_i = f_i(x_1, x_2, \cdots, x_n), \quad i = 1, 2, \cdots, n$$

如欲讨论系统在其平衡状态 $\boldsymbol{x}_{\mathrm{e}}$ 的稳定性，须将非线性向量函数 $\boldsymbol{f}(\boldsymbol{x})$ 在平衡状态 $\boldsymbol{x}_{\mathrm{e}}$

附近展开成泰勒级数，并引入新的向量 $\tilde{\boldsymbol{x}}=\boldsymbol{x}-\boldsymbol{x}_{\mathrm{e}}$，把平衡状态移到坐标的原点。此时不难由式 (5.9) 得到新的状态方程

$$\dot{\tilde{x}}=\boldsymbol{A}\tilde{\boldsymbol{x}}+\boldsymbol{R}(\tilde{\boldsymbol{x}})$$

式中，$\boldsymbol{A}$ 是 $n\times n$ 雅可比 (Jacobian) 矩阵；$\boldsymbol{R}(\tilde{\boldsymbol{x}})$ 表示式 (5.9) 中包含对 $\tilde{\boldsymbol{x}}$ 的二次和二次以上的高阶无穷小项。

$$\boldsymbol{A}=\frac{\partial \boldsymbol{f}}{\partial \tilde{\boldsymbol{x}}^{\mathrm{T}}}=\begin{bmatrix}\dfrac{\partial f_1}{\partial \tilde{x}_1} & \dfrac{\partial f_1}{\partial \tilde{x}_2} & \cdots & \dfrac{\partial f_1}{\partial \tilde{x}_n}\\ \dfrac{\partial f_2}{\partial \tilde{x}_1} & \dfrac{\partial f_2}{\partial \tilde{x}_2} & \cdots & \dfrac{\partial f_2}{\partial \tilde{x}_n}\\ \vdots & \vdots & & \vdots\\ \dfrac{\partial f_n}{\partial \tilde{x}_1} & \dfrac{\partial f_n}{\partial \tilde{x}_2} & \cdots & \dfrac{\partial f_n}{\partial \tilde{x}_n}\end{bmatrix}_{\tilde{\boldsymbol{x}}=0}=\begin{bmatrix}\dfrac{\partial f_1}{\partial x_1} & \dfrac{\partial f_1}{\partial x_2} & \cdots & \dfrac{\partial f_1}{\partial x_n}\\ \dfrac{\partial f_2}{\partial x_1} & \dfrac{\partial f_2}{\partial x_2} & \cdots & \dfrac{\partial f_2}{\partial x_n}\\ \vdots & \vdots & & \vdots\\ \dfrac{\partial f_n}{\partial x_1} & \dfrac{\partial f_n}{\partial x_2} & \cdots & \dfrac{\partial f_n}{\partial x_n}\end{bmatrix}_{\boldsymbol{x}=\boldsymbol{x}_{\mathrm{e}}}$$

非线性系统式 (5.9) 的一次线性化近似式为

$$\dot{\tilde{\boldsymbol{x}}}=\boldsymbol{A}\tilde{\boldsymbol{x}} \tag{5.10}$$

定理 5.8　考虑非线性系统式 (5.9)，其线性化近似为式 (5.10)，以下结论成立：

1) $\boldsymbol{A}$ 的特征值均有负实部，则系统式 (5.9) 的平衡状态 $\boldsymbol{x}_{\mathrm{e}}$ 渐近稳定，与 $\boldsymbol{R}(\tilde{\boldsymbol{x}})$ 无关。

2) $\boldsymbol{A}$ 的特征值中至少有一个有正实部，则系统式 (5.9) 的平衡状态 $\boldsymbol{x}_{\mathrm{e}}$ 不稳定，与 $\boldsymbol{R}(\tilde{\boldsymbol{x}})$ 无关。

3) $\boldsymbol{A}$ 的特征值中至少有一个实部为零，则 $\boldsymbol{x}_{\mathrm{e}}$ 具有局部稳定特性，系统式 (5.9) 的平衡状态 $\boldsymbol{x}_{\mathrm{e}}$ 稳定性与 $\boldsymbol{R}(\tilde{\boldsymbol{x}})$ 有关，不能由 $\boldsymbol{A}$ 来决定。

例 5.9　考虑系统

$$\begin{cases}\dot{x}_1=x_2^2+x_1\cos x_1\\ \dot{x}_2=x_2+(x_1+1)\,x_1+x_1\sin x_2\end{cases}$$

它在 $\boldsymbol{x}=0$ 处的线性近似是

$$\begin{cases}\dot{x}_1\approx 0+x_1\cdot 1=x_1\\ \dot{x}_2\approx x_2+0+x_1+x_1x_2\approx x_2+x_1\end{cases}$$

于是，线性化后的系统可以写为

$$\dot{\boldsymbol{x}}=\boldsymbol{A}\boldsymbol{x}=\begin{bmatrix}1 & 0\\ 1 & 1\end{bmatrix}\boldsymbol{x}$$

可见，系数矩阵 $\boldsymbol{A}$ 的特征值为 $\lambda_1=\lambda_2=1$，因而由定理 5.8 知，该线性化近似不稳定，原非线性系统在平衡点处也是不稳定的。

例 5.10　考虑一个描述电子线路振荡器电压 v 的范德波尔 (van der Pol) 非线性方程

$$\ddot{v}+\mu\left(v^2-1\right)\dot{v}+kv=Q$$

式中，系数 $\mu<0,k>0$，试确定系统渐近稳定时 Q 的范围。

解 令该系统的状态变量为 $x_1=v,x_2=\dot{v}$，则状态变量方程表示为

$$\begin{cases}\dot{x}_1=x_2=f_1\\ \dot{x}_2=-\mu\left(x_1^2-1\right)x_2-kx_1+Q=f_2\end{cases}$$

显然，平衡状态位于 $\boldsymbol{x}_{\mathrm{e}}=\begin{bmatrix}x_{\mathrm{e}_1}\\ x_{\mathrm{e}_2}\end{bmatrix}=\begin{bmatrix}Q/k\\ 0\end{bmatrix}=\begin{bmatrix}p\\ 0\end{bmatrix}$，式中，$p=Q/k$。

进一步计算得

$$\frac{\partial f_1}{\partial x_1}=0,\ \frac{\partial f_1}{\partial x_2}=1,\ \frac{\partial f_2}{\partial x_1}=-2\mu x_1x_2-k\big|_{\boldsymbol{x}_{\mathrm{e}}}=-k$$

$$\frac{\partial f_2}{\partial x_2}=-\ \mu\left(x_1^2-1\right)\big|_{\boldsymbol{x}_{\mathrm{e}}}=-\mu\left(p^2-1\right)$$

因此，

$$\boldsymbol{A}=\begin{bmatrix}\dfrac{\partial f_1}{\partial x_1}&\dfrac{\partial f_1}{\partial x_2}\\ \dfrac{\partial f_2}{\partial x_1}&\dfrac{\partial f_2}{\partial x_2}\end{bmatrix}_{\boldsymbol{x}=\boldsymbol{x}_{\mathrm{e}}}=\begin{bmatrix}0&1\\ -k&-\mu\left(p^2-1\right)\end{bmatrix}$$

于是，由式 (5.10) 得到线性化系统的特征方程为

$$\det(s\boldsymbol{I}-\boldsymbol{A})=s^2+\mu\left(p^2-1\right)s+k=0$$

由 Lyapunov 第一法知，欲使原非线性系统在平衡点 $\boldsymbol{x}_{\mathrm{e}}=[p\quad 0]^{\mathrm{T}}$ 是渐近稳定的，则要求该二阶线性定常系统特征方程系数均为正，即

$$\mu\left(p^2-1\right)>0\quad 和\quad k>0 \tag{5.11}$$

由于 $\mu<0$，则要求 $p^2<1$，也就是当 $-k<Q<k$ 时，原非线性系统在平衡点附近是渐近稳定的。

5.3 Lyapunov 第二法

Lyapunov 第二法又称为直接法，是从能量的观点进行稳定性分析的。如果系统存储的能量随着时间的推移而不断减少，当趋于平衡状态时，其能量达到最小值，这时系统的平衡状态是渐近稳定的；反之，如果系统不断从外界吸收能量，其存储的能量逐渐增加，这时系统的平衡状态是不稳定的；如果系统存储的能量没有发生改变，这时系统的平衡状态是 Lyapunov 意义下稳定的。实际系统的能量函数表达式相当难找，因此 A. M. Lyapunov 引入了广义能量函数，称为 Lyapunov 函数。它是一个正定的标量函数 $V(\boldsymbol{x})$，然后通过分析 Lyapunov 函数导数 $\dot{V}(\boldsymbol{x})=\dfrac{\mathrm{d}V(\boldsymbol{x})}{\mathrm{d}t}$ 的定号性，直接判断系统的稳定性。该方法的基本特点是不必求解系统的状态方程，就能对其在平衡点处的稳定性进行分析和做出判断，并且这种判断是准确的。

由于 Lyapunov 第二法稳定性判据是基于标量函数的正定性判别的，所以下面先介绍标量函数的定号性作为预备数学知识。

5.3.1 标量函数定号性

称标量函数 $V(\boldsymbol{x})$ 是

1) **正定的：** 当 $\boldsymbol{x}=0$ 时，$V(\boldsymbol{x})=0$；当 $\boldsymbol{x}\neq 0$ 时，$V(\boldsymbol{x})>0$。

2) **半正定的：** 当 $\boldsymbol{x}=0$ 时，$V(\boldsymbol{x})=0$；当 $\boldsymbol{x}\neq 0$ 时，$V(\boldsymbol{x})\geqslant 0$。

3) **负定的：** 若 $-V(\boldsymbol{x})$ 是正定的。

4) **半负定的：** 若 $-V(\boldsymbol{x})$ 是半正定的。

5) **不定的：** 若 $V(\boldsymbol{x})$ 在包含原点的域 Ω 上可正可负。

根据上述定义，容易检验下列标量函数的定号性：

1) $V(\boldsymbol{x})=x_1^2+2x_2^2$ 是正定的。

2) $V(\boldsymbol{x})=(x_1+x_2)^2$ 是半正定的，因为当 $x_1=-x_2$ 时，$V(\boldsymbol{x})=0$。

3) $V(\boldsymbol{x})=-(x_1^2+2x_2^2)$ 是负定的。

4) $V(\boldsymbol{x})=-(x_1+x_2)^2$ 是半负定的。

5) $V(\boldsymbol{x})=x_1x_2+x_2^2$ 是不定的，因为当 $x_1>0$、$x_2>0$ 时，$V(\boldsymbol{x})>0$。而当 $x_1>|x_2|>0$、$x_2<0$ 时，$V(\boldsymbol{x})<0$。

在 Lyapunov 第二法分析系统稳定性时，有一类标量函数起着很重要的作用，这就是二次型函数

$$V(\boldsymbol{x})=\boldsymbol{x}^{\mathrm{T}}\boldsymbol{P}\boldsymbol{x}=\begin{bmatrix} x_1 & \cdots & x_n \end{bmatrix}\begin{bmatrix} p_{11} & \cdots & p_{1n} \\ \vdots & & \vdots \\ p_{n1} & \cdots & p_{nn} \end{bmatrix}\begin{bmatrix} x_1 \\ \vdots \\ x_n \end{bmatrix} \tag{5.12}$$

式中，$\boldsymbol{P}$ 为实对称矩阵，有 $p_{ij}=p_{ji}$。显然，二次型函数满足 $V(\boldsymbol{0})=0$，其定号性由西尔维斯特 (Sylvester) 准则判定。

定理 5.11 [西尔维斯特 (Sylvester) 定理] 当式 (5.12) 中的 $\boldsymbol{P}$ 是实对称矩阵时：

1) $V(\boldsymbol{x})$ 为正定的充要条件是 $\boldsymbol{P}$ 为正定矩阵，即 $\boldsymbol{P}$ 的特征值均大于零，也等价于 $\boldsymbol{P}$ 的各顺序主子行列式均大于零，即

$$p_{11}>0,\quad \begin{vmatrix} p_{11} & p_{12} \\ p_{21} & p_{22} \end{vmatrix}>0,\quad \cdots,\quad \begin{vmatrix} p_{11} & \cdots & p_{1n} \\ \vdots & & \vdots \\ p_{n1} & \cdots & p_{nn} \end{vmatrix}>0$$

2) $V(\boldsymbol{x})$ 为负定的充要条件是 $\boldsymbol{P}$ 为负定矩阵，即 $\boldsymbol{P}$ 的特征值均小于零，或 $\boldsymbol{P}$ 的各顺序主子行列式负、正相间时，即

$$p_{11}<0,\quad \begin{vmatrix} p_{11} & p_{12} \\ p_{21} & p_{22} \end{vmatrix}>0,\quad \cdots,(-1)^n\begin{vmatrix} p_{11} & \cdots & p_{1n} \\ \vdots & & \vdots \\ p_{n1} & \cdots & p_{nn} \end{vmatrix}>0$$

3) $V(\boldsymbol{x})$ 为半正定的充要条件是 $\boldsymbol{P}$ 是奇异矩阵，且它的各顺序主子行列式均非负。

4) $V(\boldsymbol{x})$ 为负正定的充要条件是 $\boldsymbol{P}$ 是奇异矩阵，且它的各顺序主子行列式均非正。

5) 不属于以上所有情况的 $V(\boldsymbol{x})$ 不定。

例 5.12　试检验二次型 $V(\boldsymbol{x}) = 2x_1^2 + 3x_2^2 + x_3^2 - 2x_1x_2 + 2x_1x_3$ 是正定的。

解　二次型 $V(\boldsymbol{x})$ 可写为

$$V(\boldsymbol{x}) = \boldsymbol{x}^{\mathrm{T}}\boldsymbol{P}\boldsymbol{x} = \begin{bmatrix} x_1 & x_2 & x_3 \end{bmatrix}\begin{bmatrix} 2 & -1 & 1 \\ -1 & 3 & 0 \\ 1 & 0 & 1 \end{bmatrix}\begin{bmatrix} x_1 \\ x_2 \\ x_3 \end{bmatrix}$$

利用西尔维斯特 (Sylvester) 定理，可得

$$2 > 0, \begin{vmatrix} 2 & -1 \\ -1 & 3 \end{vmatrix} = 5 > 0, \begin{vmatrix} 2 & -1 & 1 \\ -1 & 3 & 0 \\ 1 & 0 & 1 \end{vmatrix} = 2 > 0$$

因为矩阵 $\boldsymbol{P}$ 的所有主子行列式均为正值，所以 $V(\boldsymbol{x})$ 是正定的。

5.3.2　Lyapunov 第二法稳定性定理

考虑非线性系统

$$\dot{\boldsymbol{x}} = \boldsymbol{f}(\boldsymbol{x}, t) \tag{5.13}$$

满足 $\boldsymbol{f}(0, t) = \boldsymbol{0}$，即平衡状态是原点 $\boldsymbol{x}_{\mathrm{e}} = \boldsymbol{0}$。

定理 5.13　考虑系统式 (5.13)，如果存在一个标量函数 $V(\boldsymbol{x})$，对所有的 $\boldsymbol{x}$ 具有连续一阶偏导数，且 $V(\boldsymbol{x})$ 是正定的，则

1) $\dot{V}(\boldsymbol{x}) = \dfrac{\mathrm{d}V(\boldsymbol{x})}{\mathrm{d}t} = \sum\limits_{i=1}^{n}\left(\dfrac{\partial V}{\partial x_i}\right)^{\mathrm{T}}\dot{\boldsymbol{x}}$ 为负定时，平衡状态是渐近稳定的。

2) $\dot{V}(\boldsymbol{x})$ 为负定，且当 $\|\boldsymbol{x}\| \to \infty$ 时，有 $V(\boldsymbol{x}) \to \infty$ 时，平衡状态是大范围渐近稳定的。

3) $\dot{V}(\boldsymbol{x})$ 为半负定时，平衡状态是 Lyapunov 意义下稳定的。

4) $\dot{V}(\boldsymbol{x})$ 为半负定时，$\dot{V}(\boldsymbol{x}) \neq 0$，且当 $\|\boldsymbol{x}\| \to \infty$ 时，有 $V(\boldsymbol{x}) \to \infty$ 时，平衡状态是大范围渐近稳定的。

5) $\dot{V}(\boldsymbol{x})$ 为正定时，平衡状态是不稳定的。

6) $\dot{V}(\boldsymbol{x})$ 为半正定时，$\dot{V}(\boldsymbol{x}) \neq 0$，平衡状态是不稳定的。

针对 Lyapunov 稳定性判据有以下几点说明：

1) 定理 5.13 第 2) 条表明，大范围渐近稳定性中，函数 $V(\boldsymbol{x})$ 还必须满足另外一个条件：$V(\boldsymbol{x})$ 必须是径向无界的，即当 $\|\boldsymbol{x}\| \to \infty$ 时 (即当 $\boldsymbol{x}$ 沿任何方向趋于无穷远时)，$V(\boldsymbol{x}) \to \infty$。

2) 定理 5.13 第 4) 条表明，系统在非零状态可能存在 $\dot{V}(\boldsymbol{x}) = 0$ 的情形，但在从初始状态出发的轨迹上，不存在 $V(\boldsymbol{x}) \equiv 0$ 的情况，于是系统将继续运行至原点。状态轨迹仅是经历了某个能量不变的状态，但不会一直维持在该状态。至于如何判断在非零状态下 $V(\boldsymbol{x})$ 是否有恒为零的情况，可按如下方法进行: 令 $\dot{V}(\boldsymbol{x}) \equiv 0$，代入状态方程，若能导

出非零解，则表明当 $\boldsymbol{x} \neq 0$ 时，$\dot{V}(\boldsymbol{x}) \equiv 0$ 的条件是成立的；若导出的是全零解，则表明只有原点满足 $\dot{V}(\boldsymbol{x}) \equiv 0$ 的条件。

3) 定理 5.13 按照 $\dot{V}(\boldsymbol{x})$ 连续单调衰减的要求来确定系统稳定性，并未考虑实际稳定系统可能存在衰减振荡的情况，因此其条件是偏于保守的。定理所述条件都是充分条件。

4) 具体分析时，先构造一个 Lyapunov 函数 $V(\boldsymbol{x})$，通常选二次型函数，求其导数 $\dot{V}(\boldsymbol{x})$，再将状态方程代入，最后根据 $\dot{V}(\boldsymbol{x})$ 的定号性判别稳定性。

5) Lyapunov 函数最简单的形式为二次型，但也不一定都是二次型。任何一个标量函数，只要满足 Lyapunov 稳定性判据所假设的条件，都可以作为 Lyapunov 函数。对于给定的系统，$V(\boldsymbol{x})$ 的选取不是唯一的。遗憾的是至今仍未形成构造 Lyapunov 函数的通用方法，需要凭经验与技巧。实践表明，对于大多数系统，可先尝试用二次型函数 $\boldsymbol{x}^{\mathrm{T}}\boldsymbol{P}\boldsymbol{x}$ 作为候选 Lyapunov 函数。

例 5.14　考查某二阶非线性系统

$$\begin{cases} \dot{x}_1 = x_2 - x_1\left(x_1^2 + x_2^2\right) \\ \dot{x}_2 = -x_1 - x_2\left(x_1^2 + x_2^2\right) \end{cases} \tag{5.14}$$

试确定平衡状态的稳定性。

解　1) 确定平衡点 $\boldsymbol{x}_{\mathrm{e}}$。

令 $\dot{x}_1 = 0$, $\dot{x}_2 = 0$，得到该系统在坐标原点 $[0 \quad 0]^{\mathrm{T}}$ 有唯一的平衡状态。

2) 选取 Lyapunov 函数。

这里选取一个正定的二次型标量函数

$$V(\boldsymbol{x}) = x_1^2 + x_2^2 > 0(\boldsymbol{x} \neq 0) \tag{5.15}$$

3) 计算 $\dot{V}(\boldsymbol{x})$。

沿系统任意状态轨迹计算 $V(\boldsymbol{x})$ 关于时间的导数为 $\dot{V}(\boldsymbol{x}) = 2x_1\dot{x}_1 + 2x_2\dot{x}_2 = -2\left(x_1^2 + x_2^2\right)^2 < 0(\boldsymbol{x} \neq 0)$，显然是负定的。

4) 判断系统平衡点的稳定性。

根据 2)、3) 步的结果及定理 5.13 知，该系统在原点的平衡状态是渐近稳定的。又因当 $\|\boldsymbol{x}\| \to \infty$ 时，有 $V(\boldsymbol{x}) \to \infty$，所以在原点的平衡状态是大范围渐近稳定的。

例 5.15　考查一个二阶系统

$$\begin{cases} \dot{x}_1 = x_2 \\ \dot{x}_2 = -x_1 - x_2 \end{cases} \tag{5.16}$$

试确定平衡状态的稳定性。

解　令 $\dot{x}_1 = 0$, $\dot{x}_2 = 0$，得到原点 $[0 \quad 0]^{\mathrm{T}}$ 是系统的唯一平衡状态。按以下三种 Lyapunov 函数的选取分析系统的稳定性:

1) 选取正定的二次型标量函数 $V(\boldsymbol{x}) = x_1^2 + x_2^2$。于是，有

$$\dot{V}(\boldsymbol{x}) = 2x_1\dot{x}_1 + 2x_2\dot{x}_2 = -2x_2^2 \leqslant 0 \tag{5.17}$$

当 $x_1 = 0, x_2 = 0$ 时，$\dot{V}(\boldsymbol{x}) = 0$，除此之外都有 $\dot{V}(\boldsymbol{x}) < 0$。

当 $x_1 \neq 0, x_2 = 0$ 时，$\dot{V}(\boldsymbol{x}) = 0$，除此之外均有 $\dot{V}(\boldsymbol{x}) < 0$。

因此，$\dot{V}(\boldsymbol{x})$ 是半负定的。为此，需进一步分析 $\dot{V}(\boldsymbol{x})$ 的定号性，即当 $x_1 \neq 0, x_2 = 0$ 时，$\dot{V}(\boldsymbol{x})$ 是否恒等于零。

假设该系统的解为 $\boldsymbol{x}(t; \boldsymbol{x}_0, t_0) = [x_1(t) \quad 0]^{\mathrm{T}}$，则有 $x_2(t) \equiv 0$，从而 $\dot{x}_2 = 0$。代入系统状态方程中得到

$$\begin{cases} \dot{x}_1 = x_2 = 0 \\ \dot{x}_2 = 0 = -x_1 - x_2 = -x_1 \end{cases} \tag{5.18}$$

上式表明，除原点 $x_1 = 0, x_2 = 0$ 外，均有 $\dot{V}(\boldsymbol{x}) \neq 0$。故由定理 5.13 知，该系统原点的平衡状态是渐近稳定的。

又当 $\|\boldsymbol{x}\| = \sqrt{x_1^2 + x_2^2} \to \infty$ 时，有 $V(\boldsymbol{x}) = \|\boldsymbol{x}\|^2 \to \infty$。因此，该系统原点的平衡状态是大范围渐近稳定的。

2) 选取正定标量函数 $V(\boldsymbol{x}) = \dfrac{1}{2}\left[(x_1 + x_2)^2 + 2x_1^2 + x_2^2\right]$。

计算 $\dot{V}(\boldsymbol{x}) = -\left(x_1^2 + x_2^2\right)$，为负定的，并且当 $\|\boldsymbol{x}\| \to \infty$ 时，$V(\boldsymbol{x}) \to \infty$。因此，该系统在原点的平衡状态是大范围渐近稳定的。

可以看出，选取该 Lyapunov 函数，便消除了对 $\dot{V}(\boldsymbol{x})$ 做进一步判别的必要性。

3) 选取 $V(\boldsymbol{x}) = 2x_1^2 + x_2^2 > 0$。

但 $\dot{V}(\boldsymbol{x}) = 2x_1x_2 - 2x_2^2$ 是不定的，因而不能判断平衡点 $\boldsymbol{x}_{\mathrm{e}}$ 的稳定性。这正好体现了 Lyapunov 稳定性定理条件的充分性。

非线性系统具有丰富的行为，除平衡点外，它们的状态还可以表现为混沌行为 (如例 2.11) 或稳定的周期解。这有很大的实用价值，可以用于电力系统中产生正弦变化的电压，或用于产生动物肢体活动的周期信号。如下面由运放振荡器产生的归一化模型

$$\begin{cases} \dot{x}_1 = x_2 + x_1(1 - x_1^2 - x_2^2) \\ \dot{x}_2 = -x_1 + x_2(1 - x_1^2 - x_2^2) \end{cases} \tag{5.19}$$

通过 MATLAB 仿真得到系统在初始状态 $\boldsymbol{x}(0) = [3 \quad 4]^{\mathrm{T}}$ 下的时间响应曲线，如图 5.2 所示，由图可见，系统状态呈现周期收敛到一个稳定的极限环。

对于线性系统，当 $\dot{V} \equiv 0$ 时，即 $V =$ 常数，系统运动不收敛于原点而收敛于某个极限环或等幅振荡。

例 5.16　考查下列系统在平衡状态的稳定性：

$$\begin{cases} \dot{x}_1 = kx_2 \\ \dot{x}_2 = -x_1 \end{cases} \quad (k \text{ 为非零正常数})$$

解　显然，原点为系统的平衡状态。取 Lyapunov 函数 $V(\boldsymbol{x}) = x_1^2 + kx_2^2 > 0$，于是有

$$\dot{V}(\boldsymbol{x}) = 2x_1\dot{x}_1 + 2kx_2\dot{x}_2 = 2kx_1x_2 - 2kx_1x_2 \equiv 0$$

这时，系统原点在 Lyapunov 意义下是稳定的，但不是渐近稳定的。实际上，该线性定常连续系统的特征方程为

$$s^2 + k = 0$$

特征值为 $s=\pm\mathrm{j}\sqrt{k}$，相当于线性定常系统的临界等幅振荡情况。

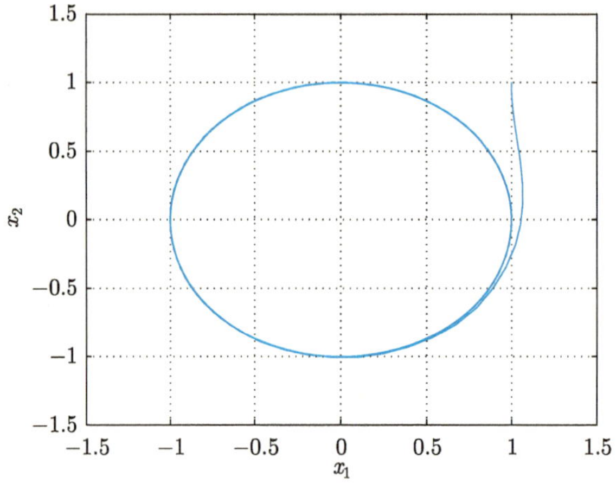

图 5.2　系统式 (5.19) 的相轨迹

例 5.17　考查下列系统在平衡状态的稳定性。

$$\begin{cases}\dot{x}_1=x_1+x_2\\ \dot{x}_2=-x_1+x_2\end{cases}\tag{5.20}$$

解　显然，原点为系统的平衡状态。构造一个 Lyapunov 函数 $V(\boldsymbol{x})=x_1^2+x_2^2$，则 $\dot{V}(x)=2x_1\dot{x}_1+2x_2\dot{x}_2=2x_2^2+2x_2^2$ 是正定的。由定理 5.13 第 5) 条知，系统在原点的平衡状态是不稳定的。

例 5.18　考查下列系统在平衡状态的稳定性：

$$\begin{cases}\dot{x}_1=x_2\\ \dot{x}_2=-x_1+x_2\end{cases}\tag{5.21}$$

解　显然，原点为系统的平衡状态。构造一个 Lyapunov 函数 $V(\boldsymbol{x})=x_1^2+x_2^2$，则 $\dot{V}(x)=2x_1\dot{x}_1+2x_2\dot{x}_2=2x_2^2$ 是半正定的，且 $\dot{V}(x)\neq 0$。由定理 5.13 第 6) 条知，系统在原点的平衡状态是不稳定的。

例 5.19(单摆)　考虑阻尼单摆运动

$$\ddot{\theta}+\dot{\theta}+\sin\theta=0\tag{5.22}$$

试判断平衡位置 $\theta=0$ 的稳定性。

解　取状态向量 $\boldsymbol{x}=[\theta\quad\dot{\theta}]^{\mathrm{T}}$，该系统的状态空间模型可以写成

$$\begin{bmatrix}\dot{x}_1\\ \dot{x}_2\end{bmatrix}=\begin{bmatrix}x_2\\ -\sin x_1-x_2\end{bmatrix}\tag{5.23}$$

从力学上考虑自然想到用总能量来构造 Lyapunov 函数，即

$$V_1(\boldsymbol{x})=\frac{1}{2}x_2^2+\int_0^{x_1}\sin x_1\mathrm{d}x_1=\frac{1}{2}x_2^2+(1-\cos x_1)$$

它是正定的。但沿系统的解关于时间求导

$$\dot{V}_1(\boldsymbol{x}) = -x_2^2$$

是半负定的，按定理 5.13 只能得到平衡位置是稳定的结论，与知道的物理事实不符。

但如果把 $V_1(\boldsymbol{x})$ 改为

$$V_2(\boldsymbol{x}) = x_2^2 + (x_1 + x_2)^2 + 4(1 - \cos x_1)$$

则有

$$\dot{V}_2(\boldsymbol{x}) = -2(x_2^2 + x_1 \sin x_1)$$

它在 $x_1 = \theta = 0$ 的小邻域内 [确切地说，当 $x_1 \in (-\pi, \pi)$ 时] 是负定的，根据定理 5.13，平衡点是渐近稳定的。

这里，V_1 具有明显的物理意义，但不符合定理 5.13 中渐近稳定的判定条件；而 V_2 满足定理 5.13 中渐近稳定的条件，却没有什么直观的物理意义，它是为适应定理中渐近稳定的条件，在 V_1 的基础上做数学改造而得。

在进行分析系统稳定性时，考虑的是零输入情况或隐含地假设已经为该系统选择了某个控制律。然而，在许多控制问题中，其任务就是要为被控对象设计某个合适的控制律。

下面通过一个例子简要地讨论如何用 Lyapunov 直接法来设计控制器使系统稳定。

例 5.20　考虑非线性系统

$$\ddot{x} - \dot{x}^3 + 4x^2 = u$$

试设计控制律 u 使得系统原点大范围渐近稳定。

解　选取连续控制律

$$u = u_1(\dot{x}) + u_2(x)$$

其中，函数 $u_1(\dot{x})$、$u_2(x)$ 待定。

选取如下 Lyapunov 函数：

$$V(\boldsymbol{x}) = \frac{1}{2}\dot{x}^2 + \frac{1}{4}x^4$$

对 Lyapunov 函数求时间导数得

$$\dot{V}(x) = \dot{x}\ddot{x} + \dot{x}x^3 = \dot{x}\left[u_1(\dot{x}) + \dot{x}^3\right] + \dot{x}\left[u_2(x) - 4x^2 + x^3\right] \tag{5.24}$$

可通过选取 $u_1(\dot{x}) = -2\dot{x}^3$，$u_2(x) = 4x^2 - x^3$，则系统控制律设计为

$$u = -2\dot{x}^3 + 4x^2 - x^3$$

可使式 (5.24) 中第一项小于 0，第二项等于 0，即

$$\dot{V}(x) = -\dot{x}^4$$

为半负定，且 $\dot{V}(x) \not\equiv 0$，从而得到系统原点是大范围渐近稳定的。

由上述可见，应用 Lyapunov 直接法的关键问题是寻找 Lyapunov 函数 $V(\boldsymbol{x})$。过去，寻找 Lyapunov 函数主要是依靠试探，几乎完全依赖设计者的经验和技巧。随着计算机技

术的发展，借助计算机不仅可以找到所需的 Lyapunov 函数，而且还能确定系统的稳定区域，但要找到一套对任何系统都普遍适用的方法仍很困难。

延伸阅读：克拉索夫斯基 (Krasovskii) 方法

由于非线性系统的复杂性和多样性，还没有构造 Lyapunov 函数的一般方法。针对不同类型，有用于判断非线性系统渐近稳定性充分条件的克拉索夫斯基方法，有用于构成非线性系统 Lyapunov 函数的变量梯度法，还有用于某些非线性控制系统稳定性分析的 Fourier (傅里叶) 法，以及用于构成吸引域的 Popov 方法等。限于篇幅，下面简单介绍克拉索夫斯基方法，对其他方法有兴趣的读者可查阅参考文献 [13]。

考虑自治非线性系统 $\dot{\boldsymbol{x}} = \boldsymbol{f}(\boldsymbol{x})$，式中，$\boldsymbol{x}$ 表示 n 维状态向量，$\boldsymbol{f}(\boldsymbol{x})$ 为 n 维向量函数，假定原点 $\boldsymbol{x}_{\mathrm{e}} = 0$ 是系统平衡状态，$\boldsymbol{f}(\boldsymbol{x})$ 对 x_i 可微 $(i = 1, 2, \cdots, n)$，系统的 Jacobian (雅可比) 矩阵为

$$\boldsymbol{J}(\boldsymbol{x}) = \frac{\partial \boldsymbol{f}(\boldsymbol{x})}{\partial \boldsymbol{x}^{\mathrm{T}}} = \begin{bmatrix} \dfrac{\partial f_1}{\partial x_1} & \dfrac{\partial f_1}{\partial x_2} & \cdots & \dfrac{\partial f_1}{\partial x_n} \\ \dfrac{\partial f_2}{\partial x_1} & \dfrac{\partial f_2}{\partial x_2} & \cdots & \dfrac{\partial f_2}{\partial x_n} \\ \vdots & \vdots & & \vdots \\ \dfrac{\partial f_n}{\partial x_1} & \dfrac{\partial f_n}{\partial x_2} & \cdots & \dfrac{\partial f_n}{\partial x_n} \end{bmatrix}$$

克拉索夫斯基定理：如果矩阵 $\boldsymbol{J}^{\mathrm{T}}(\boldsymbol{x}) + \boldsymbol{J}(\boldsymbol{x})$ 是负定的，则平衡状态 $\boldsymbol{x}_{\mathrm{e}} = 0$ 是渐近稳定的。此时该系统的 Lyapunov 函数为 $V(\boldsymbol{x}) = \boldsymbol{f}^{\mathrm{T}}(\boldsymbol{x})\boldsymbol{f}(\boldsymbol{x})$。进一步地，若随着 $\|\boldsymbol{x}\| \to \infty$，$\boldsymbol{f}^{\mathrm{T}}(\boldsymbol{x})\boldsymbol{f}(\boldsymbol{x}) \to \infty$，则平衡状态是大范围渐近稳定的。

5.4 Lyapunov 方法在线性系统中的应用

5.4.1 判断线性定常连续系统的稳定性

对于线性定常连续系统 $\dot{\boldsymbol{x}} = \boldsymbol{A}\boldsymbol{x}$ 在原点处的渐近稳定性，判别方法很多。可以采用第 3 章介绍的方法求出系统的齐次解，通过 $\boldsymbol{x}(t)$ 的运动形态来判断；也可以通过系统矩阵 $\boldsymbol{A}$ 的所有特征值或特征方程的根来判断

$$| s\boldsymbol{I} - \boldsymbol{A} | = s^n + a_{n-1}s^{n-1} + \cdots + a_1 s + a_0$$

当所有特征根均具有负实部时，系统渐近稳定。下面用 Lyapunov 方法给出线性定常连续系统的稳定性判据，可以不用直接求解系统特征方程的特征根。

定理 5.21　设线性定常连续系统的状态方程为 $\dot{\boldsymbol{x}} = \boldsymbol{A}\boldsymbol{x}$，则系统平衡状态 $\boldsymbol{x}_{\mathrm{e}} = 0$ 是渐近稳定的充要条件是：对于任意给定正定实对称矩阵 $\boldsymbol{Q}$，存在一个正定实对称矩阵 $\boldsymbol{P}$ 满

足如下 Lyapunov 矩阵方程

$$\boldsymbol{A}^{\mathrm{T}}\boldsymbol{P}+\boldsymbol{P}\boldsymbol{A}=-\boldsymbol{Q} \tag{5.25}$$

此时，标量函数 $V(\boldsymbol{x})=\boldsymbol{x}^{\mathrm{T}}\boldsymbol{P}\boldsymbol{x}$ 就是 Lyapunov 函数。

证明　第一步证明充分性。

如果满足 $\boldsymbol{A}^{\mathrm{T}}\boldsymbol{P}+\boldsymbol{P}\boldsymbol{A}=-\boldsymbol{Q}$ 的正定解 $\boldsymbol{P}$ 存在，则系统在 $\boldsymbol{x}_{\mathrm{e}}=0$ 处是渐近稳定的。已知 $\boldsymbol{P}$ 存在，且 $\boldsymbol{P}>0$。令 $V(\boldsymbol{x})=\boldsymbol{x}^{\mathrm{T}}\boldsymbol{P}\boldsymbol{x}$，可知 $V(\boldsymbol{x})$ 是正定的，而且

$$\dot{V}=\dot{\boldsymbol{x}}^{\mathrm{T}}\boldsymbol{P}\boldsymbol{x}+\boldsymbol{x}^{\mathrm{T}}\boldsymbol{P}\dot{\boldsymbol{x}}=\boldsymbol{x}^{\mathrm{T}}\left(\boldsymbol{A}^{\mathrm{T}}\boldsymbol{P}+\boldsymbol{P}\boldsymbol{A}\right)\boldsymbol{x}=\boldsymbol{x}^{\mathrm{T}}(-\boldsymbol{Q})\boldsymbol{x} \tag{5.26}$$

现知 $\boldsymbol{Q}>0$，故 $\dot{V}(\boldsymbol{x})$ 是负定的，由定理 5.13 知系统在原点的平衡状态是渐近稳定的。

第二步证明必要性。

如果系统在原点 $\boldsymbol{x}_{\mathrm{e}}=0$ 的平衡状态是渐近稳定的，则必存在矩阵 $\boldsymbol{P}$ 满足 Lyapunov 矩阵方程

$$\boldsymbol{A}^{\mathrm{T}}\boldsymbol{P}+\boldsymbol{P}\boldsymbol{A}=-\boldsymbol{Q} \tag{5.27}$$

这里用构造性证明: 设合适的矩阵 $\boldsymbol{P}$ 具有以下形式:

$$\boldsymbol{P}=\int_0^{\infty}\mathrm{e}^{\boldsymbol{A}^{\mathrm{T}}t}\boldsymbol{Q}\mathrm{e}^{\boldsymbol{A}t}\,\mathrm{d}t=\int_0^{\infty}\boldsymbol{\Phi}^{\mathrm{T}}(t)\boldsymbol{Q}\boldsymbol{\Phi}(t)\mathrm{d}t \tag{5.28}$$

式中，线性定常系统的状态转移矩阵 $\boldsymbol{\Phi}(t)=\mathrm{e}^{\boldsymbol{A}t}$，那么式 (5.28) 中的被积函数一定是具有 $t^k\mathrm{e}^{\lambda t}$ 形式的诸项之和，其中，λ 是矩阵 $\boldsymbol{A}$ 的特征值。因为系统是渐近稳定的，必有 $\mathrm{Re}\,\lambda(\boldsymbol{A})<0$。由于被积函数连续且有界，所以它一定可积，即 $\boldsymbol{P}$ 一定存在。于是有

$$\begin{aligned}\boldsymbol{A}^{\mathrm{T}}\boldsymbol{P}+\boldsymbol{P}\boldsymbol{A}&=\int_0^{\infty}\boldsymbol{A}^{\mathrm{T}}\mathrm{e}^{\boldsymbol{A}^{\mathrm{T}}t}\boldsymbol{Q}\mathrm{e}^{\boldsymbol{A}t}\,\mathrm{d}t+\int_0^{\infty}\mathrm{e}^{\boldsymbol{A}^{\mathrm{T}}t}\boldsymbol{Q}\mathrm{e}^{\boldsymbol{A}t}\boldsymbol{A}\mathrm{d}t\\&=\int_0^{\infty}\frac{\mathrm{d}}{\mathrm{d}t}\mathrm{e}^{\boldsymbol{A}^{\mathrm{T}}t}\boldsymbol{Q}\mathrm{e}^{\boldsymbol{A}t}\,\mathrm{d}t=\mathrm{e}^{\boldsymbol{A}^{\mathrm{T}}t}\boldsymbol{Q}\mathrm{e}^{\boldsymbol{A}t}\Big|_0^{\infty}=-\boldsymbol{Q}\end{aligned} \tag{5.29}$$

在应用这个定理时，应注意以下几点：

1) 若 $\boldsymbol{A}$ 是非奇异矩阵，系统只有一个平衡点 $\boldsymbol{x}_{\mathrm{e}}=0$，所以若系统是渐近稳定的，则它一定是大范围渐近稳定的。

2) 如果 $\dot{V}(\boldsymbol{x})=-\boldsymbol{x}^{\mathrm{T}}\boldsymbol{Q}\boldsymbol{x}$ 沿任意一条轨线不恒等于零，那么 $\boldsymbol{Q}$ 可取为半正定矩阵，系统在原点渐近稳定的充要条件为：存在正定实对称矩阵 $\boldsymbol{P}$，满足 $\boldsymbol{A}^{\mathrm{T}}\boldsymbol{P}+\boldsymbol{P}\boldsymbol{A}=-\boldsymbol{Q}$。

3) $\boldsymbol{Q}$ 只要选成正定的，那么最终判定结果将与 $\boldsymbol{Q}$ 的不同选择无关。为了简化计算，一般取 $\boldsymbol{Q}=\boldsymbol{I}$。

例 5.22　考查如下线性定常系统的稳定性：

$$\dot{\boldsymbol{x}}=\begin{bmatrix}0 & 1\\-1 & -1\end{bmatrix}\boldsymbol{x}$$

解　系统的平衡状态为 $\boldsymbol{x}_{\mathrm{e}}=0$。令

$$\boldsymbol{P}=\begin{bmatrix}p_{11} & p_{12}\\p_{21} & p_{22}\end{bmatrix}$$

设 $V(\boldsymbol{x})=\boldsymbol{x}^{\mathrm{T}}\boldsymbol{P}\boldsymbol{x}$，取 $\boldsymbol{Q}=\boldsymbol{I}$，由 Lyapunov 矩阵方程

$$\boldsymbol{A}^{\mathrm{T}}\boldsymbol{P}+\boldsymbol{P}\boldsymbol{A}=-\boldsymbol{Q}=-\boldsymbol{I}$$

得到

$$\begin{bmatrix} 0 & -1 \\ 1 & -1 \end{bmatrix}\begin{bmatrix} p_{11} & p_{12} \\ p_{21} & p_{22} \end{bmatrix}+\begin{bmatrix} p_{11} & p_{12} \\ p_{21} & p_{22} \end{bmatrix}\begin{bmatrix} 0 & 1 \\ -1 & -1 \end{bmatrix}=\begin{bmatrix} -1 & 0 \\ 0 & -1 \end{bmatrix}$$

对于实对称矩阵 $\boldsymbol{P}$，有 $p_{12}=p_{21}$。于是上式的解为

$$\begin{bmatrix} p_{11} & p_{12} \\ p_{21} & p_{22} \end{bmatrix}=\begin{bmatrix} \dfrac{3}{2} & \dfrac{1}{2} \\ \dfrac{1}{2} & 1 \end{bmatrix}$$

为了检验 $\boldsymbol{P}$ 的正定性，计算各主子行列式

$$p_{11}=\frac{3}{2}>0,\quad |\boldsymbol{P}|=\frac{5}{4}>0$$

由西尔维斯特准则可知 $\boldsymbol{P}$ 是正定的。因此，原点处的平衡状态为大范围渐近稳定。

定理 5.23　对任意对称正定矩阵 $\boldsymbol{Q}$，Lyapunov 矩阵方程

$$\boldsymbol{A}^{\mathrm{T}}\boldsymbol{P}+\boldsymbol{P}\boldsymbol{A}=-\boldsymbol{Q}$$

存在唯一对称正定解 $\boldsymbol{P}$，当且仅当 $\boldsymbol{A}$ 的每一个特征值具有严格负实部。

5.4.2　判断线性定常离散系统的稳定性

对于线性定常离散系统也可以用 Lyapunov 第二法分析其稳定性。设线性定常离散系统的状态方程为

$$\boldsymbol{x}(k+1)=\boldsymbol{A}\boldsymbol{x}(k) \tag{5.30}$$

取下列正定二次型函数为 Lyapunov 函数：

$$V[\boldsymbol{x}(k)]=\boldsymbol{x}(k)^{\mathrm{T}}\boldsymbol{P}\boldsymbol{x}(k) \tag{5.31}$$

式中，$\boldsymbol{P}$ 为正定的实对称矩阵。对于离散系统，采用 $V[\boldsymbol{x}(k)]$ 的差分

$$\Delta V[\boldsymbol{x}(k)]=V[\boldsymbol{x}(k+1)]-V[\boldsymbol{x}(k)] \tag{5.32}$$

代替 $\dot{V}(\boldsymbol{x})$，则

$$\begin{aligned}\Delta V[\boldsymbol{x}(k)]&=\boldsymbol{x}^{\mathrm{T}}(k+1)\boldsymbol{P}\boldsymbol{x}(k+1)-\boldsymbol{x}^{\mathrm{T}}(k)\boldsymbol{P}\boldsymbol{x}(k)\\&=[\boldsymbol{A}\boldsymbol{x}(k)]^{\mathrm{T}}\boldsymbol{P}\boldsymbol{A}\boldsymbol{x}(k)-\boldsymbol{x}(k)^{\mathrm{T}}\boldsymbol{P}\boldsymbol{x}(k)\\&=\boldsymbol{x}^{\mathrm{T}}(k)(\boldsymbol{A}^{\mathrm{T}}\boldsymbol{P}\boldsymbol{A}-\boldsymbol{P})\boldsymbol{x}(k)\end{aligned} \tag{5.33}$$

令

$$\boldsymbol{A}^{\mathrm{T}}\boldsymbol{P}\boldsymbol{A}-\boldsymbol{P}=-\boldsymbol{Q} \tag{5.34}$$

则有

$$\Delta V[\boldsymbol{x}(k)] = -\boldsymbol{x}^{\mathrm{T}}(k)\boldsymbol{Q}\boldsymbol{x}(k) \tag{5.35}$$

若矩阵 $\boldsymbol{Q}$ 正定，则 $\Delta V[\boldsymbol{x}(k)]$ 负定，即系统渐近稳定。式 (5.34) 称为离散的 Lyapunov 矩阵方程。

定理 5.24　线性定常离散系统式 (5.30) 渐近稳定的充要条件是：给定一个正定实对称矩阵 $\boldsymbol{Q}$，存在一个正定实对称矩阵 $\boldsymbol{P}$，满足离散的 Lyapunov 矩阵方程式 (5.34)。

类似于连续的 Lyapunov 矩阵方程，离散 Lyapunov 矩阵方程式 (5.34) 的可解性并不依赖于矩阵 $\boldsymbol{Q}$ 的选取。因此，在具体应用时，可选取 $\boldsymbol{Q}=\boldsymbol{I}$，然后求解方程

$$\boldsymbol{A}^{\mathrm{T}}\boldsymbol{P}\boldsymbol{A} - \boldsymbol{P} = -\boldsymbol{I} \tag{5.36}$$

进而检验所得到的解矩阵 $\boldsymbol{P}$ 是否正定，从而确定系统的稳定性。

例 5.25　线性定常离散系统的状态方程为

$$\begin{bmatrix} x_1(k+1) \\ x_2(k+1) \end{bmatrix} = \begin{bmatrix} 0 & 1 \\ -0.5 & -1 \end{bmatrix} \begin{bmatrix} x_1(k) \\ x_2(k) \end{bmatrix} \tag{5.37}$$

试分析系统的稳定性。

解　选 $\boldsymbol{Q}=\boldsymbol{I}$，设 $\boldsymbol{P}$ 为对称矩阵。根据式 (5.36) 可得

$$\begin{bmatrix} 0 & -0.5 \\ 1 & -1 \end{bmatrix}\begin{bmatrix} p_{11} & p_{12} \\ p_{12} & p_{22} \end{bmatrix}\begin{bmatrix} 0 & 1 \\ -0.5 & -1 \end{bmatrix} - \begin{bmatrix} p_{11} & p_{12} \\ p_{12} & p_{22} \end{bmatrix} = -\begin{bmatrix} 1 & 0 \\ 0 & 1 \end{bmatrix}$$

如果求得的矩阵 $\boldsymbol{P}$ 是正定的，那么平衡状态 $\boldsymbol{x}_{\mathrm{e}}=0$ 是大范围渐近稳定的。

由上式可得下面三个方程:

$$\begin{aligned} &0.25p_{22} - p_{11} = -1 \\ &0.5\left(-p_{12} + p_{22}\right) - p_{12} = 0 \\ &p_{11} - 2p_{12} = -1 \end{aligned}$$

联立求解方程可得

$$p_{11} = \frac{11}{5} \quad p_{12} = \frac{8}{5} \quad p_{22} = \frac{24}{5}$$

因此

$$\boldsymbol{P} = \begin{bmatrix} \dfrac{11}{5} & \dfrac{8}{5} \\ \dfrac{8}{5} & \dfrac{24}{5} \end{bmatrix}$$

从二次型及其定号性可得 $\boldsymbol{P}$ 是正定的。因而，平衡状态 $\boldsymbol{x}_{\mathrm{e}}=0$ 是大范围渐近稳定的。

5.4.3　求解参数最优化问题

考虑如下含有可调参数 a 的线性系统

$$\dot{\boldsymbol{x}}=\boldsymbol{A}(a)\boldsymbol{x},\quad \boldsymbol{x}\left(t_0\right)=\boldsymbol{x}_0 \tag{5.38}$$

式中，$\boldsymbol{x}\in\mathbb{R}^n$ 是系统的状态向量，系统矩阵 $\boldsymbol{A}(a)$ 中含有可调参数 a。一般地，参数 a 不仅可以影响系统的稳定性，而且还可以影响系统的动态特性。

希望选择最优参数 a，使系统状态在任意初始条件下转移到原点，同时使得性能指标

$$J=\int_{t_0}^{\infty}\boldsymbol{x}^{\mathrm{T}}\boldsymbol{R}\boldsymbol{x}\mathrm{d}t \tag{5.39}$$

极小化，其中 $\boldsymbol{R}$ 是一个正定或半正定的实对称矩阵。这样一个问题称为参数最优化问题。

特别地，若取 $n=1,\ \boldsymbol{R}=1$，则相应的性能指标式 (5.39) 变为

$$J=\int_{t_0}^{\infty}x^2\mathrm{d}t \tag{5.40}$$

因此，性能指标值 J 越小，系统状态衰减到零的速度就越快，调节时间越短，振荡幅度也越小，故动态性能就越好。

在求解这类问题时，可把二次型性能指标 $\boldsymbol{x}^{\mathrm{T}}\boldsymbol{R}\boldsymbol{x}$ 和系统的 Lyapunov 函数之间建立直接的联系，并利用这种联系求解可调参数 a。如果 $\boldsymbol{A}(a)$ 是稳定的，根据定理 5.23，则存在一个正定对称矩阵 $\boldsymbol{P}$ 使下式成立：

$$\boldsymbol{A}^{\mathrm{T}}\boldsymbol{P}+\boldsymbol{P}\boldsymbol{A}=-\boldsymbol{Q} \tag{5.41}$$

式中，$\boldsymbol{Q}$ 是任意给定的正定实对称矩阵，且有 $V(\boldsymbol{x})=\boldsymbol{x}^{\mathrm{T}}\boldsymbol{P}\boldsymbol{x}$ 是系统式 (5.38) 的一个 Lyapunov 函数及

$$\dot{V}(\boldsymbol{x})=-\boldsymbol{x}^{\mathrm{T}}\boldsymbol{Q}\boldsymbol{x} \tag{5.42}$$

既然 $\boldsymbol{Q}$ 是任意给定的，不妨令 $\boldsymbol{Q}=\boldsymbol{R}$，并代入二次型指标表达式式 (5.39) 中，于是有

$$J=\int_{t_0}^{\infty}\boldsymbol{x}^{\mathrm{T}}\boldsymbol{R}\boldsymbol{x}\mathrm{d}t=\int_{t_0}^{\infty}\boldsymbol{x}^{\mathrm{T}}\boldsymbol{Q}\boldsymbol{x}\mathrm{d}t \tag{5.43}$$

考虑到式 (5.42)，可得

$$J=\int_{t_0}^{\infty}-\dot{V}(\boldsymbol{x})\mathrm{d}t=-V[\boldsymbol{x}(\infty)]+V\left[\boldsymbol{x}\left(t_0\right)\right] \tag{5.44}$$

因为对于一个渐近稳定的系统，总有 $V[\boldsymbol{x}(\infty)]=0$，于是有

$$J=V\left[\boldsymbol{x}\left(t_0\right)\right]=\boldsymbol{x}^{\mathrm{T}}\left(t_0\right)\boldsymbol{P}\boldsymbol{x}\left(t_0\right) \tag{5.45}$$

由上式可见，性能指标 J 可根据初始条件 $\boldsymbol{x}\left(t_0\right)$ 和矩阵 $\boldsymbol{P}$ 求得，而 $\boldsymbol{P}$ 则由给定的 $\boldsymbol{A}$ 和 $\boldsymbol{R}$ 根据式 (5.41) 的关系求得。因为 $\boldsymbol{x}\left(t_0\right)$ 和 $\boldsymbol{R}$ 都是给定的，所以 $\boldsymbol{P}$ 是 $\boldsymbol{A}$ 中各元素的函数，从而求取 J 的极小值的过程也就是使得 $\boldsymbol{A}$ 的可调参数 a 达到最优值的过程。

例 5.26　给定系统的状态方程为

$$\dot{\boldsymbol{x}} = \begin{bmatrix} 0 & 1 \\ -1 & -2a \end{bmatrix} \boldsymbol{x}, \quad \boldsymbol{x}(0) = \begin{bmatrix} 1 \\ 0 \end{bmatrix}$$

试确定参数 $a > 0$ 的值，使系统的性能指标

$$\int_0^{\infty} \boldsymbol{x}^{\mathrm{T}} \boldsymbol{R} \boldsymbol{x} \mathrm{d}t, \quad \text{其中} \boldsymbol{R} = \begin{bmatrix} 1 & 0 \\ 0 & \mu \end{bmatrix}, \quad \mu > 0$$

达到最小值。

解　对于所给系统，因取 $a > 0$ 时是渐近稳定的，$\boldsymbol{x}(\infty)=0$。于是，有 $J=\boldsymbol{x}^{\mathrm{T}}(0)\boldsymbol{P}\boldsymbol{x}(0)$，而 $\boldsymbol{P}$ 可由 $\boldsymbol{A}^{\mathrm{T}}\boldsymbol{P} + \boldsymbol{P}\boldsymbol{A} = -\boldsymbol{R}$ 求出，即

$$\begin{bmatrix} 0 & -1 \\ 1 & -2a \end{bmatrix} \begin{bmatrix} p_{11} & p_{12} \\ p_{12} & p_{22} \end{bmatrix} + \begin{bmatrix} p_{11} & p_{12} \\ p_{12} & p_{22} \end{bmatrix} \begin{bmatrix} 0 & 1 \\ -1 & -2a \end{bmatrix} = \begin{bmatrix} -1 & 0 \\ 0 & -\mu \end{bmatrix}$$

求解上述矩阵方程，可得

$$\boldsymbol{P} = \begin{bmatrix} p_{11} & p_{12} \\ p_{12} & p_{22} \end{bmatrix} = \begin{bmatrix} a + \dfrac{1+\mu}{4a} & \dfrac{1}{2} \\ \dfrac{1}{2} & \dfrac{1+\mu}{4a} \end{bmatrix} \tag{5.46}$$

于是有 $J = \boldsymbol{x}^{\mathrm{T}}(0)\boldsymbol{P}\boldsymbol{x}(0) = \left(a + \dfrac{1+\mu}{4a}\right) x_1^2(0) + x_1(0)x_2(0) + \dfrac{1+\mu}{4a} x_2^2(0)$，将 $x_1(0) = 1$，$x_2(0) = 0$ 代入，得

$$J = a + \frac{1+\mu}{4a} \tag{5.47}$$

为了调整 a 使得 J 为最小，可将上式对 a 求导数并令它为零，从而求得

$$a = \frac{\sqrt{1+\mu}}{2} \tag{5.48}$$

此即为 a 的最优值。

5.4.4　实现控制器设计

Lyapunov 稳定性理论还可以用来设计使得闭环系统稳定的控制器，这是经典控制理论中的一些稳定性分析方法所不能及的。

例 5.27　考虑某线性定常系统的状态方程

$$\dot{\boldsymbol{x}} = \boldsymbol{A}\boldsymbol{x} + \boldsymbol{B}u \tag{5.49}$$

其中，$\boldsymbol{x} = [x_1 \ x_2]^{\mathrm{T}}$，

$$\boldsymbol{A} = \begin{bmatrix} 0 & 1 \\ -1 & 0 \end{bmatrix}, \ \boldsymbol{B} = \begin{bmatrix} 0 \\ 1 \end{bmatrix} \tag{5.50}$$

当 $u=0$ 时，这是一个谐波振荡器，因为它在虚轴上有一对无阻尼的振荡极点 $(\lambda=\pm\mathrm{j})$，可以验证该系统不是渐近稳定的。试构造一个控制律，使其成为一个渐近稳定的系统。

解　容易验证

$$\mathrm{e}^{\boldsymbol{A}t}=\begin{bmatrix}\cos t & \sin t\\ -\sin t & \cos t\end{bmatrix}$$

系统自由运动的状态轨迹为

$$\begin{bmatrix}x_1(t)\\ x_2(t)\end{bmatrix}=\begin{bmatrix}\cos t & \sin t\\ -\sin t & \cos t\end{bmatrix}\begin{bmatrix}x_{10}\\ x_{20}\end{bmatrix}$$

其中，$[x_{10} \quad x_{20}]^{\mathrm{T}}$ 是系统在 $t=0$ 时刻的初始状态。从以上状态轨迹可以知道：它们是有界的，且不会随时间的推移而渐近趋向于零，因此系统是稳定的，但非渐近稳定的。

下面应用 Lyapunov 稳定性理论来确定一个控制律，使得相应的闭环系统是渐近稳定的。为此，考虑一个候选的 Lyapunov 函数

$$V(\boldsymbol{x})=x_1^2+x_2^2$$

显然，该函数是正定的。若能找到一个适当的控制律 u，使得沿系统的状态轨迹求得 $V(\boldsymbol{x})$ 关于时间的导数

$$\begin{aligned}\dot{V}&=2x_1\dot{x}_1+2x_2\dot{x}_2\\ &=2x_1x_2+2x_2(-x_1+u)\\ &=2x_2u\end{aligned}$$

是负定的，或者是负半定且在闭环系统的任意轨迹上不恒为零，则闭环系统就是渐近稳定的。显然，满足这样要求的 u 有很多。特别地，若选取 $u=-kx_2(k>0)$，则 $\dot{V}=-kx_2^2$ 是负半定的，且可以验证在相应闭环系统的任意非零轨迹上，$\dot{V}$ 不恒为零。因此，具有控制律 $u=-kx_2(k>0)$ 的闭环系统是渐近稳定的。

上例中控制律的设计过程也提示了利用 Lyapunov 稳定性理论来设计稳定化控制律的一般方法：首先选取一个正定的标量函数 $V(\boldsymbol{x})$，然后，通过使得 $\dot{V}<0$ 来确定稳定化控制律。特别是对线性定常系统，$V(\boldsymbol{x})$ 可以选为二次型。

5.4.5　判断时滞线性系统的稳定性

时滞是指信号传输的延迟，广泛存在于控制系统之中。例如，进行远距离控制时信号的传输时间、检测机构检测信号时花费的时间和控制器的计算耗时等，都是控制系统时滞的重要来源。时滞的产生是无法避免的，它的存在会使整个系统的性能指标下降，甚至导致不稳定。同时，时滞系统的种类繁多，有定常时滞、时变时滞和分布式时滞等，对不同种类的时滞系统稳定性的分析方法有很多。本节主要介绍如何利用 Lyapunov 第二法分析具有定常时滞状态的线性系统的稳定性。

考虑如下时滞线性系统：

$$\dot{\boldsymbol{x}}=\boldsymbol{A}\boldsymbol{x}+\boldsymbol{W}\boldsymbol{x}(t-\tau) \tag{5.51}$$

式中，$\boldsymbol{A}$ 和 $\boldsymbol{W}$ 分别为已知的适当维数系统矩阵和时滞摄动矩阵；τ 为时滞常数；$\boldsymbol{x}\in\mathbb{R}^n$ 为系统的状态。

在给出主要结论之前，下面先给出关于矩阵不等式的两个引理。

引理 5.28　矩阵 $\boldsymbol{X},\boldsymbol{Y}\in\mathbb{R}^{m\times n}$ 满足矩阵不等式

$$\boldsymbol{X}^{\mathrm{T}}\boldsymbol{Y}+\boldsymbol{Y}^{\mathrm{T}}\boldsymbol{X}\leqslant\frac{1}{\varepsilon}\boldsymbol{X}^{\mathrm{T}}\boldsymbol{X}+\varepsilon\boldsymbol{Y}^{\mathrm{T}}\boldsymbol{Y},\quad\forall\varepsilon>0\tag{5.52}$$

引理 5.29 [Schur (舒尔) 补引理]　矩阵 $\boldsymbol{A}=\boldsymbol{A}^{\mathrm{T}}=\begin{bmatrix}\boldsymbol{A}_{11}&\boldsymbol{A}_{12}\\\boldsymbol{A}_{12}^{\mathrm{T}}&\boldsymbol{A}_{22}\end{bmatrix}\in\mathbb{R}^{n\times n}$ 正定的充要条件为

$$\boldsymbol{A}_{11}>\boldsymbol{0},\boldsymbol{A}_{22}-\boldsymbol{A}_{12}^{\mathrm{T}}\boldsymbol{A}_{11}^{-1}\boldsymbol{A}_{12}>\boldsymbol{0},\ \text{或}\boldsymbol{A}_{22}>\boldsymbol{0},\boldsymbol{A}_{11}-\boldsymbol{A}_{12}\boldsymbol{A}_{22}^{-1}\boldsymbol{A}_{12}^{\mathrm{T}}>\boldsymbol{0}\tag{5.53}$$

定理 5.30　如果 $\boldsymbol{W}^{\mathrm{T}}\boldsymbol{W}\leqslant\boldsymbol{I}$ 且存在矩阵 $\boldsymbol{P}>0$ 使得如下不等式成立：

$$\begin{bmatrix}\boldsymbol{A}^{\mathrm{T}}\boldsymbol{P}+\boldsymbol{P}\boldsymbol{A}+\boldsymbol{I}&\boldsymbol{P}\\\boldsymbol{P}&-\boldsymbol{I}\end{bmatrix}<0\tag{5.54}$$

则系统式 (5.51) 在原点的平衡状态是渐近稳定的。

证明　考虑一个 Lyapunov 泛函

$$V(\boldsymbol{x})=\boldsymbol{x}^{\mathrm{T}}\boldsymbol{P}\boldsymbol{x}+\int_{t-\tau}^{t}\boldsymbol{x}^{\mathrm{T}}(\theta)\boldsymbol{x}(\theta)\mathrm{d}\theta\tag{5.55}$$

则有

$$\begin{aligned}\dot{V}(\boldsymbol{x})=&\dot{\boldsymbol{x}}^{\mathrm{T}}(t)\boldsymbol{P}\boldsymbol{x}(t)+\boldsymbol{x}^{\mathrm{T}}(t)\boldsymbol{P}\dot{\boldsymbol{x}}(t)+\boldsymbol{x}^{\mathrm{T}}(t)\boldsymbol{x}(t)-\boldsymbol{x}^{\mathrm{T}}(t-\tau)\boldsymbol{x}(t-\tau)\\=&[\boldsymbol{A}\boldsymbol{x}(t)+\boldsymbol{W}\boldsymbol{x}(t-\tau)]^{\mathrm{T}}\boldsymbol{P}\boldsymbol{x}(t)+\boldsymbol{x}^{\mathrm{T}}(t)\boldsymbol{x}(t)+\\&\boldsymbol{x}^{\mathrm{T}}(t)\boldsymbol{P}[\boldsymbol{A}\boldsymbol{x}(t)+\boldsymbol{W}\boldsymbol{x}(t-\tau)]-\boldsymbol{x}^{\mathrm{T}}(t-\tau)\boldsymbol{x}(t-\tau)\\=&\boldsymbol{x}^{\mathrm{T}}(t)\boldsymbol{A}^{\mathrm{T}}\boldsymbol{P}\boldsymbol{x}(t)+\boldsymbol{x}^{\mathrm{T}}(t-\tau)\boldsymbol{W}^{\mathrm{T}}\boldsymbol{P}\boldsymbol{x}(t)+\\&\boldsymbol{x}^{\mathrm{T}}(t)\boldsymbol{P}\boldsymbol{A}\boldsymbol{x}(t)+\boldsymbol{x}^{\mathrm{T}}(t)\boldsymbol{P}\boldsymbol{W}\boldsymbol{x}(t-\tau)+\\&\boldsymbol{x}^{\mathrm{T}}(t)\boldsymbol{x}(t)-\boldsymbol{x}^{\mathrm{T}}(t-\tau)\boldsymbol{x}(t-\tau)\\=&\boldsymbol{x}^{\mathrm{T}}(t)\left(\boldsymbol{A}^{\mathrm{T}}\boldsymbol{P}+\boldsymbol{P}\boldsymbol{A}+\boldsymbol{I}\right)\boldsymbol{x}(t)-\boldsymbol{x}^{\mathrm{T}}(t-\tau)\boldsymbol{x}(t-\tau)+\\&\boldsymbol{x}^{\mathrm{T}}(t-\tau)\boldsymbol{W}^{\mathrm{T}}(t)\boldsymbol{P}\boldsymbol{x}(t)+\boldsymbol{x}^{\mathrm{T}}(t)\boldsymbol{P}\boldsymbol{W}\boldsymbol{x}(t-\tau)\end{aligned}\tag{5.56}$$

根据矩阵不等式性质和已知条件 $\boldsymbol{W}^{\mathrm{T}}\boldsymbol{W}\leqslant\boldsymbol{I}$ 可得

$$\begin{aligned}&\boldsymbol{x}^{\mathrm{T}}(t-\tau)\boldsymbol{W}^{\mathrm{T}}\boldsymbol{P}\boldsymbol{x}(t)+\boldsymbol{x}^{\mathrm{T}}(t)\boldsymbol{P}\boldsymbol{W}\boldsymbol{x}(t-\tau)\leqslant\\&\boldsymbol{x}^{\mathrm{T}}(t)\boldsymbol{P}^2\boldsymbol{x}(t)+\boldsymbol{x}^{\mathrm{T}}(t-\tau)\boldsymbol{W}^{\mathrm{T}}(t)\boldsymbol{W}\boldsymbol{x}(t-\tau)\leqslant\\&\boldsymbol{x}^{\mathrm{T}}(t)\boldsymbol{P}^2\boldsymbol{x}(t)+\boldsymbol{x}^{\mathrm{T}}(t-\tau)\boldsymbol{x}(t-\tau)\end{aligned}\tag{5.57}$$

将式 (5.57) 代入式 (5.56) 得

$$\dot{V}(\boldsymbol{x}) \leqslant \boldsymbol{x}^{\mathrm{T}}(t)\left(\boldsymbol{A}^{\mathrm{T}}\boldsymbol{P}+\boldsymbol{P}\boldsymbol{A}+\boldsymbol{I}+\boldsymbol{P}^2\right)\boldsymbol{x}(t) \tag{5.58}$$

若

$$\boldsymbol{A}^{\mathrm{T}}\boldsymbol{P}+\boldsymbol{P}\boldsymbol{A}+\boldsymbol{I}+\boldsymbol{P}^2 < 0 \tag{5.59}$$

则有

$$\dot{V}(\boldsymbol{x}) < 0, \quad \forall \boldsymbol{x} \neq \boldsymbol{0} \tag{5.60}$$

由 Schur 补引理可知

$$\boldsymbol{A}^{\mathrm{T}}\boldsymbol{P}+\boldsymbol{P}\boldsymbol{A}+\boldsymbol{I}+\boldsymbol{P}^2 < 0 \quad \Leftrightarrow \quad \begin{bmatrix} \boldsymbol{A}^{\mathrm{T}}\boldsymbol{P}+\boldsymbol{P}\boldsymbol{A}+\boldsymbol{I} & \boldsymbol{P} \\ \boldsymbol{P} & -\boldsymbol{I} \end{bmatrix} < 0 \tag{5.61}$$

于是，根据定理条件可知 $\dot{V}(\boldsymbol{x}) < 0$。综上，系统式 (5.51) 在原点的平衡状态是渐近稳定的。证毕。

定理 5.30 是以线性矩阵不等式 (LMI) 的形式给出的，其未知矩阵 $\boldsymbol{P}$ 的求解在 MATLAB 中有相应的工具箱可供使用，如 LMI 工具箱或 YALMIP 工具箱。

5.5 循序渐进例子：单链机械臂

例 5.31(单链机械臂) 考虑例 2.16 中的单链机械臂系统，其非线性状态空间模型为

$$\begin{cases} \dot{x}_1 = x_2 \\ \dot{x}_2 = -\dfrac{MgL}{J}\sin x_1 - \dfrac{k}{J}x_2 + \dfrac{1}{J}u \end{cases} \tag{5.62}$$

单链机械臂的机械能如下：

$$E = \frac{1}{2}ML^2x_2^2 + MgL(1-\cos x_1) \tag{5.63}$$

当力矩 u 为零，并且忽略摩擦力作用 (即 $k=0$) 时，有

$$\begin{cases} \dot{x}_1 = x_2 \\ \dot{x}_2 = -\dfrac{MgL}{J}\sin x_1 \end{cases} \tag{5.64}$$

此时的系统为一个保守系统，即如果单链机械臂受到一个初始推力，那么它会一直振荡下去，不断进行势能和动能间的无损耗转换。当然在现实中不可能出现这种情况，这里的假设仅仅为了使读者更好地理解机械臂运动。这一点也可以通过 Lyapunov 稳定性定理来验证。直接选取 Lyapunov 函数为单链机械臂的机械能，即

$$V(\boldsymbol{x}) = \frac{1}{2}ML^2x_2^2 + MgL(1-\cos x_1) \tag{5.65}$$

计算 $\dot{V}(\boldsymbol{x})$ 为

$$\dot{V}(\boldsymbol{x}) = ML^2x_2\Big(-\frac{MgL}{J}\sin x_1\Big) + MgLx_2\sin x_1 = 0 \tag{5.66}$$

于是，根据定理 5.13 第 3) 条知，系统式 (5.64) 在原点的平衡状态是 Lyapunov 意义下稳定的。

当力矩 u 为零，并且不忽略摩擦力作用时，有

$$\begin{cases} \dot{x}_1 = x_2 \\ \dot{x}_2 = -\dfrac{MgL}{J}\sin x_1 - \dfrac{k}{J}x_2 \end{cases} \tag{5.67}$$

当考虑状态空间 $\Omega = \{\boldsymbol{x} \in \mathbb{R}^2 : x_1 \in (-\pi, \pi)\}$ 时，同样选取式 (5.65) 为 Lyapunov 函数，计算 $\dot{V}(\boldsymbol{x})$ 得

$$\dot{V}(\boldsymbol{x}) = -kx_2^2 \leqslant 0 \tag{5.68}$$

因此，$\dot{V}$ 是半负定的。为此，需进一步分析 $\dot{V}(\boldsymbol{x})$ 的定号性，即当 $x_1 \neq 0, x_2 = 0$ 时，$\dot{V}(x)$ 是否恒等于零。

当 $x_1 \neq 0, x_2 = 0$ 时，考虑到 $\boldsymbol{x} \in \Omega$，由系统状态方程式 (5.67) 知，除原点 $x_1 = 0$，$x_2 = 0$ 外，均有 $\dot{V}(\boldsymbol{x}) \neq 0$。故由定理 5.13 知，系统式 (5.67) 在原点的平衡状态是渐近稳定的。

考虑单链机械臂系统在原点处线性化的状态空间模型式 (2.87)，即

$$\begin{cases} \dot{\boldsymbol{x}} = \begin{bmatrix} 0 & 1 \\ -5 & -6 \end{bmatrix}\boldsymbol{x} + \begin{bmatrix} 0 \\ 1 \end{bmatrix}u \\ y = \begin{bmatrix} 1 & 0 \end{bmatrix}\boldsymbol{x} \end{cases} \tag{5.69}$$

利用 Lyapunov 第一法判断该系统稳定性。计算系数矩阵 $\boldsymbol{A} = \begin{bmatrix} 0 & 1 \\ -5 & -6 \end{bmatrix}$ 的特征值为 $\lambda_1 = -1, \lambda_2 = -5$，因而由定理 5.8 知，原非线性系统式 (5.67) 在原点的平衡状态是渐近稳定的，与前述分析结论一致。

利用 Lyapunov 第二法判断该系统稳定性。令

$$\boldsymbol{P} = \begin{bmatrix} p_{11} & p_{12} \\ p_{21} & p_{22} \end{bmatrix}$$

设 $V(\boldsymbol{x}) = \boldsymbol{x}^{\mathrm{T}}\boldsymbol{P}\boldsymbol{x}$，取 $\boldsymbol{Q} = \boldsymbol{I}$，由 Lyapunov 矩阵方程

$$\boldsymbol{A}^{\mathrm{T}}\boldsymbol{P} + \boldsymbol{P}\boldsymbol{A} = -\boldsymbol{Q} = -\boldsymbol{I}$$

得到

$$\begin{bmatrix} 0 & -5 \\ 1 & -6 \end{bmatrix}\begin{bmatrix} p_{11} & p_{12} \\ p_{21} & p_{22} \end{bmatrix} + \begin{bmatrix} p_{11} & p_{12} \\ p_{21} & p_{22} \end{bmatrix}\begin{bmatrix} 0 & 1 \\ -5 & -6 \end{bmatrix} = \begin{bmatrix} -1 & 0 \\ 0 & -1 \end{bmatrix}$$

对于实对称矩阵 $\boldsymbol{P}$，有 $p_{12}=p_{21}$。于是上式的解为

$$\begin{bmatrix} p_{11} & p_{12} \\ p_{21} & p_{22} \end{bmatrix} = \begin{bmatrix} 1.1 & 0.1 \\ 0.1 & 0.1 \end{bmatrix}$$

为了检验 $\boldsymbol{P}$ 的正定性，计算各主子行列式

$$p_{11}=1.1>0,\quad |\boldsymbol{P}|=0.1>0$$

由西尔维斯特准则可知 $\boldsymbol{P}$ 是正定的。因此，系统式 (5.69) 在原点的平衡状态为大范围渐近稳定。

5.6 MATLAB 中分析线性系统稳定性

1. lyap：求解 Lyapunov 矩阵方程

在 MATLAB 中，可以用 lyap(A,Q) 函数来求解 Lyapunov 矩阵方程 $\boldsymbol{AP}+\boldsymbol{PA}^{\mathrm{T}}=-\boldsymbol{Q}$，得到矩阵 $\boldsymbol{P}$，从而判断系统的稳定性。注意这里的 Lyapunov 矩阵方程与前面介绍的式 (5.25) 的区别，这里应该先将矩阵 $\boldsymbol{A}$ 转置后再代入 lyap 函数。

例 5.32　考虑例 5.31 中单链机械臂的线性化状态空间模型式 (5.69) 的状态方程，即

$$\dot{\boldsymbol{x}} = \begin{bmatrix} 0 & 1 \\ -5 & -6 \end{bmatrix}\boldsymbol{x} + \begin{bmatrix} 0 \\ 1 \end{bmatrix} u \tag{5.70}$$

用 MATLAB 程序判断系统在 $u=0$ 时的稳定性。

解　编写并执行以下的 m 文件：chap5_code1.m。

```
A=[0 1; -5 -6];
A=A';
Q=[1 0;0 1];
P=lyap(A,Q)
s=eig(P)      % 求矩阵的特征值 P
```

运行结果为

```
P =
    1.1000    0.1000
    0.1000    0.1000


s =
    0.0901
    1.1099
```

可见，矩阵 $\boldsymbol{P}$ 正定。根据定理 5.21 知，零输入作用下系统式 (5.70) 在原点的平衡状态是大范围渐近稳定的。事实上，由于矩阵 $\boldsymbol{A}$ 的所有特征值 $(\lambda_1 = -2, \lambda_1 = -3)$ 均具有严格负实部，利用 Lyapunov 第一法的定理 5.8，可以得到相同结论。

2. feasp: 求解线性矩阵不等式可行性问题的一个函数

线性矩阵不等式 (LMI) 处理方法已成为控制界一种常用和有效的方法，MATLAB 中的工具箱 LMI Toolbox 为人们应用 LMI 来解决控制系统分析和综合中的一些问题提供了极大的方便。函数 feasp 通常要结合 setlmis、lmivar、lmiterm、getlmis 和 dec2mat 等函数使用，读者可参阅相关资料，篇幅所限这里不做介绍。下面通过一个例子结合定理式 (5.54) 来具体说明如何用 LMI 处理方法来判断系统稳定性。

例 5.33　考虑如下时滞线性系统：

$$\dot{\boldsymbol{x}} = \boldsymbol{A}\boldsymbol{x} + \boldsymbol{W}\boldsymbol{x}(t-\tau) \tag{5.71}$$

式中，$\tau = 2$，

$$\boldsymbol{A} = \begin{bmatrix} -3 & 1 \\ 0 & -4 \end{bmatrix}, \boldsymbol{W} = \begin{bmatrix} 0.8 & 2 \\ 0 & 0.3 \end{bmatrix}$$

结合定理式 (5.54)，并用 MATLAB 程序判断系统的稳定性。

解　根据系统参数知 $\boldsymbol{W}^{\mathrm{T}}\boldsymbol{W} \leqslant \boldsymbol{I}$。因此，利用定理 5.30，只要检验是否存在一个 2×2 维的对称矩阵 $\boldsymbol{P} > 0$，为此这里应用 LMI 工具箱判断 LMI 式 (5.54) 的可行性。若可行，则所考虑的系统是渐近稳定的。编写并执行以下的 m 文件：chap5_code2.m。

```
%输入系统状态矩阵
A=[−3 1;0 −4];
W=[0.8 0.2;0 0.3];
I=eye(2);
% 以命令 setlmis 开始描述一个线性矩阵不等式
setlmis ([ ]);
% 定义线性矩阵不等式中的决策变量 P
P=lmivar(1,[2 1]);
% 依次描述所涉及的线性矩阵不等式
% 1st LMI
lmiterm([1 1 1 P],A',1,'s');                 % LMI #1: A' *P+P*A
lmiterm([1 1 1 0],I);                        % LMI #1: I
lmiterm([1 2 1 P],1,1);                      % LMI #1: P
lmiterm([1 2 2 0],−I);                       % LMI #1: −I
% 2nd LMI
lmiterm([−2 1 1 P],1,1);                     % LMI #2: P>0
% 以命令 getlmis 结束线性矩阵不等式系统的描述
mylmi=getlmis;
```

```
% 调用线性矩阵不等式系统可行性问题的求解器 feasp
[tmin,xfeas]= feasp(mylmi);
% 将得到的决策变量值转化为矩阵形式
P=dec2mat(mylmi,xfeas,P)
s=eig(P)
```

运行结果为

```
P =
    0.3845    0.0527
    0.0527    0.3052

s =
    0.2790
    0.4108
```

可见，相应的 LMI 式 (5.54) 是可行的，因此所考虑的时滞线性系统式 (5.71) 是渐近稳定的。

编写并执行以下的 m 文件。chap5_code3.m。

```
A=[-3 1;0 -4];
W=[0.8 0.2;0 0.3];
fun=@(t,x,xd)[A*x+W*xd(:,1)];          % 时滞系统模型
tau=2;
x0=[-1; 1];
tspan=[0,10];
sol=dde23(fun, tau, x0, tspan);        % 调用函数求解时滞微分方程dde23
t=sol.x;
x1=sol.y(1,:);
x2=sol.y(2,:);
plot(t,x1,'b-');                       % 蓝色实线绘制状态的数值解x1
hold on;
plot(t,x2,'r--');                      % 红色虚线绘制状态的数值解x2
xlabel('t');ylabel('x');
legend('x_1','x_2');
```

可以得到时滞系统式 (5.71) 所有状态的时间响应曲线如图 5.3 所示。由图可知，系统状态渐近收敛到原点。

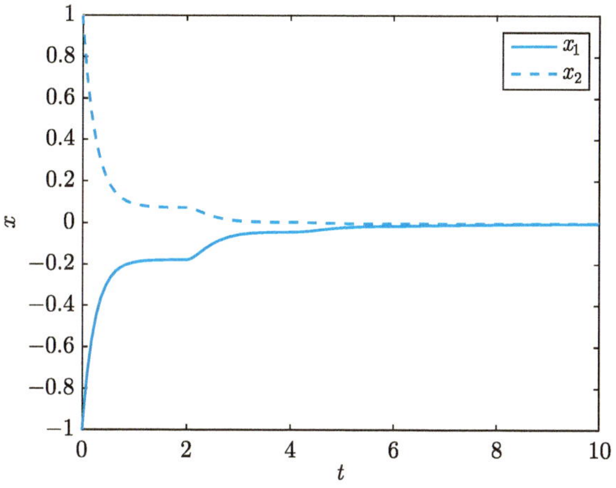

图 5.3 时滞系统式 (5.71) 状态的时间响应曲线

本章要点

- **平衡状态**
  - 若 $\dot{\boldsymbol{x}}_{\mathrm{e}}=\boldsymbol{f}(\boldsymbol{x}_{\mathrm{e}},t)=0$，称 $\boldsymbol{x}_{\mathrm{e}}$ 为平衡状态。
  - 线性系统 $\dot{\boldsymbol{x}}=\boldsymbol{A}\boldsymbol{x}$ 中，若 $\boldsymbol{A}$ 非奇异，则只有一个平衡状态：$\boldsymbol{x}_{\mathrm{e}}=0$。
  - 非线性系统可有一个或多个平衡状态。
- **二次型函数 $V(\boldsymbol{x})=\boldsymbol{x}^{\mathrm{T}}\boldsymbol{P}\boldsymbol{x}$ 正定性**
  - $\boldsymbol{x}=0 \Rightarrow V(\boldsymbol{x})=0$ 且 $\boldsymbol{x}\neq 0 \Rightarrow V(\boldsymbol{x})>0$。
  - P 为正定矩阵：$\boldsymbol{P}$ 的特征值均大于零，即 $\boldsymbol{P}$ 的各顺序主子行列式均大于零。
- **Lyapunov 第二法**
  - 稳定：$V(\boldsymbol{x})$ 正定，$\dot{V}(\boldsymbol{x})$ 半负定。
  - 渐近稳定：$V(\boldsymbol{x})$ 正定，$\dot{V}(\boldsymbol{x})$ 负定。
  - 大范围渐近稳定：$V(\boldsymbol{x})$ 正定，$\dot{V}(\boldsymbol{x})$ 负定，且 $\|\boldsymbol{x}\|\to\infty \Rightarrow V(\boldsymbol{x})\to\infty$。
  - 大范围渐近稳定：$V(\boldsymbol{x})$ 正定，$\dot{V}(\boldsymbol{x})$ 半负定，$\dot{V}(\boldsymbol{x})\not\equiv 0$，且 $\|\boldsymbol{x}\|\to\infty \Rightarrow V(\boldsymbol{x})\to\infty$。
  - 在线性定常系统中应用：给定 $\boldsymbol{Q}>0$，存在 $\boldsymbol{P}>0$ 满足 $\boldsymbol{A}^{\mathrm{T}}\boldsymbol{P}+\boldsymbol{P}\boldsymbol{A}=-\boldsymbol{Q}$。

习题 5

5-1 说出 Lyapunov 意义下稳定、渐近稳定和大范围渐近稳定的区别和联系。

5-2 Lyapunov 第二法适用于哪些系统？

5-3 Lyapunov 第二法稳定性定理的物理意义是什么？

5-4 确定下列二次型的正定性。

(1) $V(\boldsymbol{x}) = 2{x_1}^2 + 3{x_2}^2 + {x_3}^2 - 2x_1x_2 + 2x_1x_3$

(2) $V(\boldsymbol{x}) = \dfrac{1}{2}\left[(x_1 + x_2)^2 + 2{x_1}^2 + {x_2}^2\right]$

(3) $V(\boldsymbol{x}) = {x_1}^2 + {x_3}^2 - 2x_1x_2 + x_2x_3$

(4) $V(\boldsymbol{x}) = {x_1}^2 + 3{x_2}^2 + 11{x_3}^2 - 2x_1x_2 + 4x_2x_3 + 2x_1x_3$

5-5 试求下列非线性系统的平衡状态，并对各平衡状态进行线性化，然后分别判断这些平衡点的类别：

$$\begin{cases} \dot{x}_1 = x_1 - x_2 \\ \dot{x}_2 = x_1^2 - 1 \end{cases}$$

5-6 确定下列系统在平衡状态的稳定性：

$$\begin{cases} \dot{x}_1 = x_2 \\ \dot{x}_2 = -x_1 - x_2(1 + x_2)^2 \end{cases}$$

5-7 确定下列系统在平衡状态的稳定性：

$$\begin{cases} \dot{x}_1 = -x_1 - 2x_2 + 2 \\ \dot{x}_2 = x_1 - 4x_2 - 1 \end{cases}$$

5-8 确定下列系统在平衡状态的稳定性：

$$\begin{cases} \dot{x}_1 = x_2 \\ \dot{x}_2 = -(1 - |x_1|)x_2 - x_1 \end{cases}$$

5-9 试利用 Lyapunov 矩阵方程确定下列系统在平衡状态的稳定性：

$$\dot{\boldsymbol{x}} = \begin{bmatrix} 0 & 1 \\ -2 & -3 \end{bmatrix} \boldsymbol{x}$$

5-10 系统的状态方程为

$$\dot{\boldsymbol{x}} = \begin{bmatrix} -1 & 0 \\ -1 & -1 \end{bmatrix} \boldsymbol{x}$$

计算状态轨迹从 $\boldsymbol{x}(0) = [1 \quad 0]^{\mathrm{T}}$ 出发到达 $\{\boldsymbol{x} \in \mathbb{R}^2 : \|\boldsymbol{x}\| = 0.1\}$ 区域内所需要的时间。

第 6 章 线性系统的综合

在前面几章中，除了介绍与系统的数学描述有关的许多基本概念和基本知识外，主要介绍了控制系统状态空间模型的分析方法。本章将以状态空间模型和状态空间方法为基础，探讨控制系统综合的方法。系统综合的根本任务是依据被控对象和给定的性能指标，要求综合设计出控制器的结构和参数，使控制系统的性能满足预期的要求。

系统的控制方式有开环控制和闭环控制。开环控制是把一个确定的信号 (时间的函数) 加到系统的输入端，使得系统具有某种期望的性能，如基于能控性 Gram 矩阵的开环控制能使系统的状态在有限时间内从初始状态转移到零状态。但由于系统建模的不确定性或误差、运行过程中的扰动等因素使得系统产生一些意想不到的情况，若不针对这些情况来及时修改系统的行为，就很难使系统按原来期望的方式运行，具有所期望的性能。因此，必须根据系统的运行状况来确定控制信号，这就是闭环控制 (反馈控制)，如车辆巡航控制系统，为了使得自车与前车的间距保持在理想的安全距离，必须根据前车的行驶状况来确定自车是加速还是减速、以多高的速度行驶等，以使得两车的间距始终保持在理想的安全距离。

经典控制理论依据描述对象输入输出行为的传递函数模型设计反馈控制器，因此只能用系统的输出作为反馈信号。然而，现代控制理论则是用刻画系统内部特征的状态空间模型描述对象，除了输出信号外，还可以用系统的内部状态作为反馈信号。根据利用的信息是系统的输出量还是状态量，相应的反馈控制可分为输出反馈和状态反馈。

本章以状态空间模型描述的线性定常系统为控制对象，介绍状态反馈控制器的一些设计方法，包括极点配置方法、跟踪控制器设计方法、饱和控制器设计方法、观测器设计方法和输出反馈控制器设计方法。

6.1 系统的反馈控制结构

控制系统采用反馈控制改善系统的动态性能，无论在经典控制理论还是在现代控制理论中，反馈控制都是控制系统的主要方式。在古典控制理论中习惯于采取系统输出量作为反馈，在现代控制理论中可以采用状态反馈和输出反馈两种控制方式。

6.1.1 状态反馈

考虑线性定常连续系统，其状态空间模型为

$$\begin{cases} \dot{\boldsymbol{x}} &= \boldsymbol{A}\boldsymbol{x} + \boldsymbol{B}\boldsymbol{u} \\ \boldsymbol{y} &= \boldsymbol{C}\boldsymbol{x} \end{cases} \tag{6.1}$$

式中，$\boldsymbol{x} \in \mathbb{R}^n$、$\boldsymbol{u} \in \mathbb{R}^m$、$\boldsymbol{y} \in \mathbb{R}^p$ 分别为状态向量、输入向量、输出向量；$\boldsymbol{A} \in \mathbb{R}^{n\times n}$、$\boldsymbol{B} \in \mathbb{R}^{n\times m}$、$\boldsymbol{C} \in \mathbb{R}^{p\times n}$ 为实数矩阵。

若取系统控制量 $\boldsymbol{u}$ 为状态变量 $\boldsymbol{x}$ 的线性函数，则称之为状态反馈，即

$$\boldsymbol{u} = \boldsymbol{v} - \boldsymbol{K}\boldsymbol{x} \tag{6.2}$$

式中，$\boldsymbol{v}$ 为 m 维参考输入向量；$\boldsymbol{K}$ 为 $m \times n$ 维矩阵，称为反馈增益矩阵。

将式 (6.2) 代入式 (6.1)，可以推出状态反馈系统 Σ_K 的状态空间方程

$$\Sigma_K \begin{cases} \dot{\boldsymbol{x}} &= (\boldsymbol{A} - \boldsymbol{B}\boldsymbol{K})\boldsymbol{x} + \boldsymbol{B}\boldsymbol{v} \\ \boldsymbol{y} &= \boldsymbol{C}\boldsymbol{x} \end{cases} \tag{6.3}$$

引入状态反馈后，系统闭环特征多项式变为 $\det(s\boldsymbol{I} - \boldsymbol{A} + \boldsymbol{B}\boldsymbol{K})$。由于控制系统的性能和极点在复平面上的分布密切相关，所以状态反馈增益矩阵 $\boldsymbol{K}$ 的引入可以使闭环系统的极点位于复平面上的期望位置，从而使系统获得理想的动态性能。加入状态反馈后的闭环系统结构图如图 6.1 所示，其中状态变量 $\boldsymbol{x}$ 通过反馈增益矩阵 $\boldsymbol{K}$ 被反馈到系统输入端，$\boldsymbol{v}$ 为系统参考输入量。

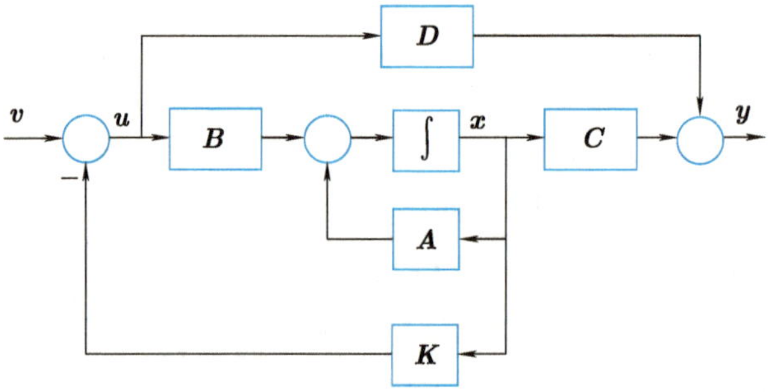

图 6.1 状态反馈下闭环系统结构图

引入状态反馈后，闭环系统的能控性与能观性相对于原被控系统来说是否发生了变化，是关系到能否实现状态反馈与状态观测的重要问题。

定理 6.1 对于任何常值反馈增益矩阵 $\boldsymbol{K}$，状态反馈系统能控的充要条件是原系统式(6.1)的能控。

证明 对于任意的 $\boldsymbol{K}$ 矩阵，均有

$$[\lambda \boldsymbol{I} - (\boldsymbol{A} - \boldsymbol{B}\boldsymbol{K}) \quad \boldsymbol{B}] = [\lambda \boldsymbol{I} - \boldsymbol{A} \quad \boldsymbol{B}] \begin{bmatrix} \boldsymbol{I} & \boldsymbol{0} \\ \boldsymbol{K} & \boldsymbol{I} \end{bmatrix}$$

式中，等号右边的矩阵 $\begin{bmatrix} \boldsymbol{I} & \boldsymbol{0} \\ \boldsymbol{K} & \boldsymbol{I} \end{bmatrix}$ 对任意常值矩阵 $\boldsymbol{K}$ 都是非奇异的。因此，对任意的 λ 和 $\boldsymbol{K}$，均有

$$\mathrm{rank}[\lambda \boldsymbol{I} - (\boldsymbol{A} - \boldsymbol{BK}) \quad \boldsymbol{B}] = \mathrm{rank}[\lambda \boldsymbol{I} - \boldsymbol{A} \quad \boldsymbol{B}]$$

结合 PBH 秩判据定理 4.12，上式说明状态反馈不改变原系统的能控性。

值得注意的是，状态反馈可能改变系统的能观性。

6.1.2　输出反馈

系统的状态变量属于系统的内部变量，它们通常在物理上不能全部都测量到。为此，通常采用的反馈控制方法是静态输出反馈或动态输出反馈。下面主要介绍静态输出反馈，后面 6.5.3 节将介绍一种动态输出反馈方法，并指出两者的区别。静态输出反馈是直接采用系统输出向量 $\boldsymbol{y}$ 构成线性反馈律，形成闭环控制系统。

考虑线性定常连续系统式 (6.1)，若静态输出反馈控制律为

$$\boldsymbol{u} = \boldsymbol{v} - \boldsymbol{Fy} \tag{6.4}$$

式中，$\boldsymbol{F}$ 为 $m \times p$ 矩阵，称为静态输出反馈增益矩阵。

于是，采用静态输出反馈后闭环系统的状态空间方程为

$$\Sigma_F \begin{cases} \dot{\boldsymbol{x}} &= (\boldsymbol{A} - \boldsymbol{BFC})\boldsymbol{x} + \boldsymbol{Bv} \\ \boldsymbol{y} &= \boldsymbol{Cx} \end{cases} \tag{6.5}$$

闭环系统的传递函数矩阵为

$$\boldsymbol{\Phi}_{\mathrm{o}}(s) = \boldsymbol{C}\big(s\boldsymbol{I} - (\boldsymbol{A} - \boldsymbol{BFC})\big)^{-1}\boldsymbol{B} \tag{6.6}$$

比较开环系统式 (6.1) 与闭环系统 Σ_F 可见，经静态输出反馈后，系统特征方程变为 $\det(s\boldsymbol{I} - \boldsymbol{A} + \boldsymbol{BFC})$，从而可见静态输出反馈后的系统极点与静态输出反馈矩阵 $\boldsymbol{F}$ 有关。

定理 6.2　输出反馈不改变被控系统式 (6.1) 的能控性和能观性。

证明　因为

$$\dot{\boldsymbol{x}} = (\boldsymbol{A} - \boldsymbol{BFC})\boldsymbol{x} + \boldsymbol{Bv}$$

若把 $\boldsymbol{FC}$ 看成等效的状态反馈增益矩阵 $\boldsymbol{K}$，那么状态反馈便保持受控系统的能控性不变。

另一方面，系统式 (6.1) 的能观性判别矩阵为

$$\boldsymbol{V}_{\mathrm{o}} = \begin{bmatrix} \boldsymbol{C} \\ \boldsymbol{CA} \\ \vdots \\ \boldsymbol{CA}^{n-1} \end{bmatrix} \tag{6.7}$$

系统式 (6.5) 的能观性判别矩阵为

$$\boldsymbol{V}_{\text{o}F}=\begin{bmatrix}\boldsymbol{C}\\ \boldsymbol{C}(\boldsymbol{A}-\boldsymbol{BFC})\\ \vdots\\ \boldsymbol{C}(\boldsymbol{A}-\boldsymbol{BFC})^{n-1}\end{bmatrix} \tag{6.8}$$

可见，$\boldsymbol{V}_{\text{o}F}$ 可以由 $\boldsymbol{V}_{\text{o}}$ 经初等变换得到 [如 $\boldsymbol{V}_{\text{o}}$ 的前 p 行右乘 $-\boldsymbol{BFC}$，再与第 $p+1$ 行 ~ $2p$ 行的 $\boldsymbol{CA}$ 线性组合即可得到 $\boldsymbol{V}_{\text{o}F}$ 中的 $\boldsymbol{C}(\boldsymbol{A}-\boldsymbol{BFC})$]，而初等变换不改变矩阵的秩，因此能观性保持不变。

6.2 极点配置问题

闭环系统性能与闭环极点密切相关，经典控制理论用调整开环增益及引入串联和反馈校正装置来配置闭环极点，以改善系统性能；而在状态空间的分析综合中，除了利用输出反馈以外，更主要的是利用状态反馈配置极点，它能提供更多的校正信息。

所谓**极点配置**，就是通过选择反馈增益矩阵, 将闭环系统的极点恰好配置在根平面上所期望的位置，以获得所期望的稳定性和动态性能。在经典控制理论中所介绍的根轨迹法就是一种极点配置法，不过它只是通过改变一个参数使闭环系统的极点沿着某一组特定的根轨迹曲线配置而已。

本节讨论在指定极点分布的情况下，如何设计反馈增益矩阵的问题。为简单起见，只讨论如下单输入单输出系统：

$$\begin{cases}\dot{\boldsymbol{x}}=\boldsymbol{Ax}+\boldsymbol{b}u\\ y=\boldsymbol{cx}\end{cases} \tag{6.9}$$

6.2.1 采用状态反馈

在用状态反馈实现极点配置时，首先要解决能否通过状态反馈来实现任意的极点配置，即系统闭环极点配置条件。

定理 6.3 (极点配置定理) *系统式 (6.9) 通过状态反馈 $u=v-\boldsymbol{Kx}$ 可任意配置极点的充要条件是系统完全能控。*

确定极点配置所要求的状态反馈增益矩阵 $\boldsymbol{K}$ 可以直接计算状态反馈系统的特征多项式 $\det(s\boldsymbol{I}-\boldsymbol{A}+\boldsymbol{bK})$，使其各项系数和期望特征多项式中对应项系数相等。算法步骤如下：

1) 判断系统的能控性。若系统完全能控，继续下一步；否则，系统无法进行极点任意配置，停止运算。

2) 设定 $1\times n$ 状态反馈增益矩阵：

$$\boldsymbol{K}=[k_1\quad k_2\quad \cdots\quad k_n]$$

3) 引入状态反馈后的闭环系统特征多项式：

$$\begin{aligned} D(s) &= \det(s\boldsymbol{I} - \boldsymbol{A} + \boldsymbol{bK}) \\ &= s^n + a_{n-1}(\boldsymbol{K})s^{n-1} + \cdots + a_1(\boldsymbol{K})s + a_0(\boldsymbol{K}) \end{aligned} \tag{6.10}$$

式中，$a_i(\boldsymbol{K})$ 为状态反馈矩阵 $\boldsymbol{K}$ 的函数。

4) 计算由期望闭环极点 $\{\lambda_1^*, \lambda_2^*, \cdots, \lambda_n^*\}$ 决定的特征多项式：

$$\begin{aligned} D^*(s) &= (s - \lambda_1^*)(s - \lambda_2^*)\cdots(s - \lambda_n^*) \\ &= s^n + a_1^* s^{n-1} + \cdots + a_{n-1}^* s + a_n^* \end{aligned} \tag{6.11}$$

5) 列出方程组：

$$a_i(\boldsymbol{K}) = a_i^* \quad (i = 0, 1, \cdots, n-1) \tag{6.12}$$

其中解 $\boldsymbol{K} = [k_1 \quad k_2 \quad \cdots \quad k_n]$，即为反馈增益矩阵。

例 6.4　设被控系统的状态方程为

$$\begin{bmatrix} \dot{x}_1 \\ \dot{x}_2 \end{bmatrix} = \begin{bmatrix} 2 & 1 \\ -1 & 1 \end{bmatrix} \begin{bmatrix} x_1 \\ x_2 \end{bmatrix} + \begin{bmatrix} 1 \\ 2 \end{bmatrix} u$$

试用状态反馈使闭环极点配置在 -1 和 -2 处。

解　因为

$$\operatorname{rank}\begin{bmatrix} \boldsymbol{b} & \boldsymbol{Ab} \end{bmatrix} = \operatorname{rank}\begin{bmatrix} 1 & 4 \\ 2 & 1 \end{bmatrix} = 2 = n$$

所以原系统是完全能控的，通过状态反馈可以实现任意的极点配置。引入状态反馈 $u = v - \boldsymbol{Kx}$，设 $\boldsymbol{K} = [k_1 \quad k_2]$，则状态反馈闭环系统的特征多项式为

$$\begin{aligned} |s\boldsymbol{I} - (\boldsymbol{A} - \boldsymbol{bK})| &= \begin{vmatrix} s - 2 + k_1 & -1 + k_2 \\ 1 + 2k_1 & s + 2k_2 - 1 \end{vmatrix} \\ &= s^2 + (k_1 + 2k_2 - 3)s + (k_1 - 2)(2k_2 - 1) - \\ &\quad (2k_1 + 1)(k_2 - 1) \end{aligned}$$

期望的特征多项式为

$$(s+1)(s+2) = s^2 + 3s + 2$$

比较对应项系数，可得

$$\boldsymbol{K} = \begin{bmatrix} k_1 & k_2 \end{bmatrix} = \begin{bmatrix} 4 & 1 \end{bmatrix}$$

经典控制中采用输出反馈方案，由于其可调参数有限，只能影响特征方程的部分系数，比如根轨迹法仅能在根轨迹上选择极点，它们往往做不到任意配置极点；而状态反馈的待选参数多，如果系统能控，特征方程的全部 n 个系数都可独立任意设置，这样便获得了任意配置闭环极点的效果。一般 $\boldsymbol{K}$ 矩阵中元素值越大，闭环极点离虚轴越远，频带越宽，响应速度越快，但稳态抗干扰能力就越差。

例 6.5(在工程设计中应用) 设被控对象的传递函数为

$$G(s)=\frac{1}{s^2-3s+1} \tag{6.13}$$

试在系统的能控标准型下，求状态反馈，使闭环系统满足如下性能：超调量 $\sigma_{\mathrm{p}}\% \leqslant 5\%$，峰值时间 $t_{\mathrm{p}} \leqslant 0.44\ \mathrm{s}$，阻尼振荡频率 $\omega_{\mathrm{d}} \leqslant 10$ 。

解 1) 由系统的传递函数，求出系统的能控标准型状态空间模型为

$$\dot{\boldsymbol{x}}=\begin{bmatrix} 0 & 1 \\ -1 & 3 \end{bmatrix}\boldsymbol{x}+\begin{bmatrix} 0 \\ 1 \end{bmatrix}u,\ y=[1 \quad 0]\boldsymbol{x} \tag{6.14}$$

2) 计算被控对象的特征多项式为

$$D(s)=s^2-3s+1 \tag{6.15}$$

可见，原系统为二阶不稳定系统。经状态反馈后，其闭环系统仍为二阶，但根据要求应变为稳定。由于 $\sigma_{\mathrm{p}}=\mathrm{e}^{-\xi\pi/\sqrt{1-\xi^2}}$，系统性能指标由 ξ、ω_{n} 或由极点所确定。

引入状态反馈 $u=v-\boldsymbol{K}\boldsymbol{x}$，设 $\boldsymbol{K}=[k_1 \quad k_2]$。设所期望的闭环特征多项式为

$$D^*(s)=s^2+2\xi\omega_{\mathrm{n}}s+\omega_{\mathrm{n}}^2 \tag{6.16}$$

为了满足所给定的性能指标:

$$\begin{cases} \sigma_{\mathrm{p}}\%=\mathrm{e}^{-\xi\pi/\sqrt{1-\xi^2}} \leqslant 5\% \\ t_{\mathrm{p}}=\dfrac{\pi}{\omega_{\mathrm{d}}}=\dfrac{\pi}{\omega_{\mathrm{n}}\sqrt{1-\xi^2}} \leqslant 0.44\ \mathrm{s} \\ \omega_{\mathrm{d}} \leqslant 10 \end{cases} \tag{6.17}$$

当 $\xi=1/\sqrt{2}=0.707$ 且 $\omega_{\mathrm{n}}=10$ 时，满足上述条件。故闭环系统的特征多项式为

$$D^*(s)=s^2+2\xi\omega_{\mathrm{n}}s+\omega_{\mathrm{n}}^2=s^2+14.14s+100 \tag{6.18}$$

3) 比较系数可求得反馈增益为

$$\boldsymbol{K}=[k_1 \quad k_2]=[1-100 \quad -3-14.14]=[-99 \quad -17.14] \tag{6.19}$$

故所求状态反馈为

$$u=[-99 \quad -17.14]\boldsymbol{x}+v \tag{6.20}$$

由此可见，原系统的极点为 $s_1=2.6$、$s_2=0.4$，经极点配置后，闭环系统的极点变为 $s_1=-7.07+\mathrm{j}7.07$、$s_2=-7.07-\mathrm{j}7.07$。系统变为渐近稳定，且满足时域指标。

6.2.2 采用输出反馈

定理 6.6 对完全能控的单输入单输出系统式 (6.9)，不能采用输出到输入端线性反馈来实现闭环系统极点的任意配置。

证明 引入静态输出反馈控制律 $u = v - fy$ 后，闭环系统为

$$\Sigma_F \begin{cases} \dot{\boldsymbol{x}} & = (\boldsymbol{A} - \boldsymbol{b}f\boldsymbol{c})\boldsymbol{x} + \boldsymbol{b}v \\ y & = \boldsymbol{c}\boldsymbol{x} \end{cases} \tag{6.21}$$

其中，f 为输出反馈常数。闭环系统的传递函数为

$$\varPhi_{\mathrm{o}}(s) = \boldsymbol{c}\big(s\boldsymbol{I} - (\boldsymbol{A} - \boldsymbol{b}f\boldsymbol{c})\big)^{-1}\boldsymbol{b} = \frac{\varPhi(s)}{1 + f\varPhi(s)} \tag{6.22}$$

式中，$\varPhi(s)$ 为受控系统式 (6.9) 的传递函数。

闭环根轨迹方程为 $f\varPhi(s) = -1$；当 $\varPhi(s)$ 已知时，以 $f = 0 \sim \infty$ 为参变量，可求得闭环系统的一组根轨迹。显然，无论 f 如何变化，闭环特征值也只能沿根轨迹的方向移动，而不能落在那些不属于根轨迹的期望极点位置上。因此，这种方式不能任意配置闭环极点。证毕。

有文献指出，对于完全能控能观的系统式 (6.1)，当采用式 (6.4) 的静态输出反馈方式时，可对闭环特征值的 n^* 个极点进行任意配置，其中 $n^* = \min(n, m + p - 1)$。

不能任意配置极点，是这种静态输出反馈的基本弱点。为了克服这个弱点，可以在使用静态输出反馈控制时，在主通道上附加引入“补偿器”，这就是经典控制理论的串联校正网络方法。通过适当选取补偿器的结构和参数，增加系统的开环零极点来改变根轨迹走向，也可以做到对闭环系统极点进行任意配置，但这种策略将使系统的维数增加。在现代控制理论中，6.5.3 节将介绍一种基于状态观测器的动态输出反馈控制方法。

6.2.3 镇定问题

镇定问题是一种特殊的闭环极点配置问题。

定义 6.7 若被控系统通过状态反馈能使其闭环极点均具有负实部，即闭环系统渐近稳定，则称系统是状态反馈**可镇定**的。

注意到，镇定问题只要求闭环系统渐近稳定，并没有要求通过状态反馈实现极点任意配置。显然，能控的非渐近稳定系统可通过状态反馈改变闭环极点实现镇定。如果系统不能控，能否实现镇定？由于状态反馈不改变系统能控性，可得到如下定理。

定理 6.8 线性定常系统采用状态反馈可镇定的充要条件是其不能控子系统为渐近稳定系统。

例 6.9 已知系统的状态方程为

$$\dot{\boldsymbol{x}} = \begin{bmatrix} 1 & 0 & 0 \\ 0 & 2 & 0 \\ 0 & 0 & -5 \end{bmatrix} \boldsymbol{x} + \begin{bmatrix} 1 \\ 1 \\ 0 \end{bmatrix} u$$

试利用状态反馈来镇定系统。

解 原系统为对角标准型，特征值分别为 1、2、−5。系统有两个特征值为正，故系统不稳定。利用秩判据可得，系统为不能控的。不能控子系统特征值为 −5，符合可镇定条件。故原系统可用状态反馈实现镇定，镇定后极点设为 $s_{1,2}=-2\pm \mathrm{j}2$。能控子系统方程为

$$\dot{\boldsymbol{x}}_{\mathrm{c}}=\boldsymbol{A}_{\mathrm{c}}\boldsymbol{x}_{\mathrm{c}}+\boldsymbol{b}_{\mathrm{c}}u=\begin{bmatrix}1&0\\0&2\end{bmatrix}\boldsymbol{x}_{\mathrm{c}}+\begin{bmatrix}1\\1\end{bmatrix}u$$

引入状态反馈 $u=v-\boldsymbol{K}_{\mathrm{c}}\boldsymbol{x}_{\mathrm{c}}$，设 $\boldsymbol{K}_{\mathrm{c}}=[k_1\quad k_2]$。

期望的特征多项式为

$$(s+2+\mathrm{j}2)(s+2-\mathrm{j}2)=s^2+4s+8$$

状态反馈系统特征方程为

$$\det(s\boldsymbol{I}-(\boldsymbol{A}_{\mathrm{c}}-\boldsymbol{b}_{\mathrm{c}}\boldsymbol{K}_{\mathrm{c}}))=s^2+(k_1+k_2-3)\,s+2-2k_1-k_2=0$$

比较对应项系数，可得

$$\boldsymbol{K}_{\mathrm{c}}=[k_1\quad k_2]=[-13\quad 20]$$

特征值为 −5 的系统无须配置，所以原系统的状态反馈矩阵可写为

$$\boldsymbol{K}=[\boldsymbol{K}_{\mathrm{c}}\quad 0]=[-13\quad 20\quad 0]$$

6.3 饱和控制器设计

采用状态反馈式 (6.2) 或输出反馈式 (6.4) 得到的控制器信号 $\boldsymbol{u}$ 可能会达到很大的值，然而实际物理系统的执行器工作的范围通常是有限制的。例如，工程中广泛应用的放大器电路工作的线性区间是有限的、电机的转速和力矩只能在一定的范围内变化、舵机的旋转幅度和速率不能超过一定的限度等。几乎可以说，任何物理系统的执行器都是受约束的。本节主要介绍如何设计线性定常系统的状态反馈饱和控制器。

考虑如下饱和线性系统：

$$\dot{\boldsymbol{x}}=\boldsymbol{A}\boldsymbol{x}+\boldsymbol{B}\mathrm{sat}(\boldsymbol{u}) \tag{6.23}$$

式中，$\boldsymbol{x}\in\mathbb{R}^n$ 是系统状态变量；$\boldsymbol{u}\in\mathbb{R}^m$ 是系统控制变量；$\mathrm{sat}(\cdot)$ 表示非线性饱和函数，定义如下

$$\mathrm{sat}(\boldsymbol{u}(t))=\begin{cases}-\boldsymbol{u}_{\max} & 如果\ \ \boldsymbol{u}(t)<-\boldsymbol{u}_{\max}\\ \boldsymbol{u}(t) & 如果\ \ -\boldsymbol{u}_{\max}\leqslant\boldsymbol{u}(t)\leqslant\boldsymbol{u}_{\max}\\ \boldsymbol{u}_{\max} & 如果\ \ \boldsymbol{u}_{\max}<\boldsymbol{u}(t)\end{cases} \tag{6.24}$$

式中，$\boldsymbol{u}_{\max}$ 表示在对称饱和下的控制器饱和值。

按照某个设计指标 (例如极点配置或者二次型最优控制)，设计状态反馈控制 $\boldsymbol{u}(t)=\boldsymbol{K}\boldsymbol{x}(t)$。令 $\boldsymbol{q}=\boldsymbol{u}-\mathrm{sat}(\boldsymbol{u})$，则系统式 (6.23) 可重写为如下形式：

$$\dot{\boldsymbol{x}} = \boldsymbol{A}\boldsymbol{x} + \boldsymbol{B}\boldsymbol{u} - \boldsymbol{B}\boldsymbol{q} = (\boldsymbol{A} + \boldsymbol{B}\boldsymbol{K})\boldsymbol{x} - \boldsymbol{B}\boldsymbol{q} \tag{6.25}$$

下面给出了饱和控制下线性系统渐近稳定性定理。

定理 6.10 如果存在正定实对称矩阵 $\boldsymbol{Q} > 0$、对角阵 $\boldsymbol{U} > 0$ 以及矩阵 $\boldsymbol{Y}$，使得下列 LMI 条件成立：

$$\begin{bmatrix} \boldsymbol{A}\boldsymbol{Q} + \boldsymbol{Q}\boldsymbol{A}^{\mathrm{T}} + \boldsymbol{B}\boldsymbol{Y} + \boldsymbol{Y}^{\mathrm{T}}\boldsymbol{B}^{\mathrm{T}} & \boldsymbol{Y}^{\mathrm{T}} - \boldsymbol{B}\boldsymbol{U} \\ \boldsymbol{Y} - \boldsymbol{U}\boldsymbol{B}^{\mathrm{T}} & -2\boldsymbol{U} \end{bmatrix} < 0 \tag{6.26}$$

则系统式 (6.23) 在状态反馈控制器 $\boldsymbol{u}(t) = \boldsymbol{K}\boldsymbol{x}(t)$ 作用下是大范围渐近稳定的。相应地，控制器增益矩阵由下列式子确定：$\boldsymbol{K} = \boldsymbol{Y}\boldsymbol{Q}^{-1}$。

证明 利用 $\boldsymbol{q}$ 和 $\boldsymbol{u}$ 的关系，对任意对角阵 $\boldsymbol{W} > 0$ 有不等式 $\boldsymbol{q}^{\mathrm{T}}\boldsymbol{W}(\boldsymbol{K}\boldsymbol{x} - \boldsymbol{q}) \geqslant 0$ 成立[⊖]。考虑 Lyapunov 函数 $V(\boldsymbol{x}) = \boldsymbol{x}^{\mathrm{T}}\boldsymbol{P}\boldsymbol{x}$，沿系统式 (6.25) 的运动轨迹对 V 求导，并利用不等式 $\boldsymbol{q}^{\mathrm{T}}\boldsymbol{W}(\boldsymbol{K}\boldsymbol{x} - \boldsymbol{q}) \geqslant 0$，得

$$\begin{aligned} \dot{V} &= \boldsymbol{x}^{\mathrm{T}}(\boldsymbol{P}(\boldsymbol{A} + \boldsymbol{B}\boldsymbol{K}) + (\boldsymbol{A} + \boldsymbol{B}\boldsymbol{K})^{\mathrm{T}}\boldsymbol{P})\boldsymbol{x} - 2\boldsymbol{x}^{\mathrm{T}}\boldsymbol{P}\boldsymbol{B}\boldsymbol{q} \\ &\leqslant \boldsymbol{x}^{\mathrm{T}}(\boldsymbol{P}(\boldsymbol{A} + \boldsymbol{B}\boldsymbol{K}) + (\boldsymbol{A} + \boldsymbol{B}\boldsymbol{K})^{\mathrm{T}}\boldsymbol{P})\boldsymbol{x} - 2\boldsymbol{x}^{\mathrm{T}}\boldsymbol{P}\boldsymbol{B}\boldsymbol{q} + \\ &\quad \boldsymbol{q}^{\mathrm{T}}\boldsymbol{W}\boldsymbol{K}\boldsymbol{x} + \boldsymbol{x}^{\mathrm{T}}\boldsymbol{K}^{\mathrm{T}}\boldsymbol{W}\boldsymbol{q} - 2\boldsymbol{q}^{\mathrm{T}}\boldsymbol{W}\boldsymbol{q} \\ &= \boldsymbol{\xi}^{\mathrm{T}}\boldsymbol{\Sigma}\boldsymbol{\xi} \end{aligned} \tag{6.27}$$

其中，$\boldsymbol{\xi} = [\boldsymbol{x}\ \boldsymbol{q}]^{\mathrm{T}}$，

$$\boldsymbol{\Sigma} = \begin{bmatrix} \boldsymbol{P}(\boldsymbol{A} + \boldsymbol{B}\boldsymbol{K}) + (\boldsymbol{A} + \boldsymbol{B}\boldsymbol{K})^{\mathrm{T}}\boldsymbol{P} & \boldsymbol{K}^{\mathrm{T}}\boldsymbol{W} - \boldsymbol{P}\boldsymbol{B} \\ \boldsymbol{W}\boldsymbol{K} - \boldsymbol{B}^{\mathrm{T}}\boldsymbol{P} & -2\boldsymbol{W} \end{bmatrix}$$

根据 Lyapunov 稳定性，只要 $\boldsymbol{\Sigma} < 0$ [即 $\dot{V}(\boldsymbol{x})$ 负定]，则系统是大范围渐近稳定的。下面证明 $\boldsymbol{\Sigma} < 0$ 等价于不等式式 (6.26) 。在线性矩阵不等式 $\boldsymbol{\Sigma} < 0$ 两边同时左、右乘 $\mathrm{diag}(\boldsymbol{P}^{-1}, \boldsymbol{W}^{-1})$，并令 $\boldsymbol{Q} = \boldsymbol{P}^{-1}$，$\boldsymbol{U} = \boldsymbol{W}^{-1}$，$\boldsymbol{Y} = \boldsymbol{K}\boldsymbol{Q}$，直接可以推出不等式式 (6.26) 。证毕。

例 6.11(单链机械臂) 考虑例 2.16 中的单链机械臂系统，其线性化后的连续时间状态空间模型为式 (2.86)，若取系统参数值为 $M = 1\ \mathrm{kg}, J = 1\ \mathrm{kg \cdot m^2}, g = 9.8\ \mathrm{m/s^2}, L = 1\ \mathrm{m}$，以及 $k = 1\ \mathrm{kg \cdot m^2/s}$，则系统式 (2.86) 状态方程可重写为

$$\dot{\boldsymbol{x}}(t) = \boldsymbol{A}\boldsymbol{x}(t) + \boldsymbol{B}u(t) \tag{6.28}$$

其中，

$$\boldsymbol{A} = \begin{bmatrix} 0 & 1 \\ -9.8 & -1 \end{bmatrix}, \boldsymbol{B} = \begin{bmatrix} 0 \\ 1 \end{bmatrix}$$

⊖ 可查阅 Tarbouriech S, et al. Stability and Stabilization of Linear Systems With Saturating Actuators. Springer-Verlag London, 2011, pp. 127.

假设系统控制器饱和上界为 $u_{\max} = 0.3$。仿真实验中，通过 MATLAB LMI 工具箱求解定理 6.10 中式 (6.26)，可以得到一个可行解：

$$\begin{aligned}
&\boldsymbol{Y} = \begin{bmatrix} 0.0425 & 0.8846 \end{bmatrix} \\
&\boldsymbol{Q} = \begin{bmatrix} 0.9233 & -0.6244 \\ -0.6244 & 0.7846 \end{bmatrix} > 0 \\
&U = 0.8305
\end{aligned} \tag{6.29}$$

然后，利用定义 $\boldsymbol{P} = \boldsymbol{Q}^{-1}$，$\boldsymbol{K} = \boldsymbol{Y}\boldsymbol{Q}^{-1}$，可得

$$\begin{aligned}
&\boldsymbol{P} = \begin{bmatrix} 2.3457 & 1.8668 \\ 1.8668 & 2.7601 \end{bmatrix} > 0 \\
&\boldsymbol{K} = \begin{bmatrix} 1.7510 & 2.5208 \end{bmatrix}
\end{aligned} \tag{6.30}$$

于是，利用所提出的饱和控制策略，并结合上面的控制器增益 $\boldsymbol{K}$，可以得到闭环系统

$$\dot{\boldsymbol{x}} = \boldsymbol{A}\boldsymbol{x} + \boldsymbol{B}\mathrm{sat}(\boldsymbol{K}\boldsymbol{x}) \tag{6.31}$$

考虑系统状态初始条件为 $\begin{bmatrix} \dfrac{\pi}{5} & -\dfrac{\pi}{4} \end{bmatrix}^{\mathrm{T}}$，初始控制输入为 0。通过仿真实验，图 6.2 和图 6.3 显示了机械臂系统状态 $\boldsymbol{x}$ 和控制输入 u 的时间响应曲线。由图 6.3 可见，控制输入在初始 0.1 s 内确定被饱和限幅在 ±0.3 范围内，仿真结果表明了所提出的饱和控制策略的可行性。

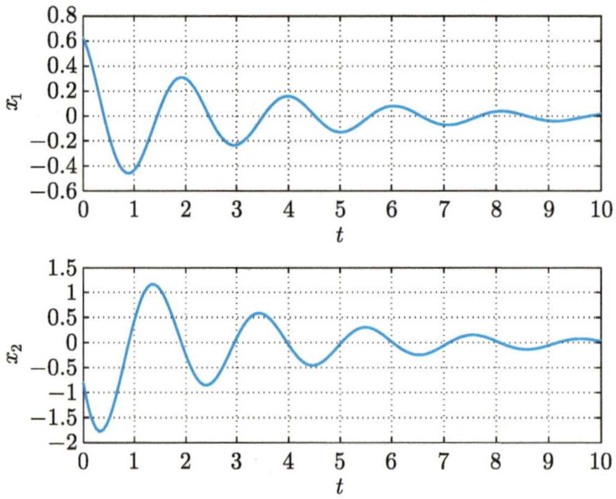

图 6.2　系统状态的时间响应曲线

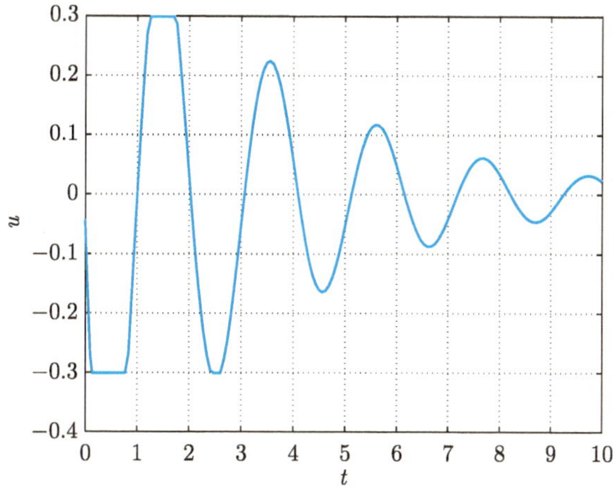

图 6.3　控制输入的时间响应曲线

6.4　跟踪控制器设计

对于一个能控的状态方程，由于可以完全自由地确定闭环特征值，状态反馈能影响瞬态响应的特性。前面已经知道特征值配置是如何影响瞬态响应的，这一节将研究如何通过积分环节来实现阶跃参考输入所需要的稳定状态跟踪。

首先来分析一个例子。

例 6.12　已知被控对象的状态空间模型为

$$\dot{\boldsymbol{x}} = \begin{bmatrix} 0 & 1 \\ -3 & -4 \end{bmatrix}\boldsymbol{x} + \begin{bmatrix} 0 \\ 1 \end{bmatrix}u$$

$$y = [3 \quad 2]\boldsymbol{x}$$

设计状态反馈控制器 $u = v - \boldsymbol{Kx}$，使得闭环极点为 -4 和 -5，并讨论闭环系统的稳态性能。

解　由于给出的状态空间模型是能控标准型，所以系统是能控的。根据所期望的闭环极点是 -4 和 -5，可得期望的闭环特征多项式为

$$\Delta(s) = s^2 + 9s + 20$$

因此，所要设计的状态反馈增益矩阵为

$$\boldsymbol{K} = \begin{bmatrix} 20-3 & 9-4 \end{bmatrix} = \begin{bmatrix} 17 & 5 \end{bmatrix}$$

相应的闭环系统状态矩阵为

$$\boldsymbol{A} - \boldsymbol{BK} = \begin{bmatrix} 0 & 1 \\ -20 & -9 \end{bmatrix}$$

闭环传递函数为

$$\varPhi(s) = \boldsymbol{C}(s\boldsymbol{I} - (\boldsymbol{A} - \boldsymbol{BK}))^{-1}\boldsymbol{B} = \frac{2s+3}{s^2+9s+20}$$

当参考输入为单位阶跃 $1(t)$ 时，容易看到开环系统是稳定的，且开环传递函数为

$$G(s)=\boldsymbol{C}(s\boldsymbol{I}-\boldsymbol{A})^{-1}\boldsymbol{B}=\frac{2s+3}{s^2+4s+3}$$

开环系统的输出稳态值为

$$y_0(\infty)=\lim_{t\to\infty}y(t)=\lim_{s\to 0}sG(s)\frac{1}{s}=G(0)=\frac{3}{3}=1$$

因此，开环系统是无静差的。

引入状态反馈控制器 $u=v-\boldsymbol{Kx}$ 后，闭环系统极点为 -4 和 -5。然而，闭环系统的输出稳态值为

$$y_{\mathrm{c}}(\infty)=\lim_{t\to\infty}y(t)=\lim_{s\to 0}s\Phi(s)\frac{1}{s}=\Phi(0)=\frac{3}{20}$$

可以看出在单位阶跃信号输入下，闭环系统存在稳态误差。

上例的结果说明: 通过重新配置闭环系统的极点，尽管可以改善闭环系统的动态特性，但可能会使一个原来没有稳态误差的系统产生稳态误差。另外，实际系统的外部扰动也可能影响系统输出跟踪参考输入的效果。那么，如何设计控制器使得闭环系统不仅具有期望的过渡过程特性，而且在存在扰动的情况下，还能实现精确的跟踪控制？本节将针对具有外部阶跃扰动的线性定常系统，介绍一种能实现无静差跟踪阶跃参考输入信号的渐近跟踪调节器设计方法。

考虑如下状态空间模型描述的系统:

$$\begin{cases}\dot{\boldsymbol{x}}=\boldsymbol{Ax}+\boldsymbol{Bu}+\boldsymbol{d}\\ \boldsymbol{y}=\boldsymbol{Cx}\end{cases}$$

式中，$\boldsymbol{x}$ 是 n 维的状态向量；$\boldsymbol{u}$ 是 m 维的控制输入；$\boldsymbol{y}$ 是 p 维的测量输出；$\boldsymbol{d}$ 是 n 维的扰动输入；$\boldsymbol{A}$、$\boldsymbol{B}$ 和 $\boldsymbol{C}$ 是已知的适当维数常数矩阵。假定系统的参考输入是阶跃信号 $\boldsymbol{y}_r(t)=\boldsymbol{r}_0\cdot 1(t)$，$\boldsymbol{d}$ 是阶跃扰动 $\boldsymbol{d}(t)=\boldsymbol{d}_0\cdot 1(t)$，其中 $\boldsymbol{r}_0$ 和 $\boldsymbol{d}_0$ 是阶跃信号的幅值向量。

控制目标是在存在阶跃扰动 $\boldsymbol{d}(t)$ 的情况下，闭环系统的输出 $\boldsymbol{y}(t)$ 能很好地跟踪参考输入 $\boldsymbol{y}_r(t)$。

在经典控制理论中，用偏差的积分来抑制或消除单输入单输出系统的稳态误差，这样一种思想也可以推广到多输入多输出系统。为此，定义偏差向量

$$\boldsymbol{e}(t)=\boldsymbol{y}(t)-\boldsymbol{y}_r(t)$$

引入偏差向量的积分

$$\boldsymbol{q}(t)=\int_0^t\boldsymbol{e}(\tau)\mathrm{d}\tau$$

注意到 $\boldsymbol{q}(t)$ 和输出向量有相同的维数，它由 p 个积分器生成，即

$$\boldsymbol{q}^{\mathrm{T}}(t)=\begin{bmatrix}q_1(t) & q_2(t) & \cdots & q_p(t)\end{bmatrix}=\left[\int_0^t e_1(\tau)\mathrm{d}\tau\ \int_0^t e_2(\tau)\mathrm{d}\tau\ \cdots\ \int_0^t e_p(\tau)\mathrm{d}\tau\right]$$

每个积分器的输入是偏差向量的一个分量，则

$$\dot{\boldsymbol{q}}(t)=\boldsymbol{e}(t)=\boldsymbol{C}\boldsymbol{x}(t)-\boldsymbol{y}_r(t)$$

由于在控制回路中增加了 p 个积分器，增加了整个系统的动态特性。而 $\boldsymbol{q}$ 是这些积分器的输出，故可以通过将 $\boldsymbol{q}$ 作为附加状态向量，得到描述整个系统动态行为的状态空间模型为

$$\begin{cases}\begin{bmatrix}\dot{\boldsymbol{x}}\\ \dot{\boldsymbol{q}}\end{bmatrix}=\begin{bmatrix}\boldsymbol{A} & \boldsymbol{0}\\ \boldsymbol{C} & \boldsymbol{0}\end{bmatrix}\begin{bmatrix}\boldsymbol{x}\\ \boldsymbol{q}\end{bmatrix}+\begin{bmatrix}\boldsymbol{B}\\ \boldsymbol{0}\end{bmatrix}\boldsymbol{u}+\begin{bmatrix}\boldsymbol{d}\\ -\boldsymbol{y}_r\end{bmatrix}\\ \boldsymbol{y}=\begin{bmatrix}\boldsymbol{C} & \boldsymbol{0}\end{bmatrix}\begin{bmatrix}\boldsymbol{x}\\ \boldsymbol{q}\end{bmatrix}\end{cases}\tag{6.32}$$

新的状态向量是 $n+p$ 维的，上式称为增广系统的状态空间模型。

对由式 (6.32) 描述的增广系统，若能设计一个状态反馈控制器

$$\boldsymbol{u}=-\begin{bmatrix}\boldsymbol{K}_1 & \boldsymbol{K}_2\end{bmatrix}\begin{bmatrix}\boldsymbol{x}\\ \boldsymbol{q}\end{bmatrix}=-\boldsymbol{K}_1\boldsymbol{x}-\boldsymbol{K}_2\boldsymbol{q}\tag{6.33}$$

使得闭环系统

$$\begin{bmatrix}\dot{\boldsymbol{x}}\\ \dot{\boldsymbol{q}}\end{bmatrix}=\begin{bmatrix}\boldsymbol{A}-\boldsymbol{B}\boldsymbol{K}_1 & -\boldsymbol{B}\boldsymbol{K}_2\\ \boldsymbol{C} & \boldsymbol{0}\end{bmatrix}\begin{bmatrix}\boldsymbol{x}\\ \boldsymbol{q}\end{bmatrix}+\begin{bmatrix}\boldsymbol{d}\\ -\boldsymbol{y}_r\end{bmatrix}\tag{6.34}$$

是渐近稳定的，即矩阵

$$\begin{bmatrix}\boldsymbol{A}-\boldsymbol{B}\boldsymbol{K}_1 & -\boldsymbol{B}\boldsymbol{K}_2\\ \boldsymbol{C} & \boldsymbol{0}\end{bmatrix}$$

的所有特征值均在左半开复平面中，从而该矩阵也是非奇异的。

于是，由闭环系统式 (6.34) 可得

$$\begin{bmatrix}\boldsymbol{X}(s)\\ \boldsymbol{Q}(s)\end{bmatrix}=\left(s\boldsymbol{I}-\begin{bmatrix}\boldsymbol{A}-\boldsymbol{B}\boldsymbol{K}_1 & -\boldsymbol{B}\boldsymbol{K}_2\\ \boldsymbol{C} & \boldsymbol{0}\end{bmatrix}\right)^{-1}\begin{bmatrix}\boldsymbol{D}(s)\\ -\boldsymbol{Y}_r(s)\end{bmatrix}$$

由于参考输入和外部扰动都是阶跃信号，所以由 Laplace 变换的终值定理，可得

$$\begin{aligned}\lim_{t\to\infty}\begin{bmatrix}\boldsymbol{x}(t)\\ \boldsymbol{q}(t)\end{bmatrix}&=\lim_{s\to 0}s\begin{bmatrix}\boldsymbol{X}(s)\\ \boldsymbol{Q}(s)\end{bmatrix}\\ &=\lim_{s\to 0}s\left(s\boldsymbol{I}-\begin{bmatrix}\boldsymbol{A}-\boldsymbol{B}\boldsymbol{K}_1 & -\boldsymbol{B}\boldsymbol{K}_2\\ \boldsymbol{C} & \boldsymbol{0}\end{bmatrix}\right)^{-1}\begin{bmatrix}\boldsymbol{d}_0/s\\ -\boldsymbol{r}_0/s\end{bmatrix}\\ &=-\begin{bmatrix}\boldsymbol{A}-\boldsymbol{B}\boldsymbol{K}_1 & -\boldsymbol{B}\boldsymbol{K}_2\\ \boldsymbol{C} & \boldsymbol{0}\end{bmatrix}^{-1}\begin{bmatrix}\boldsymbol{d}_0\\ -\boldsymbol{r}_0\end{bmatrix}\end{aligned}$$

即 $\boldsymbol{x}(t)$ 和 $\boldsymbol{q}(t)$ 趋向于常值向量，这表明 $\dot{\boldsymbol{x}}(t)$ 和 $\dot{\boldsymbol{q}}(t)$ 都必将趋向于零。又因 $\dot{\boldsymbol{q}}(t)=$

$\boldsymbol{y}(t)-\boldsymbol{y}_r(t)$，故

$$\lim_{t\to\infty}[\boldsymbol{y}(t)-\boldsymbol{y}_r(t)]=\boldsymbol{0}$$

从而实现精确的跟踪控制。

由式 (6.33) 可知，增广系统的状态反馈控制器可以写为

$$\boldsymbol{u}=-\boldsymbol{K}_1\boldsymbol{x}-\boldsymbol{K}_2\int_0^t \boldsymbol{e}(\tau)\mathrm{d}\tau$$

因此，这是一个由被控对象的状态反馈和偏差向量的积分所组成的复合控制，相当于一个比例积分控制器。这样一个反馈控制系统的结构如图 6.4 所示。

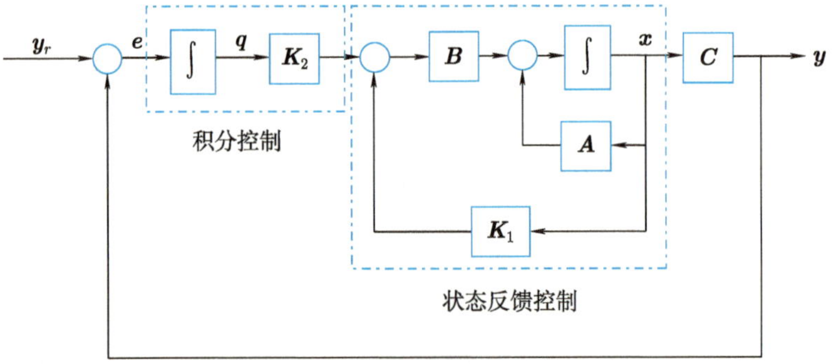

图 6.4 增广系统的状态反馈

以上分析说明了只要对增广系统设计一个稳定状态反馈控制器，就可以保证系统输出跟踪阶跃参考输入，而且没有稳态误差。进一步，如果还要使得闭环系统具有一定的动态特性，则可以通过适当配置增广系统的闭环极点来实现，但这要求增广系统是状态完全能控的。

例 6.13 (单链机械臂) 考虑例 2.16 中的单链机械臂系统，其线性化后连续时间状态空间模型为

$$\begin{cases}\dot{\boldsymbol{x}}=\begin{bmatrix}0 & 1\\ -5 & -6\end{bmatrix}\boldsymbol{x}+\begin{bmatrix}0\\1\end{bmatrix}u\\ y=[1\quad 0]\boldsymbol{x}\end{cases}\tag{6.35}$$

控制目标为：要求机械臂转动到 10 rad 位置保持不动，即系统输出跟踪一个幅值为 10 的阶跃输入信号，且保证系统渐近稳定。设计的系统要求具有合理的响应速度和阻尼 (调节时间为 4 ~ 5s，最大超调为 17)。

解 利用本节介绍的方法来设计控制系统。令相应的增广系统状态空间模型为

$$\begin{cases}\begin{bmatrix}\dot{\boldsymbol{x}}\\ \dot{q}\end{bmatrix}=\begin{bmatrix}0 & 1 & 0\\ -5 & -6 & 0\\ 1 & 0 & 0\end{bmatrix}\begin{bmatrix}\boldsymbol{x}\\ q\end{bmatrix}+\begin{bmatrix}0\\1\\0\end{bmatrix}u+\begin{bmatrix}0\\0\\-y_r\end{bmatrix}\\ y=\begin{bmatrix}1 & 0 & 0\end{bmatrix}\begin{bmatrix}\boldsymbol{x}\\ q\end{bmatrix}\end{cases}$$

式中，$y_r=10$；$q(t)=\int_0^t (y(\tau)-y_r)\mathrm{d}\tau$。

采用极点配置方法，基于以上模型来设计增广系统的极点配置状态反馈控制器

$$u=-\boldsymbol{K}_1\boldsymbol{x}-K_2q$$

根据给定的性能要求，选择闭环极点

$$\lambda_1=-1+\mathrm{j}\sqrt{3},\quad \lambda_2=-1-\mathrm{j}\sqrt{3},\quad \lambda_3=-5$$

通过增广系统的能控性矩阵，容易验证增广系统是能控的。因此，可以对增广系统进行任意极点配置，可以得到控制器为

$$u=-[9\quad 1]\boldsymbol{x}-20\int_0^t (y(\tau)-10)\mathrm{d}\tau$$

图 6.5 为闭环系统输出的状态响应曲线，展示了原系统实施该反馈控制律后的输出信号效果，由图可见，机械臂的角度很好地跟踪了期望阶跃信号。

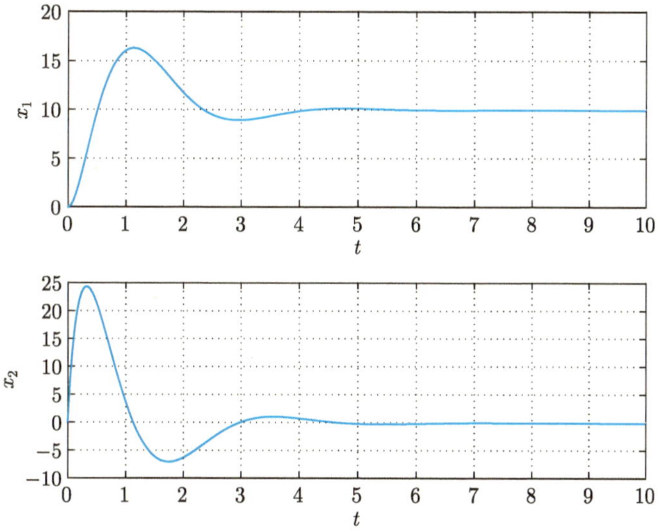

图 6.5　闭环系统输出的状态响应曲线

6.5　状态观测器的设计

前面关于利用状态反馈进行极点配置的讨论中，都隐含着这样的假设，即状态变量全部能够被测量来供所需的反馈之用。然而，因为描述内部运动特性的状态变量有时并不是可以直接测量的，更甚者有时并没有实际物理量与之直接相对应，而是一种抽象的数学变量。这些情况的出现导致了状态反馈的物理实现成为不可能或极为困难的事情。为了解决这个问题，需要设计一种装置，称为**状态估计器**或**状态观测器**。

一种较具一般性的观测器设计方法，首先是由龙伯格 (Luenberger) 提出的。这种观

测器运用于系统被测量的物理量未受到噪声污染的情况，即所谓确定性系统的情况。另一种观测器是所谓卡尔曼滤波器，它适用于被测量的物理量受到了噪声污染的情况，这就是通常所说的最优估计或最佳滤波问题。本节只介绍无噪声干扰下，单输入单输出系统状态观测器的设计原理和方法。

6.5.1 全维观测器的设计

由估计状态变量重新构造的一个物理可实现的模拟动力学系统称为状态观测器。根据维数的不同，状态观测器可以分为两类: 一类是状态观测器的维数和受控系统的维数相同，该类状态观测器称为全维状态观测器；另外一类是状态观测器的维数小于受控系统的维数，该类状态观测器称为降维状态观测器。本节着重讲解全维状态观测器的设计。

考虑单输入单输出线性定常连续系统，其状态空间模型为

$$\begin{cases} \dot{\boldsymbol{x}} = \boldsymbol{A}\boldsymbol{x} + \boldsymbol{B}\boldsymbol{u} \\ \boldsymbol{y} = \boldsymbol{C}\boldsymbol{x} \end{cases} \tag{6.36}$$

解决系统状态重构问题的直观想法就是按原系统的结构，构造一个完全相同的系统模型，其形式如下

$$\hat{\Sigma}_0 \begin{cases} \dot{\hat{\boldsymbol{x}}} = \boldsymbol{A}\hat{\boldsymbol{x}} + \boldsymbol{B}\boldsymbol{u} \\ \hat{\boldsymbol{y}} = \boldsymbol{C}\hat{\boldsymbol{x}} \end{cases} \tag{6.37}$$

式中，$\hat{\boldsymbol{x}}$ 称为原系统式(6.36)的重构状态，也就是 $\boldsymbol{x}$ 的估计值。由于该系统是人为构造的，因此这个系统的状态变量 $\hat{\boldsymbol{x}}$ 全部可以测量。

定义估计误差为 $\tilde{\boldsymbol{x}} = \boldsymbol{x} - \hat{\boldsymbol{x}}$。于是，用式 (6.36) 中的状态方程减去式 (6.37) 中的状态方程，可得到

$$\dot{\tilde{\boldsymbol{x}}} = \boldsymbol{A}\tilde{\boldsymbol{x}} \tag{6.38}$$

其解为 $\tilde{\boldsymbol{x}} = \mathrm{e}^{\boldsymbol{A}t}(\boldsymbol{x}(0) - \bar{\boldsymbol{x}}(0))$。

为了保证 $\hat{\boldsymbol{x}}$ 收敛到 $\boldsymbol{x}$,必须要求 $\boldsymbol{A}$ 是稳定矩阵,而这往往不成立。此外,若 $\boldsymbol{x}(0) = \hat{\boldsymbol{x}}(0)$,则有 $\boldsymbol{x}(t) = \hat{\boldsymbol{x}}(t)$，即估计值与实际值相等。然而，在一般情况下，要完全确保任意时刻的初始条件相同，是极困难的。此时，开环状态观测器结构如图 6.6 所示，由图也可以看到开环状态观测器没有用到 $\boldsymbol{y}(t)$。因此，为了消除状态误差，可以在此基础上引入误差 $(\boldsymbol{x} - \hat{\boldsymbol{x}})$ 的反馈，但因为 $(\boldsymbol{x} - \hat{\boldsymbol{x}})$ 不能直接测量，而 $\boldsymbol{y} - \hat{\boldsymbol{y}} = \boldsymbol{C}(\boldsymbol{x} - \hat{\boldsymbol{x}})$ 能够测量，故引入偏差 $(\boldsymbol{y} - \hat{\boldsymbol{y}})$ 的反馈，并经输出反馈增益矩阵 $\boldsymbol{L}$ 反馈到所构造系统中积分器的输入端，从而组成闭环系统，全维状态观测器结构如图 6.7 所示。图中用来实现状态重构的系统称为 Luenberger 状态观测器，$\boldsymbol{L}$ 称为状态观测器的反馈矩阵。

按以上思路构造状态观测器为

$$\begin{cases} \dot{\hat{\boldsymbol{x}}} = \boldsymbol{A}\hat{\boldsymbol{x}} + \boldsymbol{B}\boldsymbol{u} + \boldsymbol{L}(\boldsymbol{y} - \hat{\boldsymbol{y}}) \\ \hat{\boldsymbol{y}} = \boldsymbol{C}\hat{\boldsymbol{x}} \end{cases} \tag{6.39}$$

目的是配置状态观测器极点，提高其动态性能，使 $\tilde{\boldsymbol{x}}$ 尽快逼近零。

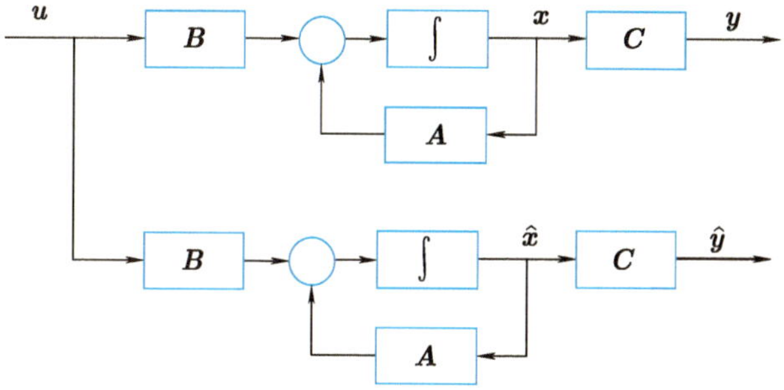

图 6.6　开环状态观测器结构图

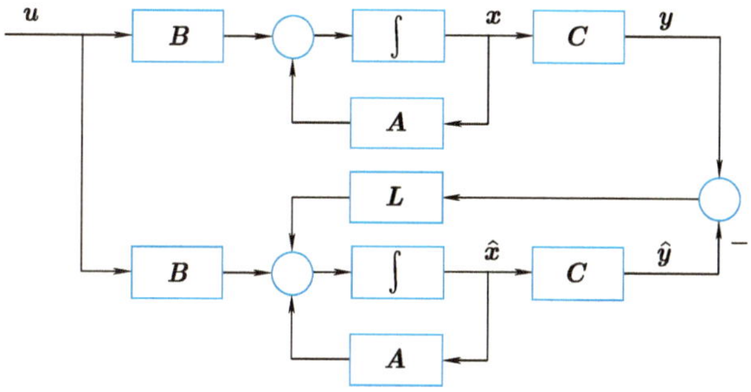

图 6.7　全维状态观测器结构图

于是，状态估计误差为

$$\dot{\tilde{\boldsymbol{x}}} = \boldsymbol{A}\boldsymbol{x} - \boldsymbol{A}\hat{\boldsymbol{x}} - \boldsymbol{L}(\boldsymbol{C}\boldsymbol{x} - \boldsymbol{C}\hat{\boldsymbol{x}}) = (\boldsymbol{A} - \boldsymbol{L}\boldsymbol{C})\tilde{\boldsymbol{x}} \tag{6.40}$$

其中，初始状态为 $\tilde{\boldsymbol{x}}(0) = \boldsymbol{x}(0) - \hat{\boldsymbol{x}}(0)$。

显然，只要选择合适的状态观测器，使其系数矩阵 $(\boldsymbol{A} - \boldsymbol{L}\boldsymbol{C})$ 的特征值均具有负实部，就能够让估计状态 $\hat{\boldsymbol{x}}$ 逐渐逼近实际状态 $\boldsymbol{x}$。通过上述讨论可知，实现系统状态的重构，关键在于这样的矩阵 $\boldsymbol{L}$ 是否存在以及如何适当地选择 $\boldsymbol{L}$。

定理 6.14　*系统的状态观测器存在的充要条件是，系统完全能观或者系统不能观的子系统的特征值具有负实部。*

6.5.2　状态观测器的极点配置

由全维状态观测器的状态方程式 (6.39) 可知，在受控系统和状态观测器的极点位置已经确定的情形下，状态观测器的主要设计任务就变为确定反馈矩阵 $\boldsymbol{L}$。如何保证 $(\boldsymbol{A} - \boldsymbol{L}\boldsymbol{C})$ 的特征值可以任意配置，其条件是什么？

定理 6.15　*系统式 (6.36) 的状态观测器式 (6.39) 可任意配置极点的充要条件是系统完全能观。*

类似于 6.2 节介绍的状态完全能控的单输入单输出系统运用状态反馈进行闭环极点配置的设计方法，下面介绍状态观测器的极点配置的待定系数法。

状态观测器的极点配置算法 (待定系数法)：

1) 判断系统的能观性。若系统完全能观，继续下一步；否则，系统无法极点任意配置，停止运算。

2) 设定状态观测器的 $n\times 1$ 增益矩阵 $\boldsymbol{L}=[l_1 \quad l_2 \quad \cdots \quad l_n]^{\mathrm{T}}$。

3) 引入状态观测器的特征多项式

$$D(s)=\det(s\boldsymbol{I}-\boldsymbol{A}+\boldsymbol{LC})=s^n+a_{n-1}(\boldsymbol{L})s^{n-1}+\cdots+a_1(\boldsymbol{L})s+a_0(\boldsymbol{L})$$

式中，$a_i(\boldsymbol{L})$ 为反馈矩阵 $\boldsymbol{L}$ 的函数。

4) 计算由期望状态观测器极点 $\{\lambda_1^*,\lambda_2^*,\cdots,\lambda_n^*\}$ 决定的特征多项式

$$\begin{aligned}D^*(s)&=(s-\lambda_1^*)(s-\lambda_2^*)\cdots(s-\lambda_n^*)\\&=s^n+a_1^*s^{n-1}+\cdots+a_{n-1}^*s+a_n^*\end{aligned}$$

5) 列出方程组

$$a_i(\boldsymbol{L})=a_i^* \quad (i=0,1,\cdots,n-1)$$

其中解 $\boldsymbol{L}=[l_1 \quad l_2 \quad \cdots \quad l_n]^{\mathrm{T}}$，即为观测增益矩阵。

6) 计算 $\boldsymbol{A}-\boldsymbol{LC}$，则所要设计的全维状态观测器为

$$\dot{\hat{\boldsymbol{x}}}=(\boldsymbol{A}-\boldsymbol{LC})\hat{\boldsymbol{x}}+\boldsymbol{Bu}+\boldsymbol{Ly}$$

例 6.16　考虑系统式 (6.36)，其中

$$\boldsymbol{A}=\begin{bmatrix}0 & 1\\ -1 & 0\end{bmatrix},\ \boldsymbol{B}=\begin{bmatrix}1\\ 0\end{bmatrix},\ \boldsymbol{C}=[0 \quad 1] \tag{6.41}$$

试设计全维状态观测器，将其极点配置在 −2, −2。

解　首先检验系统的能观性。计算能观性矩阵 $\boldsymbol{V}_{\mathrm{o}}$

$$\boldsymbol{V}_{\mathrm{o}}=\begin{bmatrix}\boldsymbol{C}\\ \boldsymbol{CA}\end{bmatrix}=\begin{bmatrix}0 & 1\\ -1 & 0\end{bmatrix} \tag{6.42}$$

显然，能观性矩阵是非奇异的，故系统是能观的。

设观测器增益矩阵 $\boldsymbol{L}=[l_1 \quad l_2]^{\mathrm{T}}$。全维观测器的系统矩阵为

$$\boldsymbol{A}-\boldsymbol{LC}=\begin{bmatrix}0 & 1\\ -1 & 0\end{bmatrix}-\begin{bmatrix}l_1\\ l_2\end{bmatrix}\begin{bmatrix}0 & 1\end{bmatrix}=\begin{bmatrix}0 & -l_1\\ -1 & -l_2\end{bmatrix}$$

观测器的特征方程为

$$\det(s\boldsymbol{I}-(\boldsymbol{A}-\boldsymbol{LC}))=s^2+l_2s+1-l_1$$

期望特征方程为

$$(s+2)^2 = s^2 + 4s + 4$$

由特征方程同幂系数相等可得 $l_1 = -3, l_2 = 4$。于是，所设计的全维状态观测器为

$$\dot{\hat{\boldsymbol{x}}} = (\boldsymbol{A} - \boldsymbol{L}\boldsymbol{C})\hat{\boldsymbol{x}} + \boldsymbol{B}\boldsymbol{u} + \boldsymbol{L}\boldsymbol{y}$$

其中，$\boldsymbol{L} = [-3 \quad 4]^{\mathrm{T}}$。

6.5.3　基于状态观测器的输出反馈控制

反馈是人们达到控制目标最有力的途径，几乎所有的实际控制系统都离不开反馈。反馈的过程是信息提取和信息利用的综合过程。由于实际物理条件的限制，并不是所有的系统状态都可以测量，因此需要恰当地选择系统的部分状态作为输出，并通过设计状态观测器来估计系统状态。理论上，输出反馈控制器的设计应该包括两个方面：第一，如何挖掘隐含在输出信号中的系统状态信息；第二，如何利用系统状态信息设计反馈控制率。前者主要和控制系统的能观性以及观测器设计有关，而后者主要与系统的能控性以及镇定性有关。

状态观测器解决了被控系统的状态重构问题，为系统实现状态反馈创造了条件。但它又带来两个问题：

1) 在状态反馈系统中，用状态估计值是否要重新计算状态反馈增益矩阵？

2) 引入状态观测器后，状态反馈部分是否会改变已经设计好的观测器的极点配置？

设被控系统能控能观，其状态空间模型为

$$\begin{cases} \dot{\boldsymbol{x}} = \boldsymbol{A}\boldsymbol{x} + \boldsymbol{B}\boldsymbol{u} \\ \boldsymbol{y} = \boldsymbol{C}\boldsymbol{x} \end{cases} \tag{6.43}$$

式中，$\boldsymbol{x}$、$\boldsymbol{u}$ 和 $\boldsymbol{y}$ 分别是系统的 n 维状态向量、m 维控制输入和 p 维测量输出；$\boldsymbol{A}$、$\boldsymbol{B}$ 和 $\boldsymbol{C}$ 是已知的适当维数常数矩阵。

由于系统是完全能控的，因此可以设计状态反馈控制器 $\boldsymbol{u} = -\boldsymbol{K}\boldsymbol{x}$，使得闭环系统具有任意预先给定的极点 λ_1、λ_2、$\cdots$、λ_n(其中若有复数的话，则以共轭对的形式出现)。进一步地，若系统的状态不能直接测量得到，由于系统是能观的，故可以通过构造一个状态观测器

$$\dot{\hat{\boldsymbol{x}}} = \boldsymbol{A}\hat{\boldsymbol{x}} + \boldsymbol{B}\boldsymbol{u} + \boldsymbol{L}(\boldsymbol{y} - \hat{\boldsymbol{y}}) = (\boldsymbol{A} - \boldsymbol{L}\boldsymbol{C})\hat{\boldsymbol{x}} + \boldsymbol{B}\boldsymbol{u} + \boldsymbol{L}\boldsymbol{y} \tag{6.44}$$

得到系统状态的估计值 $\hat{\boldsymbol{x}}$。进而，在状态反馈控制器 $\boldsymbol{u} = -\boldsymbol{K}\boldsymbol{x}$ 中，用这个状态的估计值 $\hat{\boldsymbol{x}}$ 来替代系统的实际状态 $\boldsymbol{x}$，即

$$\boldsymbol{u} = -\boldsymbol{K}\hat{\boldsymbol{x}} \tag{6.45}$$

在这种情况下，由状态反馈控制律和状态观测器的组合，得到由如下状态方程给出的基于观测器的动态补偿器

$$\begin{cases} \dot{\hat{\boldsymbol{x}}} = (\boldsymbol{A} - \boldsymbol{L}\boldsymbol{C} - \boldsymbol{B}\boldsymbol{K})\hat{\boldsymbol{x}} + \boldsymbol{L}\boldsymbol{y} \\ \boldsymbol{u} = -\boldsymbol{K}\hat{\boldsymbol{x}} \end{cases} \tag{6.46}$$

控制器的输入是系统的测量输出。由于控制器中含有积分器，且只用到了系统的输出信息，这是一个基于系统输出信息的动态反馈控制器，称为**基于观测器的输出反馈控制器**。基于状态观测器的输出反馈控制系统的结构如图 6.8 所示。

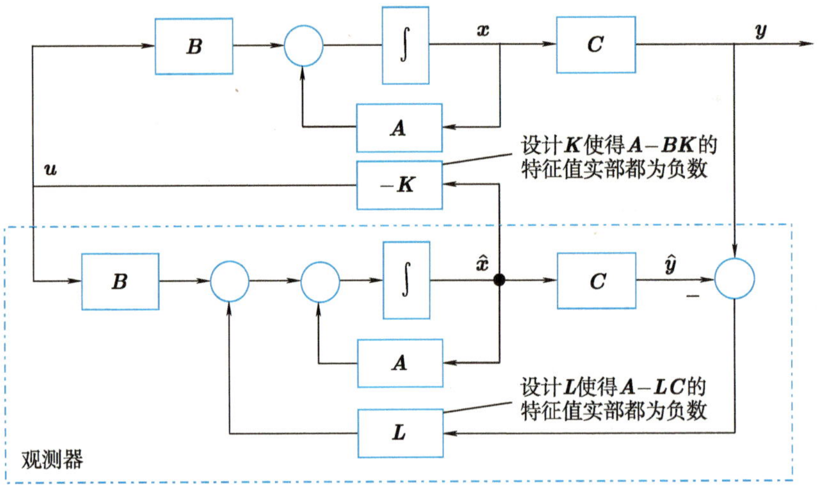

图 6.8 基于状态观测器的输出反馈控制系统的结构

此时，可以看出控制器设计是使用估计值 $\hat{\boldsymbol{x}}$ 作为反馈信号进行的。将 $\boldsymbol{u}=-\boldsymbol{K}\hat{\boldsymbol{x}}$ 代入式 (6.43) 得到

$$
\begin{aligned}
\dot{\boldsymbol{x}} &= \boldsymbol{A}\boldsymbol{x}-\boldsymbol{B}\boldsymbol{K}\hat{\boldsymbol{x}}=\boldsymbol{A}\boldsymbol{x}-\boldsymbol{B}\boldsymbol{K}(\boldsymbol{x}-\tilde{\boldsymbol{x}}) \\
&= (\boldsymbol{A}-\boldsymbol{B}\boldsymbol{K})\boldsymbol{x}+\boldsymbol{B}\boldsymbol{K}\tilde{\boldsymbol{x}}
\end{aligned} \tag{6.47}
$$

又由 6.5.1 节知，观测器误差 $\tilde{\boldsymbol{x}}=\boldsymbol{x}-\hat{\boldsymbol{x}}$ 的动态方程为

$$
\dot{\tilde{\boldsymbol{x}}}=(\boldsymbol{A}-\boldsymbol{L}\boldsymbol{C})\tilde{\boldsymbol{x}} \tag{6.48}
$$

将式 (6.47) 和式 (6.48) 结合起来得到状态空间方程增广矩阵，即

$$
\begin{bmatrix} \dot{\tilde{\boldsymbol{x}}} \\ \dot{\boldsymbol{x}} \end{bmatrix}=\begin{bmatrix} \boldsymbol{A}-\boldsymbol{L}\boldsymbol{C} & \boldsymbol{0} \\ \boldsymbol{B}\boldsymbol{K} & \boldsymbol{A}-\boldsymbol{B}\boldsymbol{K} \end{bmatrix}\begin{bmatrix} \tilde{\boldsymbol{x}} \\ \boldsymbol{x} \end{bmatrix} \tag{6.49}
$$

当矩阵 $\begin{bmatrix} \boldsymbol{A}-\boldsymbol{L}\boldsymbol{C} & \boldsymbol{0} \\ \boldsymbol{B}\boldsymbol{K} & \boldsymbol{A}-\boldsymbol{B}\boldsymbol{K} \end{bmatrix}$ 特征值的实部都为负数时，$\begin{bmatrix} \tilde{\boldsymbol{x}} \\ \boldsymbol{x} \end{bmatrix}$ 将趋于平衡点 $\begin{bmatrix} 0 \\ 0 \end{bmatrix}$。由于矩阵 $\begin{bmatrix} \boldsymbol{A}-\boldsymbol{L}\boldsymbol{C} & \boldsymbol{0} \\ \boldsymbol{B}\boldsymbol{K} & \boldsymbol{A}-\boldsymbol{B}\boldsymbol{K} \end{bmatrix}$ 是下三角矩阵，所以其特征值就是对角线上两个矩阵 $\boldsymbol{A}-\boldsymbol{L}\boldsymbol{C}$ 和 $\boldsymbol{A}-\boldsymbol{B}\boldsymbol{K}$ 的特征值。而矩阵 $\boldsymbol{A}-\boldsymbol{B}\boldsymbol{K}$ 的特征值正好是通过状态反馈要配置的闭环极点，矩阵 $\boldsymbol{A}-\boldsymbol{L}\boldsymbol{C}$ 的特征值则是观测器的极点。因此，基于观测器的输出反馈控制器所导出的闭环系统极点是由状态反馈极点配置单独设计所产生的极点和观测器极点这两部分组成。

定理 6.17 (分离性原理) 若被控系统式 (6.43) 能控能观，用状态观测器估计值形成的状态反馈，其系统的极点配置和观测器设计可以分别进行。

由分离性原理知，基于观测器的输出反馈控制器设计可以分两步进行：① 状态观测，利用系统输出设计状态观测器估计系统状态；②状态反馈，用系统状态的估计值代替真实值，设计基于观测器的状态反馈，即基于原始系统的输出反馈。这两部分的设计彼此独立，互不影响，从而为系统设计提供了方便。需要特别注意的是，在选取 $\boldsymbol{A}-\boldsymbol{LC}$ 和 $\boldsymbol{A}-\boldsymbol{BK}$ 的特征值时，观测器的收敛速度应该快于控制器的收敛速度 (一般要求快 2～5 倍)。因为只有这样才能保证控制器的设计是基于一个相对准确的估计值之上的。

例 6.18 考虑例 6.16 中的系统

$$\begin{cases}\dot{\boldsymbol{x}}=\boldsymbol{Ax}+\boldsymbol{Bu}\\ \boldsymbol{y}=\boldsymbol{Cx}\end{cases} \tag{6.50}$$

其中，

$$\boldsymbol{A}=\begin{bmatrix}0 & 1\\ -1 & 0\end{bmatrix},\ \boldsymbol{B}=\begin{bmatrix}1\\ 0\end{bmatrix},\ \boldsymbol{C}=[0\quad 1] \tag{6.51}$$

这是一个谐波振荡器，因为它在虚轴上有一对无阻尼的振荡极点 ($\lambda=\pm\mathrm{j}$)。若系统的状态不能直接测量，试设计稳定化的控制器。

解 由于系统的状态不能直接测量，考虑输出反馈 $u=-ky$，相应的闭环系统矩阵为

$$\boldsymbol{A}-\boldsymbol{B}k\boldsymbol{C}=\begin{bmatrix}0 & 1\\ -1 & 0\end{bmatrix}-\begin{bmatrix}1\\ 0\end{bmatrix}k[1\quad 0]=\begin{bmatrix}0 & 1-k\\ -1 & 0\end{bmatrix}$$

其特征多项式是 λ^2+1-k。容易看到无论 k 取什么值，都不可能将两个闭环极点同时配置在左半开复平面中。因此，静态输出反馈控制律 $u=-ky$ 不能使得闭环系统渐近稳定。

经检验，系统是能控能观的，故可以应用状态反馈来任意配置闭环系统极点。进一步，由于状态不能直接测量，则可以通过设计一个观测器来对不能直接测量的状态进行重构或估计。

考虑状态反馈控制器

$$u=-\boldsymbol{Kx}=-[k_1\quad k_2]\boldsymbol{x}$$

相应的闭环矩阵为

$$\boldsymbol{A}-\boldsymbol{BK}=\begin{bmatrix}0 & 1\\ -1 & 0\end{bmatrix}-\begin{bmatrix}1\\ 0\end{bmatrix}[k_1\quad k_2]=\begin{bmatrix}-k_1 & 1-k_2\\ -1 & 0\end{bmatrix}$$

其特征多项式是 $\lambda^2+k_1\lambda+1-k_2$，可以选取适当的 k_1 和 k_2，使得闭环系统是稳定的。特别地，当取 $\boldsymbol{K}=[k_1\quad k_2]=[1\quad -1]$ 时，闭环极点是 $-0.5\pm1.32\mathrm{j}$，因此闭环系统是渐近稳定的。

另一方面，若选取观测器极点是 $\mu_1=-2$ 和 $\mu_2=-2$，则利用 6.5.2 节极点配置法，可得状态观测器增益矩阵是 $\boldsymbol{L}=[-3\quad 4]^{\mathrm{T}}$，而状态观测器模型为

$$\dot{\hat{\boldsymbol{x}}}=\begin{bmatrix}0&4\\-1&-4\end{bmatrix}\hat{\boldsymbol{x}}+\begin{bmatrix}1\\0\end{bmatrix}u+\begin{bmatrix}-3\\4\end{bmatrix}y \tag{6.52}$$

根据分离性原理，由以上分别设计得到的状态反馈控制器和观测器可以构建基于观测器的输出反馈控制器。在状态反馈控制器中，用状态的估计值来替代实际状态可得 $u=-\boldsymbol{K}\hat{\boldsymbol{x}}$，代入式 (6.52)，可得基于观测器的输出反馈控制器

$$\begin{cases}\dot{\hat{\boldsymbol{x}}}=\begin{bmatrix}-1&5\\-1&-4\end{bmatrix}\hat{\boldsymbol{x}}+\begin{bmatrix}-3\\4\end{bmatrix}y\\ u=-[1\quad -1]\hat{\boldsymbol{x}}\end{cases}$$

闭环系统的动态特性由以下方程描述：

$$\begin{aligned}\begin{bmatrix}\dot{\boldsymbol{x}}\\\dot{\boldsymbol{e}}\end{bmatrix}&=\begin{bmatrix}\boldsymbol{A}-\boldsymbol{BK}&\boldsymbol{BK}\\\boldsymbol{0}&\boldsymbol{A}-\boldsymbol{LC}\end{bmatrix}\begin{bmatrix}\boldsymbol{x}\\\boldsymbol{e}\end{bmatrix}\\&=\begin{bmatrix}-1&2&1&-1\\-1&0&0&0\\0&0&0&4\\0&0&-1&-4\end{bmatrix}\begin{bmatrix}\boldsymbol{x}\\\boldsymbol{e}\end{bmatrix}\end{aligned} \tag{6.53}$$

式中，$\boldsymbol{e}=\boldsymbol{x}-\hat{\boldsymbol{x}}$ 为误差向量。以下进一步检验闭环系统对初始条件的响应。假定系统对象和观测误差的初始条件分别为 $\boldsymbol{x}(0)=[1\quad 0]^{\mathrm{T}}$，$\boldsymbol{e}(0)=[0.5\quad 0]^{\mathrm{T}}$ (事实上，误差的初始条件可以是任意的)，即系统的初始条件为

$$\begin{bmatrix}\boldsymbol{x}(0)\\\boldsymbol{e}(0)\end{bmatrix}=\begin{bmatrix}1\\0\\0.5\\0\end{bmatrix}$$

图 6.9 为闭环系统状态的时间响应曲线，显示了原系统在实施基于观测器的输出反馈后状态信号效果。由图可见，在控制器作用下系统状态渐近收敛到零。注意假设第一个状态的初始观测误差为 0.5，第二个状态变量为零初始观测误差。在仿真中，不能假设实际的初始状态 $\boldsymbol{x}_0$ 是已知的，否则完全可以将 $\boldsymbol{x}_0$ 作为观测器的初始条件，这样状态反馈闭环响应和基于观测器的闭环响应就完全一致了，也就无法评价观测器的性能了。图 6.10 为观测误差的时间响应曲线。结合图 6.9，看到观测器的收敛速度比状态反馈的闭环响应速度要快得多，这是因为在选取 $\boldsymbol{A}-\boldsymbol{LC}$ 和 $\boldsymbol{A}-\boldsymbol{BK}$ 的期望特征值时，两者相差了 5 倍。

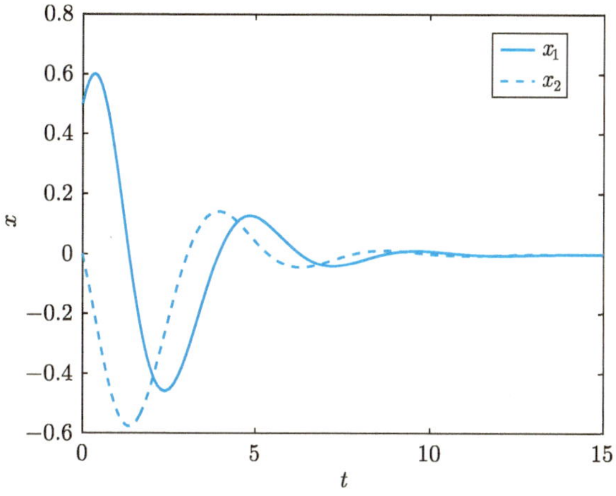

图 6.9　闭环系统状态的时间响应曲线

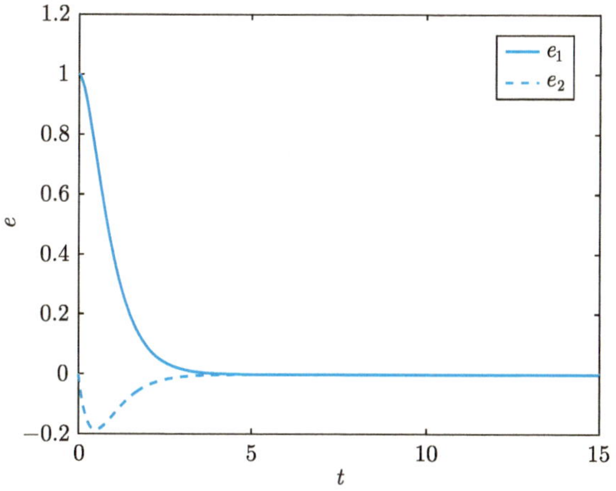

图 6.10　观测误差的时间响应曲线

延伸阅读：静态输出反馈与动态输出反馈

输出反馈的控制器设计主要包括两个方面：第一，如何选择输出并且充分挖掘隐含在输出中的有用信息；第二，合理、有效地利用这些信息设计反馈控制律实现控制目标。前者主要和控制系统的能观性以及观测器设计有关，而后者主要与系统的能控性以及控制指标有关。

式 (6.4) 采用的是静态输出反馈，直接利用了观测信号的实时信息，但没有充分利用观测信号包含的系统信息。还需要找到另外的反馈方式，使得观测信号得到更充分的利用。

式 (6.46) 采用的是动态输出反馈，本质上是一种积分反馈，能够更充分地利用观测信号的历史信息，因此能够得到更好的控制效果。动态反馈的优势主要表现在两个方面：第一，可能完成静态反馈不可能完成的控制任务；第二，可以抑制干扰。具体例子有兴趣的读者可查阅参考文献 [16] 中 1.2 节的内容。当然，达到这些效果也是有代价的，例如：动态输出反馈通常会影响系统的瞬态响应，引起超调或峰值现象。

6.6 循序渐进例子：单链机械臂

例 6.19(单链机械臂) 考虑例 2.16 中的单链机械臂系统，其线性化后连续时间状态空间模型为

$$\begin{cases} \dot{\boldsymbol{x}} = \begin{bmatrix} 0 & 1 \\ -5 & -6 \end{bmatrix} \boldsymbol{x} + \begin{bmatrix} 0 \\ 1 \end{bmatrix} u \\ y = [1 \quad 0]\, \boldsymbol{x} \end{cases} \tag{6.54}$$

控制目标为：

1) 设计状态反馈控制器使闭环极点为 -5 和 -5。

2) 设计状态观测器使观测器极点配置在 -10 和 -10。

3) 要求机械臂转动到 10 rad 位置保持不动，即系统输出跟踪一个幅值为 10 的阶跃输入信号，且保证系统渐近稳定。设计的系统要求具有合理的响应速度和阻尼 (调节时间为 $4 \sim 5$s，最大超调为 17%)。

解 1) 考虑状态反馈控制器

$$u = -\boldsymbol{K}\boldsymbol{x} = -[k_1 \quad k_2]\boldsymbol{x}$$

相应的闭环矩阵为

$$\boldsymbol{A} - \boldsymbol{B}\boldsymbol{K} = \begin{bmatrix} 0 & 1 \\ -5 & -6 \end{bmatrix} - \begin{bmatrix} 0 \\ 1 \end{bmatrix} [k_1 \quad k_2] = \begin{bmatrix} 0 & 1 \\ -5 - k_1 & -6 - k_2 \end{bmatrix}$$

其特征多项式是 $\lambda^2 + (6 + k_2)\lambda + 5 + k_1$，可以选取适当的 k_1 和 k_2，使得闭环系统是稳定的。特别地，当取 $\boldsymbol{K} = [k_1 \quad k_2] = [20 \quad 4]$ 时，闭环极点均为 -5。

2) 为使状态观测器极点都配置到 -10，则利用 6.5.2 节极点配置法，可得状态观测器增益矩阵是 $\boldsymbol{L} = [14 \quad 11]^{\mathrm{T}}$，而状态观测器模型为

$$\dot{\hat{\boldsymbol{x}}} = \begin{bmatrix} -14 & 1 \\ -16 & -6 \end{bmatrix} \hat{\boldsymbol{x}} + \begin{bmatrix} 0 \\ 1 \end{bmatrix} u + \begin{bmatrix} 14 \\ 11 \end{bmatrix} y \tag{6.55}$$

根据分离性原理，由以上分别设计得到的状态反馈控制器和观测器可以构建基于观测器的输出反馈控制器。在状态反馈控制器中，用状态的估计值来替代实际状态可得 $u = -\boldsymbol{K}\hat{\boldsymbol{x}}$，代入式 (6.55)，可得基于观测器的输出反馈控制器

$$\begin{cases} \dot{\hat{\boldsymbol{x}}} = \begin{bmatrix} -14 & 1 \\ -36 & -10 \end{bmatrix} \hat{\boldsymbol{x}} + \begin{bmatrix} 14 \\ 11 \end{bmatrix} y \\ u = -\begin{bmatrix} 20 & 4 \end{bmatrix} \hat{\boldsymbol{x}} \end{cases}$$

闭环系统的动态特性由以下方程描述：

$$\begin{bmatrix} \dot{\boldsymbol{x}} \\ \dot{\boldsymbol{e}} \end{bmatrix} = \begin{bmatrix} \boldsymbol{A}-\boldsymbol{BK} & \boldsymbol{BK} \\ \boldsymbol{0} & \boldsymbol{A}-\boldsymbol{LC} \end{bmatrix} \begin{bmatrix} \boldsymbol{x} \\ \boldsymbol{e} \end{bmatrix} = \begin{bmatrix} 0 & 1 & 0 & 0 \\ -25 & -10 & 20 & 4 \\ 0 & 0 & -14 & 1 \\ 0 & 0 & -16 & -6 \end{bmatrix} \begin{bmatrix} \boldsymbol{x} \\ \boldsymbol{e} \end{bmatrix} \tag{6.56}$$

式中，$\boldsymbol{e}=\boldsymbol{x}-\hat{\boldsymbol{x}}$ 为误差向量。

3) 见例 6.13 中的设计思路和过程。

6.7 MATLAB 中实现线性系统综合

1. place：求多变量系统极点配置问题的状态反馈增益矩阵

place 函数调用格式为

$$\boldsymbol{K}=\text{place}(\boldsymbol{A},\boldsymbol{B},\boldsymbol{p})$$

其中，$(\boldsymbol{A},\boldsymbol{B})$ 为系统状态方程参数；$\boldsymbol{p}$ 为给定的期望极点向量；返回的变量 $\boldsymbol{K}$ 为状态反馈增益矩阵。

例 6.20　考虑例 2.16 中的单链机械臂系统，其线性化后连续时间状态空间模型为

$$\begin{cases} \dot{\boldsymbol{x}} = \begin{bmatrix} 0 & 1 \\ -5 & -6 \end{bmatrix} \boldsymbol{x} + \begin{bmatrix} 0 \\ 1 \end{bmatrix} u \\ y = [1 \quad 0]\boldsymbol{x} \end{cases} \tag{6.57}$$

利用 MATLAB 设计状态反馈控制器，将系统的极点配置到 −3、−4。

解　编写并执行以下的 m 文件：chap6_code1.m。

```
A=[0 1; -5 -6];
B=[0; 1];
rc=rank(ctrb(A,B));
if rc==2                % 判断系统能控性
    p=[-3 -4];
    K=place(A,B,p)      % 求出状态反馈增益矩阵
end
```

运行结果为

```
K =
    7    1
```

2. acker：求单变量系统极点配置问题的状态反馈增益矩阵

acker 函数调用格式与 place 函数类似，即 K=acker(A,B,p)。另外，由于系数矩阵 $\boldsymbol{A}-\boldsymbol{LC}$ 的特征值等价于矩阵 $\boldsymbol{A}^{\mathrm{T}}-\boldsymbol{C}^{\mathrm{T}}\boldsymbol{L}^{\mathrm{T}}$ 的特征值，所以状态观测器的设计可借助于对偶原理，同样可以用 acker 函数求状态观测器的反馈矩阵 $\boldsymbol{L}$，即利用极点配置方法对对偶系统进行闭环极点配置，再由对偶原理得到原系统的状态观测器的反馈矩阵。下面例子说明可以同时设计状态反馈和状态观测器。

例 6.21　考虑上例中单链机械臂系统的状态空间模型式 (6.57)，利用 MATLAB 设计状态反馈使闭环极点为 −3、−4，并设计状态观测器使其极点为 −15、−20。

解　编写并执行以下的 m 文件：chap6_code2.m。

```
A=[0 1; -5 -6];
B=[0; 1];
C=[1 0];
rc=rank(ctrb(A,B)) % 计算能控性矩阵的秩
ro=rank(obsv(A,C)) % 计算能观性矩阵的秩
pc=[-3 -4];
K=acker(A,B,pc)    % 计算状态反馈矩阵
po=[-15 -20];
K1=acker(A',C',po);
L=K1'              % 计算状态观测器的反馈矩阵
```

运行结果为

```
rc =
     2

ro =
     2

K =
    7    1

L =
    29
    121
```

进一步，对于给定的初始状态 $\boldsymbol{x}(0)=[3\quad 7]^{\mathrm{T}}$，观测器的初始状态 $\hat{\boldsymbol{x}}(0)=[0.1\quad 0.1]^{\mathrm{T}}$，利用 3.6 节中介绍的 ode45 函数，可以画出基于状态观测器的输出反馈控制作用下增广系统式 (6.49) 的状态响应曲线。

编写并执行以下的 m 文件：chap6_code3.m。

```
A=[0 1; -5 -6];
B=[0; 1];
C=[1 0];
pc=[-3 -4];
K=acker(A,B,pc);                    % 计算状态反馈矩阵
po=[-15 -20];
K1=acker(A',C',po);
L=K1';                              % 计算状态观测器的反馈矩阵
A1=[A-L*C zeros(2,2);
    B*K  A-B*K];
fun=@(t,xz)[A1*xz];                 % 增广系统的方程描述
x0=[3;7];                           % 原系统的初始条件
xe0 =[0.1;0.1];                     % 状态观测器的初始条件
xz0=[x0; x0-xe0];
[t,xz]=ode45(fun,[0,5],xz0); % 调用函数求解微分方程
e=xz(:,1:2);                        % 观测误差的数值解
x=xz(:,3:4);                        % 系统状态的数值解
figure(1);
plot(t,e(:,1),'b-',t,e(:,2),'r--'); % 绘制观测误差数值解
figure(2);
plot(t,x(:,1),'b-',t,x(:,2),'r--'); % 绘制系统状态的数值解
```

可以得到增广系统式 (6.49) 中观测误差 (状态 $\tilde{x}$) 的时间响应曲线如图 6.11 所示，以及系统中状态 $\boldsymbol{x}$ 的时间响应曲线如图 6.12 所示。

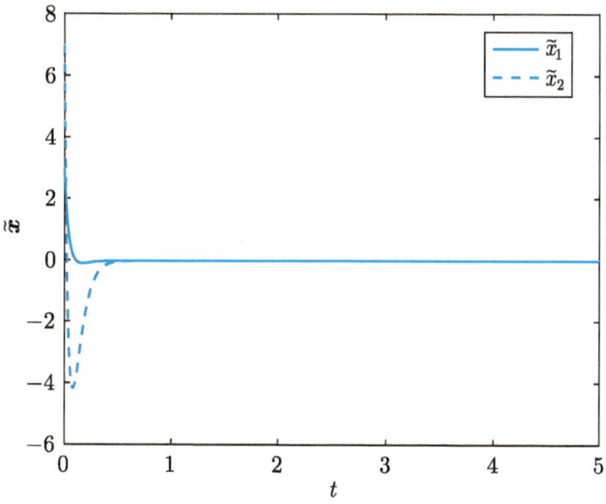

图 6.11　增广系统式 (6.49) 中状态 $\tilde{x}$ 的时间响应曲线

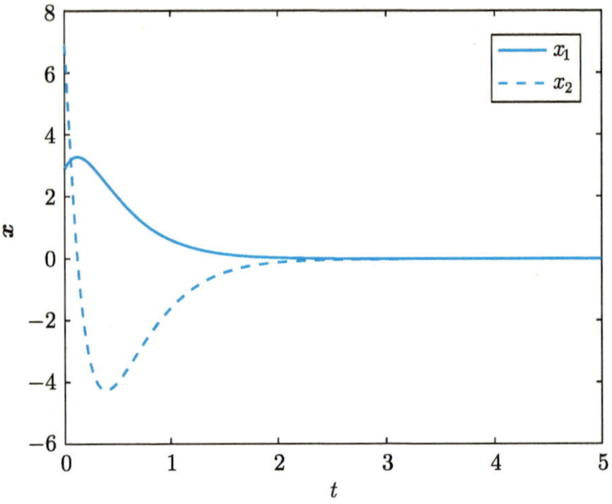

图 6.12 增广系统式 (6.49) 中状态 $\boldsymbol{x}$ 的时间响应曲线

本章要点

- **状态反馈控制器**
  - 系统完全能控 $\Rightarrow$ 通过状态反馈可任意配置极点。
  - $\boldsymbol{u}=\boldsymbol{v}-\boldsymbol{K}\boldsymbol{x}$，设计 $\boldsymbol{K}$ 使得闭环状态矩阵 $(\boldsymbol{A}-\boldsymbol{B}\boldsymbol{K})$ 的特征值实部都为负数。
  - 状态反馈不改变原系统的能控性，但可能改变原系统的能观性。
- **状态观测器**
  - 系统完全能观 $\Rightarrow$ 状态观测器可任意配置极点。
  - 状态观测器：$\dot{\hat{\boldsymbol{x}}}=(\boldsymbol{A}-\boldsymbol{L}\boldsymbol{C})\hat{\boldsymbol{x}}+\boldsymbol{B}\boldsymbol{u}+\boldsymbol{L}\boldsymbol{y}$，设计 $\boldsymbol{L}$ 使得 $(\boldsymbol{A}-\boldsymbol{L}\boldsymbol{C})$ 的特征值实部都为负数。
  - 在设计基于观测器的输出反馈控制器时，应保证观测器的收敛速度快于控制器。

习题 6

6-1 状态反馈对系统的能控性和能观性有什么影响？

6-2 什么是系统的状态反馈和极点配置？

6-3 极点配置可以改善系统的动态性能。它对稳态性能有何负面影响？如何消除？

6-4 什么是系统的镇定问题？实现系统镇定的充要条件是什么？

6-5 能控的系统一定是状态反馈可镇定的吗？状态反馈可镇定的系统一定能控吗？

6-6 什么样的系统要进行状态估计？

6-7 在设计基于观测器的输出反馈极点配置控制器中，系统设计的分离性原理指的是什么？

6-8 已知系统状态方程

$$\dot{\boldsymbol{x}} = \begin{bmatrix} 1 & 1 \\ 0 & 1 \end{bmatrix} \boldsymbol{x} + \begin{bmatrix} 1 \\ 1 \end{bmatrix} u$$

试确定状态反馈矩阵，使闭环极点为 -2 和 -3。

6-9 已知系统状态方程

$$\dot{\boldsymbol{x}} = \begin{bmatrix} 1 & 2 \\ 3 & 1 \end{bmatrix} \boldsymbol{x} + \begin{bmatrix} 1 \\ 0 \end{bmatrix} u$$

试确定状态反馈矩阵，使闭环极点为 $-2+\mathrm{j}$ 和 $-2-\mathrm{j}$。

6-10 已知单输入单输出系统的传递函数为

$$G(s) = \frac{1}{s(s+4)(s+8)}$$

试确定系统的能控标准型，并在此基础上设计状态反馈矩阵，使闭环极点为 -2、-4 和 -7。

6-11 考查由题图 6.13 一个单输入单输出系统所描述的被控过程，试设计一个线性状态反馈控制器，使闭环系统满足如下性能指标 (采用主导极点法，取非主导极点为 $\lambda_3^* = -10$)。

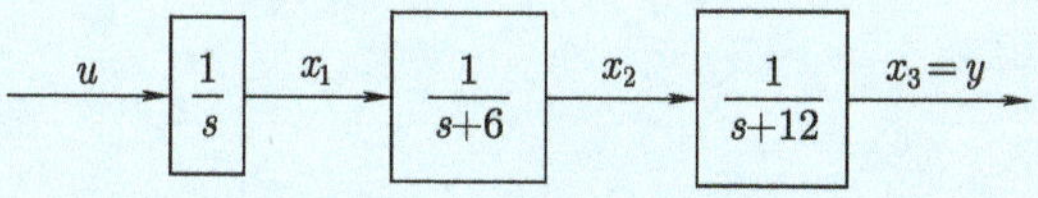

图 6.13 一个单输入单输出系统

(1) 输出超调量 $\sigma\% = 4.32\%$。

(2) 调节时间 $t_{\mathrm{s}} = 4\mathrm{s}$(按误差带 $\Delta = \pm 2\%$ 计算)。

6-12 给定线性定常系统

$$\dot{\boldsymbol{x}} = \begin{bmatrix} 1 & 1 \\ 0 & 1 \end{bmatrix} \boldsymbol{x} + \begin{bmatrix} 0 \\ 1 \end{bmatrix} u, \quad \boldsymbol{y} = \begin{bmatrix} 2 & 0 \\ 0 & 1 \end{bmatrix} \boldsymbol{x}$$

试确定输出反馈矩阵，使闭环极点为 -2 和 -4。

6-13 给定线性定常系统

$$\dot{\boldsymbol{x}} = \begin{bmatrix} -1 & 1 \\ 1 & -2 \end{bmatrix} \boldsymbol{x} + \begin{bmatrix} 0 \\ 1 \end{bmatrix} u, \quad \boldsymbol{y} = [1 \quad 0]\, \boldsymbol{x}$$

试设计一个全维状态观测器，使该观测器的闭环极点为 -5 和 -5。

6-14 给定线性定常系统

$$\dot{\boldsymbol{x}} = \begin{bmatrix} 2 & 1 \\ 0 & 1 \end{bmatrix} \boldsymbol{x} + \begin{bmatrix} 0 \\ 1 \end{bmatrix} u, \quad \boldsymbol{y} = [1 \quad 0]\, \boldsymbol{x}$$

(1) 设计一个全维状态观测器，使该观测器的闭环极点为 -10 和 -10。

(2) 在 (1) 的基础上，设计基于观测器的输出反馈控制器，使闭环系统的极点配置在 -1 和 -2 处。

第 7 章　线性二次型最优控制

最优控制是现代控制理论的核心之一，是从大量实际问题中提炼出来的。它与航空航天的制导、导航和控制技术密不可分。最优控制理论所研究的问题可以概括为: 对一个受控的动力学系统或运动过程，从一类允许的控制方案中找出一个最优的控制方案，使系统在某种意义上是最优的。这类问题广泛存在于航空领域、化工控制问题中。例如，确定一个最优控制方式使空间飞行器由一个轨道转换到另一轨道过程中燃料消耗最少，选择一个温度的调节规律和相应的原料配比使化工反应过程的产量最多，都是一些典型的最优控制问题。

在最优控制问题中，若系统是线性的，且性能指标为二次型函数，则称为线性二次型调节器问题，简称 LQR(linear quadratic regulator) 问题。由于二次型性能指标具有明确的物理意义，代表了大量工程实际问题中提出的性能指标要求，并且在数学上容易处理，而且可以得到线性状态反馈的最优控制律，易于工程实现，因而在实际工程问题中得到了广泛的应用。本章主要介绍线性定常系统的线性二次型最优控制问题。

7.1　二次型最优控制问题

设线性定常系统的状态空间模型为

$$\begin{cases} \dot{\boldsymbol{x}}(t) = \boldsymbol{A}\boldsymbol{x}(t) + \boldsymbol{B}\boldsymbol{u}(t) \\ \boldsymbol{y}(t) = \boldsymbol{C}\boldsymbol{x}(t) \end{cases} \tag{7.1}$$

式中，$\boldsymbol{x}$ 为 n 维状态向量；$\boldsymbol{u}$ 为 m 维控制向量；$\boldsymbol{y}$ 为 p 维输出向量；$\boldsymbol{A}$ 为 $n\times n$ 维系统矩阵；$\boldsymbol{B}$ 为 $n\times m$ 维控制矩阵；$\boldsymbol{C}$ 为 $p\times n$ 维输出矩阵；系统初始状态为 $\boldsymbol{x}(0)=\boldsymbol{x}_0$。

最优控制的性能指标为状态变量和控制变量的二次型函数，可表示为

$$J = \int_0^{\infty} \left[\boldsymbol{x}^{\mathrm{T}}(t)\boldsymbol{Q}\boldsymbol{x}(t) + \boldsymbol{u}^{\mathrm{T}}(t)\boldsymbol{R}\boldsymbol{u}(t)\right] \mathrm{d}t \tag{7.2}$$

式中，$\boldsymbol{Q}$ 为半正定对称矩阵；$\boldsymbol{R}$ 为正定对称矩阵。

上述问题称为线性二次型最优控制问题。二次型性能指标式 (7.2) 具有明确的物理意义：

1) 性能指标第一项越小，则状态 $\boldsymbol{x}$ 衰减到零的速度越快，振荡越小，因此控制性能就越好。

2) 第二项表示在整个控制过程中消耗的控制能量总和，反映了控制的代价。

3) 性能指标反映了所希望设计的最优控制不仅要求暂态过程状态衰减速度快，而且希望消耗的控制能量少。然而，实际中这是矛盾的，因为要求状态 $\boldsymbol{x}$ 衰减的速度越快，控制能量的消耗就会越大。具体要侧重某一方面可以通过适当选取加权矩阵 $\boldsymbol{Q}$ 和 $\boldsymbol{R}$ 来实现。如要强调状态的要求，就可增大加权矩阵 $\boldsymbol{Q}$，若希望控制能量不要太大，则可增大加权矩阵 $\boldsymbol{R}$ 中的各个元。

4) 要求矩阵 $\boldsymbol{R}$ 正定有两个原因：一方面对控制向量每个分量都应有要求，否则输入会出现很大幅值，在实际工程中实现不了；另一方面，在计算最优控制器时要用到 $\boldsymbol{R}$ 的逆矩阵。

下面对线性二次型最优控制问题按以下三种类型分别进行讨论。

7.2 状态调节器

考虑系统式 (7.1)，所谓状态调节器，就是选择 $\boldsymbol{u}(t)$ 使式 (7.2) 有最小值。关于求解状态调节器问题，直接给出以下结论。

定理 7.1 考虑线性定常系统式 (7.1)，若系统完全能控，则使性能指标式 (7.2) 极小的最优控制 $\boldsymbol{u}^*(t)$ 存在，且唯一地由下式确定

$$\boldsymbol{u}^*(t) = -\boldsymbol{R}^{-1}\boldsymbol{B}^{\mathrm{T}}\boldsymbol{P}\boldsymbol{x}(t) \tag{7.3}$$

其中，矩阵 $\boldsymbol{P}$ 是里卡蒂 (Riccati) 方程

$$\boldsymbol{P}\boldsymbol{A} + \boldsymbol{A}^{\mathrm{T}}\boldsymbol{P} - \boldsymbol{P}\boldsymbol{B}\boldsymbol{R}^{-1}\boldsymbol{B}^{\mathrm{T}}\boldsymbol{P} + \boldsymbol{Q} = 0 \tag{7.4}$$

的一个正定对称解。此时最优性能指标

$$J^* = \boldsymbol{x}^{\mathrm{T}}(0)\boldsymbol{P}\boldsymbol{x}(0) \tag{7.5}$$

值得注意的是，只要系统式 (7.1) 完全能控，则 Riccati 方程式 (7.4) 总存在正定对称解矩阵 $\boldsymbol{P}$，进而可以构造最优控制器式 (7.3) 和性能指标的最小值式 (7.5)。

定理 7.1 中最优状态反馈控制器式 (7.3) 一定是系统的一个稳定性控制器，事实上，代入最优控制器的闭环系统为

$$\dot{\boldsymbol{x}} = (\boldsymbol{A} - \boldsymbol{B}\boldsymbol{R}^{-1}\boldsymbol{B}^{\mathrm{T}}\boldsymbol{P})\boldsymbol{x} \tag{7.6}$$

由于矩阵 $\boldsymbol{P}$ 是 Riccati 方程式 (7.4) 的一个正定对称解，故可取 Lyapunov 函数为

$$V(\boldsymbol{x}) = \boldsymbol{x}^{\mathrm{T}}\boldsymbol{P}\boldsymbol{x}$$

显然，$V(\boldsymbol{x})$ 是正定的。沿闭环系统式 (7.6) 的任意轨迹，计算 $V(\boldsymbol{x})$ 关于时间的导数，并结合 Riccati 方程式 (7.4) 可得

$$\begin{aligned}\frac{\mathrm{d}V(\boldsymbol{x})}{\mathrm{d}t} &= \boldsymbol{x}^{\mathrm{T}}\boldsymbol{P}\dot{\boldsymbol{x}} + \dot{\boldsymbol{x}}^{\mathrm{T}}\boldsymbol{P}\boldsymbol{x} \\ &= \boldsymbol{x}^{\mathrm{T}}[\boldsymbol{P}(\boldsymbol{A} - \boldsymbol{B}\boldsymbol{R}^{-1}\boldsymbol{B}^{\mathrm{T}}\boldsymbol{P}) + (\boldsymbol{A} - \boldsymbol{B}\boldsymbol{R}^{-1}\boldsymbol{B}^{\mathrm{T}}\boldsymbol{P})^{\mathrm{T}}\boldsymbol{P}]\boldsymbol{x} \\ &= \boldsymbol{x}^{\mathrm{T}}(\boldsymbol{P}\boldsymbol{A} + \boldsymbol{A}^{\mathrm{T}}\boldsymbol{P} - 2\boldsymbol{P}\boldsymbol{B}\boldsymbol{R}^{-1}\boldsymbol{B}^{\mathrm{T}}\boldsymbol{P})\boldsymbol{x} \\ &= \boldsymbol{x}^{\mathrm{T}}(-\boldsymbol{Q} - \boldsymbol{P}\boldsymbol{B}\boldsymbol{R}^{-1}\boldsymbol{B}^{\mathrm{T}}\boldsymbol{P})\boldsymbol{x} < 0 \quad (\boldsymbol{x} \neq 0)\end{aligned} \tag{7.7}$$

由 Lyapunov 稳定性定理可知，闭环系统式 (7.6) 是渐近稳定的。

例 7.2　考虑一阶系统

$$\dot{x} = x + u \tag{7.8}$$

对应的系统性能指标为

$$J = \int_0^{\infty} \left(x^2 + u^2\right) \mathrm{d}t \tag{7.9}$$

求系统的最优状态反馈控制器。

解　根据给定的系统和性能指标，可得状态空间模型式 (7.8) 和性能指标式 (7.9) 中的参数是 $A = B = 1, R = Q = 1$。因此，相应的 Riccati 方程为

$$2P - P^2 + 1 = 0$$

其解为 $P = 1 \pm \sqrt{2}$。考虑到要求的解 P 是正定对称的，故取 $P = 1 + \sqrt{2}$。系统的最优控制器为

$$u = -R^{-1}B^{\mathrm{T}}Px = -(1 + \sqrt{2})x$$

相应的闭环系统为

$$\dot{x} = -\sqrt{2}x$$

显然，该闭环系统是渐近稳定的。

总结以上讨论，可得最优状态反馈控制器的设计步骤如下:

1) 求解 Riccati 矩阵方程式 (7.4)。

2) 利用矩阵正定性要求，确定正定对称解矩阵 $\boldsymbol{P}$。

3) 将矩阵 $\boldsymbol{P}$ 代入式 (7.3)，得到最优控制器。

例 7.3　考虑线性定常系统式 (7.1) 以及最优控制的性能指标式 (7.2)，设

$$\boldsymbol{A} = \begin{bmatrix} 0 & 1 \\ 0 & 0 \end{bmatrix}, \boldsymbol{B} = \begin{bmatrix} 0 \\ 1 \end{bmatrix}, \boldsymbol{Q} = \begin{bmatrix} 1 & 0 \\ 0 & 2 \end{bmatrix}, R = 1$$

试确定最优状态反馈控制器 $u(t) = -\boldsymbol{K}\boldsymbol{x}(t)$。

解　系统能控性判别矩阵为

$$\mathrm{rank}[\boldsymbol{B} \quad \boldsymbol{A}\boldsymbol{B}] = \mathrm{rank}\begin{bmatrix} 0 & 1 \\ 1 & 0 \end{bmatrix} = 2 = n$$

所以，系统完全能控。容易看出，$\boldsymbol{Q}$ 和 R 均为正定对称矩阵。设矩阵 $\boldsymbol{P}$ 为

$$\boldsymbol{P}=\begin{bmatrix} p_{11} & p_{12} \\ p_{12} & p_{22} \end{bmatrix}$$

将 $\boldsymbol{P}$ 代入 Riccati 矩阵方程式 (7.4)，得

$$\begin{aligned}&\begin{bmatrix} p_{11} & p_{12} \\ p_{12} & p_{22} \end{bmatrix}\begin{bmatrix} 0 & 1 \\ 0 & 0 \end{bmatrix}+\begin{bmatrix} 0 & 0 \\ 1 & 0 \end{bmatrix}\begin{bmatrix} p_{11} & p_{12} \\ p_{12} & p_{22} \end{bmatrix}-\\&\begin{bmatrix} p_{11} & p_{12} \\ p_{12} & p_{22} \end{bmatrix}\begin{bmatrix} 0 \\ 1 \end{bmatrix}\begin{bmatrix} 0 & 1 \end{bmatrix}\begin{bmatrix} p_{11} & p_{12} \\ p_{12} & p_{22} \end{bmatrix}+\\&\begin{bmatrix} 1 & 0 \\ 0 & 2 \end{bmatrix}\\=&\begin{bmatrix} 0 & 0 \\ 0 & 0 \end{bmatrix}\end{aligned}$$

化简后，可得

$$\begin{bmatrix} -p_{12}^2+1 & p_{11}-p_{12}p_{22} \\ p_{11}-p_{12}p_{22} & 2p_{12}-p_{22}^2+2 \end{bmatrix}=\begin{bmatrix} 0 & 0 \\ 0 & 0 \end{bmatrix}$$

于是，得到下列线性代数方程组：

$$-p_{12}^2+1=0$$

$$p_{11}-p_{12}p_{22}=0$$

$$2p_{12}-p_{22}^2+2=0$$

可解得方程组的一个解为 $p_{12}=1, p_{11}=2, p_{22}=2$，即

$$\boldsymbol{P}=\begin{bmatrix} 2 & 1 \\ 1 & 2 \end{bmatrix}$$

容易验证 $\boldsymbol{P}$ 满足正定条件。

因此，系统的最优控制为

$$u^*(t)=-R^{-1}\boldsymbol{B}^{\mathrm{T}}\boldsymbol{P}\boldsymbol{x}(t)=-[0\quad 1]\begin{bmatrix} 2 & 1 \\ 1 & 2 \end{bmatrix}\begin{bmatrix} x_1(t) \\ x_2(t) \end{bmatrix}=-x_1(t)-2x_2(t)$$

7.3 输出调节器

许多实际最优控制问题并不看重系统所有的状态，而是仅仅对控制系统的输出有要求。这是因为用状态方程描述一个物理系统时，人们很难对所有的状态变量提出具体要

求，尤其是许多状态变量可能没有任何物理意义，而人们对系统的输出的要求一般是很具体的。所以，直接对系统的输出提出要求，构造最优控制系统的性能指标，即考虑最优输出调节器问题，更具有实际意义。

设线性定常系统的状态空间模型为

$$\begin{cases} \dot{\boldsymbol{x}}(t) = \boldsymbol{A}\boldsymbol{x}(t) + \boldsymbol{B}\boldsymbol{u}(t) \\ \boldsymbol{y}(t) = \boldsymbol{C}\boldsymbol{x}(t) \end{cases} \tag{7.10}$$

对于无限时间输出调节器，二次型性能指标为

$$J = \int_0^{\infty} \left[\boldsymbol{y}^{\mathrm{T}}(t)\boldsymbol{Q}\boldsymbol{y}(t) + \boldsymbol{u}^{\mathrm{T}}(t)\boldsymbol{R}\boldsymbol{u}(t)\right] \mathrm{d}t \tag{7.11}$$

式中，$\boldsymbol{Q}$ 为半正定对称矩阵；$\boldsymbol{R}$ 为正定对称矩阵。

控制目标是求最优控制 $\boldsymbol{u}^*(t)$，使性能指标式 (7.11) 为极小。直接利用状态调节器的结果，可以得到输出调节器的结果。

定理 7.4　*考虑线性定常系统式 (7.10)，若系统完全能控、完全能观，则使性能指标式 (7.11) 极小的最优控制 $\boldsymbol{u}^*(t)$ 存在，且唯一地由下式确定：*

$$\boldsymbol{u}^*(t) = -\boldsymbol{R}^{-1}\boldsymbol{B}^{\mathrm{T}}\boldsymbol{P}\boldsymbol{x}(t) \tag{7.12}$$

其中，矩阵 $\boldsymbol{P}$ 是 Riccati 方程

$$\boldsymbol{P}\boldsymbol{A} + \boldsymbol{A}^{\mathrm{T}}\boldsymbol{P} - \boldsymbol{P}\boldsymbol{B}\boldsymbol{R}^{-1}\boldsymbol{B}^{\mathrm{T}}\boldsymbol{P} + \boldsymbol{C}^{\mathrm{T}}\boldsymbol{Q}\boldsymbol{C} = 0 \tag{7.13}$$

的一个正定对称解。此时最优性能指标

$$J^* = \boldsymbol{x}^{\mathrm{T}}(0)\boldsymbol{P}\boldsymbol{x}(0) \tag{7.14}$$

值得注意的是，输出调节器的最优控制仍然是状态反馈而不是输出反馈。状态反馈需要全部的状态信息，若系统是完全能观的，可由系统的输出求出全部状态；若系统不完全能观，就得不到全部状态信息，因而也就不可能由状态反馈求得最优控制。

例 7.5　设被控系统为

$$\begin{cases} \dot{\boldsymbol{x}}(t) = \boldsymbol{A}\boldsymbol{x}(t) + \boldsymbol{B}\boldsymbol{u}(t) \\ y = \boldsymbol{C}\boldsymbol{x} \end{cases}$$

性能指标为

$$J = \int_0^{\infty} \left[y^{\mathrm{T}}(t)Qy(t) + \boldsymbol{u}^{\mathrm{T}}(t)R\boldsymbol{u}(t)\right] \mathrm{d}t$$

其中

$$\boldsymbol{A} = \begin{bmatrix} 0 & 1 \\ 0 & 0 \end{bmatrix}, \boldsymbol{B} = \begin{bmatrix} 0 \\ 1 \end{bmatrix}, \boldsymbol{C} = \begin{bmatrix} 1 & 0 \end{bmatrix}, Q = 1, R = r > 0$$

求最优控制 $\boldsymbol{u}^*(t)$ 使性能指标 J 为最小。

解　设正定对称矩阵

$$P = \begin{bmatrix} p_{11} & p_{12} \\ p_{12} & p_{22} \end{bmatrix}$$

满足下列 Riccati 矩阵方程

$$\boldsymbol{PA} + \boldsymbol{A}^{\mathrm{T}}\boldsymbol{P} - \boldsymbol{PBR}^{-1}\boldsymbol{B}^{\mathrm{T}}\boldsymbol{P} + \boldsymbol{C}^{\mathrm{T}}\boldsymbol{QC} = 0$$

即

$$\begin{bmatrix} p_{11} & p_{12} \\ p_{12} & p_{22} \end{bmatrix} \begin{bmatrix} 0 & 1 \\ 0 & 0 \end{bmatrix} + \begin{bmatrix} 0 & 0 \\ 1 & 0 \end{bmatrix} \begin{bmatrix} p_{11} & p_{12} \\ p_{12} & p_{22} \end{bmatrix} - \begin{bmatrix} p_{11} & p_{12} \\ p_{12} & p_{22} \end{bmatrix} \begin{bmatrix} 0 \\ 1 \end{bmatrix} \frac{1}{r} \begin{bmatrix} 0 & 1 \end{bmatrix} \begin{bmatrix} p_{11} & p_{12} \\ p_{12} & p_{22} \end{bmatrix} + \begin{bmatrix} 1 \\ 0 \end{bmatrix} \begin{bmatrix} 0 & 1 \end{bmatrix} = \begin{bmatrix} 0 & 0 \\ 0 & 0 \end{bmatrix}$$

整理得

$$\begin{bmatrix} -\frac{1}{r}p_{12}^2 + 1 & p_{11} - \frac{1}{r}p_{12}p_{22} \\ p_{11} - \frac{1}{r}p_{12}p_{22} & 2p_{12} - \frac{1}{r}p_{22}^2 \end{bmatrix} = \begin{bmatrix} 0 & 0 \\ 0 & 0 \end{bmatrix}$$

于是，得到下列线性代数方程组

$$-\frac{1}{r}p_{12}^2 + 1 = 0$$

$$p_{11} - \frac{1}{r}p_{12}p_{22} = 0$$

$$2p_{12} - \frac{1}{r}p_{22}^2 = 0$$

可解得方程组的一个解为 $p_{12} = \sqrt{r}, p_{11} = \sqrt[4]{4r}, p_{22} = \sqrt{2r\sqrt{r}}$，即

$$P = \begin{bmatrix} \sqrt[4]{4r} & \sqrt{r} \\ \sqrt{r} & \sqrt{2r\sqrt{r}} \end{bmatrix}$$

容易验证 $\boldsymbol{P}$ 满足正定对称条件。

因此，系统的最优控制为

$$u^*(t) = -R^{-1}\boldsymbol{B}^{\mathrm{T}}\boldsymbol{P}\boldsymbol{x}(t) = -\frac{1}{r}\begin{bmatrix} 0 & 1 \end{bmatrix}\begin{bmatrix} \sqrt[4]{4r} & \sqrt{r} \\ \sqrt{r} & \sqrt{2r\sqrt{r}} \end{bmatrix}\begin{bmatrix} x_1(t) \\ x_2(t) \end{bmatrix}$$
$$= -\frac{1}{\sqrt{r}}\left[x_1(t) + \sqrt[4]{4r}x_2(t)\right]$$

7.4　输出跟踪器

状态调节器和输出调节器，是选择控制变量使状态或输出在控制过程中尽量小，同时也使消耗的能量尽量少。但在实际当中，也常遇到这样的问题，当考虑理想输出向量 $\boldsymbol{y}_r(t)$ 时，要求系统产生一个控制向量，使系统实际输出向量 $\boldsymbol{y}(t)$ 始终跟踪 $\boldsymbol{y}_r(t)$ 的变化，并使性能指标极小，这样的问题称为输出跟踪问题。

对于这类问题，目前还没有严格的一般性求解方法。当理想输出为常值向量 $\boldsymbol{y}_r(t) \equiv \boldsymbol{y}_r$ 时，有如下工程上可以应用的近似结果。

定理 7.6　考虑线性定常连续系统式 (7.10)，若系统完全能控、完全能观，性能指标为

$$J = \int_0^\infty \left[\boldsymbol{e}^{\mathrm{T}}(t)\boldsymbol{Q}\boldsymbol{e}(t) + \boldsymbol{u}^{\mathrm{T}}(t)\boldsymbol{R}\boldsymbol{u}(t)\right]\mathrm{d}t \tag{7.15}$$

式中，$\boldsymbol{Q}$ 为半正定对称矩阵；$\boldsymbol{R}$ 为正定对称矩阵；跟踪误差 $\boldsymbol{e}(t) = \boldsymbol{y}_r - \boldsymbol{y}(t)$，则使性能指标式 (7.15) 极小的近似最优控制为

$$\boldsymbol{u}^*(t) = -\boldsymbol{R}^{-1}\boldsymbol{B}^{\mathrm{T}}\boldsymbol{P}\boldsymbol{x}(t) + \boldsymbol{R}^{-1}\boldsymbol{B}^{\mathrm{T}}\boldsymbol{g} \tag{7.16}$$

式中，矩阵 $\boldsymbol{P}$ 是 Riccati 方程

$$\boldsymbol{P}\boldsymbol{A} + \boldsymbol{A}^{\mathrm{T}}\boldsymbol{P} - \boldsymbol{P}\boldsymbol{B}\boldsymbol{R}^{-1}\boldsymbol{B}^{\mathrm{T}}\boldsymbol{P} + \boldsymbol{C}^{\mathrm{T}}\boldsymbol{Q}\boldsymbol{C} = 0 \tag{7.17}$$

的一个正定对称解，常值伴随向量 $\boldsymbol{g}$ 为

$$\boldsymbol{g} = (\boldsymbol{P}\boldsymbol{B}\boldsymbol{R}^{-1}\boldsymbol{B}^{\mathrm{T}} - \boldsymbol{A}^{\mathrm{T}})^{-1}\boldsymbol{C}^{\mathrm{T}}\boldsymbol{Q}\boldsymbol{y}_r \tag{7.18}$$

应当指出，定理 7.6 并没有论证闭环系统的稳定性，因此在实际应用时，需要对闭环系统的渐近稳定性加以检验。

例 7.7　设有一理想化轮船操纵系统，从激励信号 $u(t)$ 到实际航向 $y(t)$ 的传递函数为 $\dfrac{4}{s^2}$，试设计最优激励信号 $u^*(t)$，使以下性能指标极小：

$$J = \int_0^\infty \left[(y_r(t) - y(t))^2 + u^2(t)\right]\mathrm{d}t$$

式中，$y_r(t) = 1(t)$ 为理想输出。

解　1) 建立状态空间模型。

根据传递函数

$$G(s)=\frac{Y(s)}{U(s)}=\frac{4}{s^2}$$

可得

$$\begin{cases}\dot{x}_1(t)=x_2(t)\\ \dot{x}_2(t)=4u(t)\end{cases}$$

$$y(t)=x_1(t)$$

则

$$\boldsymbol{A}=\begin{bmatrix}0&1\\0&0\end{bmatrix},\quad \boldsymbol{B}=\begin{bmatrix}0\\4\end{bmatrix},\quad \boldsymbol{C}=\begin{bmatrix}1&0\end{bmatrix}$$

2) 检验系统的能控性和能观性。

因为

$$\operatorname{rank}\begin{bmatrix}\boldsymbol{B}&\boldsymbol{AB}\end{bmatrix}=\operatorname{rank}\begin{bmatrix}0&4\\4&0\end{bmatrix}=2$$

$$\operatorname{rank}\begin{bmatrix}\boldsymbol{C}\\\boldsymbol{CA}\end{bmatrix}=\operatorname{rank}\begin{bmatrix}1&0\\0&1\end{bmatrix}=2$$

系统完全能控和能观，故无限时间输出跟踪器的最优控制 $u^*(t)$ 存在。

3) 解 Riccati 方程。

由性能指标知，$Q=R=1$。令 $\boldsymbol{P}=\begin{bmatrix}p_{11}&p_{12}\\p_{12}&p_{22}\end{bmatrix}$，由 Riccati 方程

$$\boldsymbol{PA}+\boldsymbol{A}^{\mathrm{T}}\boldsymbol{P}-\boldsymbol{PB}R^{-1}\boldsymbol{B}^{\mathrm{T}}\boldsymbol{P}+\boldsymbol{C}^{\mathrm{T}}Q\boldsymbol{C}=0$$

得代数方程组

$$1-16p_{12}^2=0$$

$$p_{11}-16p_{12}p_{22}=0$$

$$2p_{12}-16p_{22}^2=0$$

联立求解，得

$$\boldsymbol{P}=\begin{bmatrix}\dfrac{\sqrt{2}}{2}&\dfrac{1}{4}\\\dfrac{1}{4}&\dfrac{\sqrt{2}}{8}\end{bmatrix}>0$$

4) 求常值伴随向量。

$$\boldsymbol{g}=(\boldsymbol{PB}R^{-1}\boldsymbol{B}^{\mathrm{T}}-\boldsymbol{A}^{\mathrm{T}})^{-1}\boldsymbol{C}^{\mathrm{T}}Qy_r=\begin{bmatrix}\dfrac{\sqrt{2}}{2}\\\dfrac{1}{4}\end{bmatrix}$$

5) 确定最优控制 $u^*(t)$。

$$\begin{aligned} u^*(t) &= -R^{-1}\boldsymbol{B}^{\mathrm{T}}\boldsymbol{P}\boldsymbol{x}(t) + R^{-1}\boldsymbol{B}^{\top}\boldsymbol{g} \\ &= -x_1(t) - \frac{\sqrt{2}}{2}x_2(t) + 1 \end{aligned}$$

6) 检验闭环系统的稳定性。

闭环系统的状态方程为

$$\dot{\boldsymbol{x}}(t) = \left(\boldsymbol{A} - \boldsymbol{B}R^{-1}\boldsymbol{B}^{\mathrm{T}}\boldsymbol{P}\right)\boldsymbol{x}(t) + \boldsymbol{B}R^{-1}\boldsymbol{B}^{\mathrm{T}}\boldsymbol{g}$$

系统矩阵为

$$\tilde{\boldsymbol{A}} = \left(\boldsymbol{A} - \boldsymbol{B}R^{-1}\boldsymbol{B}^{\mathrm{T}}\boldsymbol{P}\right) = \begin{bmatrix} 0 & 1 \\ -4 & -2\sqrt{2} \end{bmatrix}$$

根据特征方程

$$\det(\lambda\boldsymbol{I} - \widetilde{\boldsymbol{A}}) = \lambda^2 + 2\sqrt{2}\lambda + 4 = 0$$

得特征值为 $\lambda_{1,2} = -\sqrt{2} \pm \mathrm{j}\sqrt{2}$，故闭环系统渐近稳定。

7.5　离散时间线性二次型最优控制

下面考虑离散时间系统的线性二次型最优控制问题。考虑如下离散时间线性定常系统

$$\boldsymbol{x}(k+1) = \boldsymbol{A}\boldsymbol{x}(k) + \boldsymbol{B}\boldsymbol{u}(k) \tag{7.19}$$

和一个二次型性能指标

$$J(\boldsymbol{x}(0)) = \sum_{k=0}^{\infty}\left[\boldsymbol{x}^{\mathrm{T}}(k)\boldsymbol{Q}\boldsymbol{x}(k) + \boldsymbol{u}^{\mathrm{T}}(k)\boldsymbol{R}\boldsymbol{u}(k)\right] \tag{7.20}$$

其中，$\boldsymbol{Q}$ 和 $\boldsymbol{R}$ 是给定的对称正定加权矩阵；$\boldsymbol{x}(0)$ 是系统的初始状态。希望设计一个线性状态反馈控制器

$$\boldsymbol{u}(k) = -\boldsymbol{K}\boldsymbol{x}(k)$$

使得二次型性能指标式 (7.20) 最小化。将该反馈控制器设计问题称为离散时间系统的线性二次型最优控制问题。

通过类似于连续系统线性二次型最优控制问题的处理方法可得离散时间系统线性二次型最优控制问题的解为

$$\boldsymbol{u}(k) = -\left(\boldsymbol{R} + \boldsymbol{B}^{\mathrm{T}}\boldsymbol{P}\boldsymbol{B}\right)^{-1}\boldsymbol{B}^{\mathrm{T}}\boldsymbol{P}\boldsymbol{A}\boldsymbol{x}(k)$$

其中，矩阵 $\boldsymbol{P}$ 是矩阵方程

$$\boldsymbol{P} = \boldsymbol{Q} + \boldsymbol{A}^{\mathrm{T}}\boldsymbol{P}\boldsymbol{A} - \boldsymbol{A}^{\mathrm{T}}\boldsymbol{P}\boldsymbol{B}\left(\boldsymbol{R} + \boldsymbol{B}^{\mathrm{T}}\boldsymbol{P}\boldsymbol{B}\right)^{-1}\boldsymbol{B}^{\mathrm{T}}\boldsymbol{P}\boldsymbol{A} \tag{7.21}$$

的正定对称解矩阵。式 (7.21) 称为离散时间 Riccati 矩阵方程。

MATLAB 软件中提供了函数 dare 来求解离散时间 Riccati 矩阵方程，函数 dlqr 则给出了离散时间系统线性二次型最优控制问题的解。

延伸阅读：动态规划方法

从数学的角度来看，最优控制理论求解的是一类带有约束条件的泛函极值问题。最常用的最优控制方法是经典变分法、极大值原理及动态规划方法，它们为解决非线性系统最优控制问题奠定了理论基础。

动态规划 (dynamic programming) 是求解决策过程最优化的数学方法。20 世纪 50 年代初美国数学家 Bellman 等人在研究多阶段决策过程的优化问题时，提出了著名的最优性原理，把多阶段过程转化为一系列单阶段问题，逐个求解，创立了解决这类过程优化问题的新方法——动态规划。时至今日，随着计算机和计算方法的迅速发展，动态规划获得了更广泛的应用。

动态规划从本质上讲是一种非线性规划方法，动态规划方法处理系统最优控制问题的关键是先将系统的初值作为参数，然后利用最优目标函数的性质，得到性能指标函数满足的哈密顿-雅可比-贝尔曼 (Hamilton-Jacobi-Bellman, HJB) 方程。当非线性系统或者代价函数不是状态和控制输入的二次型形式时，需要通过求解 HJB 方程进而获得最优控制策略。然而，HJB 方程这种偏微分方程的求解是一件非常困难的事情。此外，动态规划方法还有一个明显的弱点：随着状态变量和控制变量维数的增加，计算量和存储量有着惊人的增长，也就是常说的“维数灾”问题。为了克服这些弱点，美国 Werbos 教授提出了自适应动态规划 (Adaptive dynamic programming, ADP) 方法的框架 (General Systems Yearbook, vol. 22, pp.25-38, 1977)，其主要思想是利用一个函数近似结构 (例如神经网络、模糊模型和多项式等) 来估计代价函数，用于按时间正向求解动态规划问题。ADP 结合了神经网络、自适应评判设计、强化学习和经典动态规划等理论，在求解非线性系统最优控制时成功避免了动态规划的“维数灾”问题，从而获得了广泛的关注。

7.6 循序渐进例子：单链机械臂

例 7.8(单链机械臂) 考虑例 2.16 中的单链机械臂系统，其线性化后连续时间状态空间模型为

$$\begin{cases} \dot{\boldsymbol{x}} = \begin{bmatrix} 0 & 1 \\ -5 & -6 \end{bmatrix} \boldsymbol{x} + \begin{bmatrix} 0 \\ 1 \end{bmatrix} u \\ y = \begin{bmatrix} 1 & 0 \end{bmatrix} \boldsymbol{x} \end{cases} \tag{7.22}$$

试确定最优状态反馈控制器 $u(t) = -\boldsymbol{K}\boldsymbol{x}(t)$ 使下述性能指标最小：

$$J = \int_0^\infty \left[11x_1^2 + \frac{17}{4}x_2^2 + u^2 \right] \mathrm{d}t \tag{7.23}$$

解　由例 4.36 知，系统完全能控。故由定理 7.1 知，使性能指标式 (7.23) 极小的最优控制 $u^*(t)$ 存在。

由性能指标式 (7.23) 知

$$\boldsymbol{Q}=\begin{bmatrix} 11 & 0 \\ 0 & \dfrac{17}{4} \end{bmatrix},\ R=1$$

设矩阵 $\boldsymbol{P}$ 为

$$\boldsymbol{P}=\begin{bmatrix} p_{11} & p_{12} \\ p_{12} & p_{22} \end{bmatrix}$$

将 $\boldsymbol{P}$ 代入 Riccati 矩阵方程式 (7.4)，得

$$\begin{aligned}&\begin{bmatrix} p_{11} & p_{12} \\ p_{12} & p_{22} \end{bmatrix}\begin{bmatrix} 0 & 1 \\ -5 & -6 \end{bmatrix}+\begin{bmatrix} 0 & -5 \\ 1 & -6 \end{bmatrix}\begin{bmatrix} p_{11} & p_{12} \\ p_{12} & p_{22} \end{bmatrix}-\\&\begin{bmatrix} p_{11} & p_{12} \\ p_{12} & p_{22} \end{bmatrix}\begin{bmatrix} 0 \\ 1 \end{bmatrix}\begin{bmatrix} 0 & 1 \end{bmatrix}\begin{bmatrix} p_{11} & p_{12} \\ p_{12} & p_{22} \end{bmatrix}+\\&\begin{bmatrix} 11 & 0 \\ 0 & \dfrac{17}{4} \end{bmatrix}\\=&\begin{bmatrix} 0 & 0 \\ 0 & 0 \end{bmatrix}\end{aligned}$$

化简后，可得

$$\begin{bmatrix} -10p_{12}-p_{12}^2+11 & p_{11}-6p_{12}-5p_{22}-p_{12}p_{22} \\ p_{11}-6p_{12}-5p_{22}-p_{12}p_{22} & 2p_{12}-12p_{22}-p_{22}^2+\dfrac{17}{4} \end{bmatrix}=\begin{bmatrix} 0 & 0 \\ 0 & 0 \end{bmatrix}$$

于是，得到下列线性代数方程组：

$$\begin{cases} -10p_{12}-p_{12}^2+11=0 \\ p_{11}-6p_{12}-5p_{22}-p_{12}p_{22}=0 \\ 2p_{12}-12p_{22}-p_{22}^2+\dfrac{17}{4}=0 \end{cases}$$

可解得方程组的一个解为 $p_{12}=1, p_{11}=9, p_{22}=0.5$，即

$$\boldsymbol{P}=\begin{bmatrix} 9 & 1 \\ 1 & 0.5 \end{bmatrix}$$

容易验证 $\boldsymbol{P}$ 满足正定条件。因此，系统的最优控制为

$$u^*(t)=-R^{-1}\boldsymbol{B}^{\mathrm{T}}\boldsymbol{P}\boldsymbol{x}(t)=-x_1(t)-0.5x_2(t)$$

7.7 MATLAB 中实现线性系统最优控制

lqr：求解二次型调节器问题及相关的 Riccati 方程。

lqr 函数调用格式为

$$[\boldsymbol{K},\boldsymbol{P},\boldsymbol{E}]=\mathrm{lqr}(\boldsymbol{A},\boldsymbol{B},\boldsymbol{Q},\boldsymbol{R})$$

式中，矩阵 $\boldsymbol{A}$、$\boldsymbol{B}$、$\boldsymbol{Q}$、$\boldsymbol{R}$ 与代数 Riccati 方程中的系数矩阵相对应；$\boldsymbol{K}$ 为状态反馈矩阵；$\boldsymbol{P}$ 为 Riccati 方程解；$\boldsymbol{E}$ 为闭环系统特征值。

例 7.9(单链机械臂)　考虑例 2.16 中的单链机械臂系统，其线性化后连续时间状态空间模型为

$$\begin{cases}\dot{\boldsymbol{x}} = \begin{bmatrix}0 & 1\\ -5 & -6\end{bmatrix}\boldsymbol{x}+\begin{bmatrix}0\\1\end{bmatrix}u\\ y = [1\quad 0]\boldsymbol{x}\end{cases}\tag{7.24}$$

用 MATLAB 确定最优状态反馈控制器 $u(t)=-\boldsymbol{K}\boldsymbol{x}(t)$ 使下述性能指标最小：

$$J=\int_0^{\infty}\left[30x_1^2+u^2\right]\mathrm{d}t\tag{7.25}$$

解　编写并执行以下的 m 文件：chap7_code1.m。

```
A=[0 1; -5 -6];
B=[0; 1];
Q=[30 0;0 0];
R=1;
[K,P,E]=lqr(A,B,Q,R)
```

运行结果为

```
K =
    2.4162    0.3900

P =
   17.3897    2.4162
    2.4162    0.3900

E =
   -4.8659
   -1.5241
```

因此，系统的最优状态反馈控制器为

$$u^*(t)=-2.4162x_1-0.39x_2$$

进一步，执行以下的 m 文件：chap7_code2.m。

```
A=[0 1; −5 −6];
B=[0; 1];
Q=[30 0;0 0];
R=1;
[K,P,E]=lqr(A,B,Q,R)
fun=@(t,x)[(A−B*K)*x];          % 闭环系统的方程描述
x0=[3;7];                       % 初始条件
[t,x]=ode45(fun,[0,5],x0);      % 调用函数求解微分方程
for i=1:size(x,1)
    u_opt(i)=−K*x(i,:)';        % 最优控制变量
end
figure(1)
plot(t,x(:,1),'b−');            % 蓝色实线绘制状态 x1的数值解
hold on;
plot(t,x(:,2),'r−−');           % 红色虚线绘制状态 x2 的数值解
xlabel('t');ylabel('x');
legend('x_1','x_2');
figure(2)
plot(t,u_opt,'b−');             % 绘制最优控制变量的数值解 u
xlabel('t');ylabel('u*');
```

可以得到最优闭环系统对初始状态 $\boldsymbol{x}(0)=[3\quad 7]^{\mathrm{T}}$ 的响应，单链机械臂系统最优控制下状态曲线和最优控制曲线分别如图 7.1 和图 7.2 所示，其中 u^* 为最优控制律，x_1 和 x_2 分别为系统最优状态。

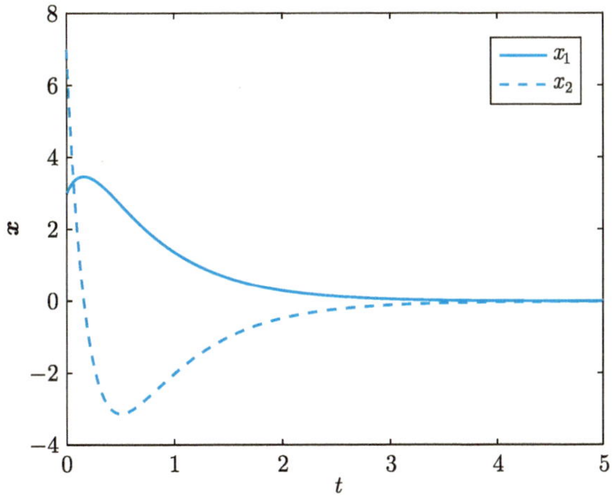

图 7.1 单链机械臂系统最优控制下状态曲线

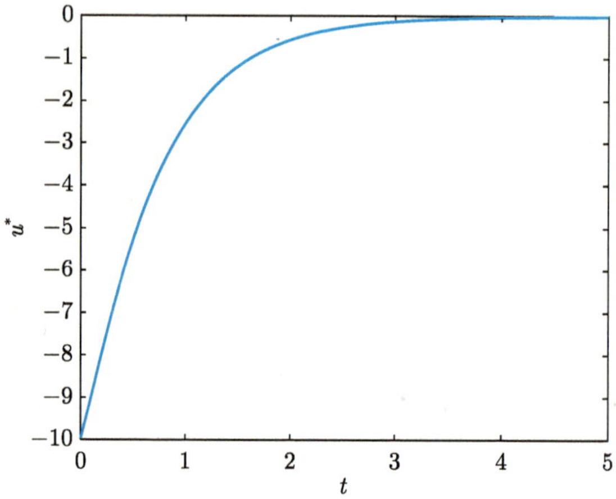

图 7.2 单链机械臂系统的最优控制曲线

本章要点

- **二次型状态调节器**

最优控制的性能指标：

$$J=\int_0^{\infty}\left[\boldsymbol{x}^{\mathrm{T}}(t)\boldsymbol{Q}\boldsymbol{x}(t)+\boldsymbol{u}^{\mathrm{T}}(t)\boldsymbol{R}\boldsymbol{u}(t)\right]\mathrm{d}t$$

最优控制律：

$$\boldsymbol{u}^*(t)=-\boldsymbol{R}^{-1}\boldsymbol{B}^{\mathrm{T}}\boldsymbol{P}\boldsymbol{x}(t)$$

其中，矩阵 $\boldsymbol{P}$ 满足

$$\boldsymbol{P}\boldsymbol{A}+\boldsymbol{A}^{\mathrm{T}}\boldsymbol{P}-\boldsymbol{P}\boldsymbol{B}\boldsymbol{R}^{-1}\boldsymbol{B}^{\mathrm{T}}\boldsymbol{P}+\boldsymbol{Q}=0$$

- **二次型输出调节器**

最优控制的性能指标：

$$J=\int_0^{\infty}\left[\boldsymbol{y}^{\mathrm{T}}(t)\boldsymbol{Q}\boldsymbol{y}(t)+\boldsymbol{u}^{\mathrm{T}}(t)\boldsymbol{R}\boldsymbol{u}(t)\right]\mathrm{d}t$$

最优控制律：

$$\boldsymbol{u}^*(t)=-\boldsymbol{R}^{-1}\boldsymbol{B}^{\mathrm{T}}\boldsymbol{P}\boldsymbol{x}(t)$$

其中，矩阵 $\boldsymbol{P}$ 满足

$$\boldsymbol{P}\boldsymbol{A}+\boldsymbol{A}^{\mathrm{T}}\boldsymbol{P}-\boldsymbol{P}\boldsymbol{B}\boldsymbol{R}^{-1}\boldsymbol{B}^{\mathrm{T}}\boldsymbol{P}+\boldsymbol{C}^{\mathrm{T}}\boldsymbol{Q}\boldsymbol{C}=0$$

- **二次型输出跟踪器**

最优控制的性能指标：

$$J=\int_0^{\infty}\left[\mathrm{e}^{\mathrm{T}}(t)\boldsymbol{Q}\boldsymbol{e}(t)+\boldsymbol{u}^{\mathrm{T}}(t)\boldsymbol{R}\boldsymbol{u}(t)\right]\mathrm{d}t$$

近似最优控制律：

$$\boldsymbol{u}^*(t)=-\boldsymbol{R}^{-1}\boldsymbol{B}^{\mathrm{T}}\boldsymbol{P}\boldsymbol{x}(t)+\boldsymbol{R}^{-1}\boldsymbol{B}^{\mathrm{T}}\boldsymbol{g}$$

其中，常值伴随向量 $\boldsymbol{g}=(\boldsymbol{P}\boldsymbol{B}\boldsymbol{R}^{-1}\boldsymbol{B}^{\mathrm{T}}-\boldsymbol{A}^{\mathrm{T}})^{-1}\boldsymbol{C}^{\mathrm{T}}\boldsymbol{Q}\boldsymbol{y}_r$，矩阵 $\boldsymbol{P}$ 满足

$$\boldsymbol{P}\boldsymbol{A}+\boldsymbol{A}^{\mathrm{T}}\boldsymbol{P}-\boldsymbol{P}\boldsymbol{B}\boldsymbol{R}^{-1}\boldsymbol{B}^{\mathrm{T}}\boldsymbol{P}+\boldsymbol{C}^{\mathrm{T}}\boldsymbol{Q}\boldsymbol{C}=0$$

习题 7

7-1 二次型最优控制问题中性能指标的物理意义是什么？

7-2 已知系统状态方程

$$\dot{\boldsymbol{x}} = \begin{bmatrix} 0 & 1 \\ 0 & 0 \end{bmatrix} \boldsymbol{x} + \begin{bmatrix} 0 \\ 1 \end{bmatrix} u$$

试确定最优控制 $u(t)$，使下列性能指标

$$J = \int_0^{\infty} \left(\boldsymbol{x}^{\mathrm{T}} \boldsymbol{x} + u^2\right) \mathrm{d}t$$

取极小值。

7-3 已知系统状态方程

$$\begin{cases} \dot{x}_1 = x_2 \\ \dot{x}_2 = u \end{cases}$$

试确定最优控制 $u(t)$，使下列性能指标

$$J = \int_0^{\infty} \frac{1}{2} \left(x_1^2 + u^2\right) \mathrm{d}t$$

取极小值。

7-4 已知系统状态方程

$$\dot{\boldsymbol{x}} = \begin{bmatrix} 2 & 0 \\ 0 & 2 \end{bmatrix} \boldsymbol{x} + \begin{bmatrix} 0 \\ 1 \end{bmatrix} u$$

试研究系统是否存在最优控制使下列性能指标

$$J = \int_0^{\infty} \frac{1}{2} \left(x_1^2 + x_2^2 + u^2\right) \mathrm{d}t$$

取极小值？分析系统状态能控性、稳定性与最优解的关系。

7-5 考虑例 2.6 中双积分器系统的状态空间模型，试设计最优激励信号 $u^*(t)$，使性能指标

$$J = \int_0^{\infty} [(y(t) - y_r(t))^2 + u^2(t)]\mathrm{d}t$$

极小，式中 $y_r(t) = 1(t)$ 为理想输出。

习题参考答案

习题 2

2-1 系统的状态是指表示系统的一组变量，表征在特定时刻的特定运动状况。

建立系统状态空间模型的常用方法有机理建模法、由高阶微分方程建模法和由传递函数建模法。

2-2 线性变换的目的在于，使系数矩阵规范化，以便于揭示系统的某些特性及分析计算。

2-3 对于同一个系统，状态变量的选择是不唯一的，状态变量的不同选择可以得出不同的状态空间模型。

2-4 取 $x_1 = u_C$、$x_2 = i_L$ 为状态变量，系统的状态方程为

$$\begin{cases} \dot{x}_1 & = & -\dfrac{1}{RC}x_1 - \dfrac{1}{C}x_2 + \dfrac{1}{RC}u \\ \dot{x}_2 & = & \dfrac{1}{L}x_1 \end{cases}$$

2-5

$$\dot{\boldsymbol{x}} = \begin{bmatrix} -a_1 & 0 \\ b_2 & -a_2 \end{bmatrix}\boldsymbol{x} + \begin{bmatrix} b_1 & 0 \\ 0 & b_2 \end{bmatrix}u$$

$$y = [0 \quad 1]\boldsymbol{x}$$

2-6 (1)

$$\dot{\boldsymbol{x}} = \begin{bmatrix} 0 & 1 & 0 \\ 0 & 0 & 1 \\ -3 & -4 & -1 \end{bmatrix}\boldsymbol{x} + \begin{bmatrix} 0 \\ 0 \\ 1 \end{bmatrix}u$$

$$y = [2 \quad 0 \quad 0]\boldsymbol{x}$$

(2)

$$\dot{\boldsymbol{x}} = \begin{bmatrix} 0 & 1 & 0 \\ 0 & 0 & 1 \\ 0 & -11 & -6 \end{bmatrix}\boldsymbol{x} + \begin{bmatrix} 0 \\ 0 \\ 1 \end{bmatrix}u$$

$$y = [2 \quad 1 \quad 0]\boldsymbol{x}$$

2-7 (1)

$$\dot{\boldsymbol{x}}=\begin{bmatrix}0 & 1\\ -15 & -8\end{bmatrix}\boldsymbol{x}+\begin{bmatrix}0\\ 1\end{bmatrix}u$$

$$y=[5 \quad 2]\boldsymbol{x}$$

(2)

$$\dot{\boldsymbol{x}}=\begin{bmatrix}0 & 1 & 0\\ 0 & 0 & 1\\ 0 & -3 & -2\end{bmatrix}\boldsymbol{x}+\begin{bmatrix}0\\ 0\\ 1\end{bmatrix}u$$

$$y=[2 \quad 1 \quad 1]\boldsymbol{x}$$

2-8 $G(s)=\dfrac{s+1}{s^2+5s+6}$

2-9

$$\dot{\bar{\boldsymbol{x}}}=\begin{bmatrix}-3 & -4\\ 2 & 1\end{bmatrix}\bar{\boldsymbol{x}}+\begin{bmatrix}0.5\\ 0\end{bmatrix}u$$

$$y=[6 \quad 4]\bar{\boldsymbol{x}}$$

习题 3

3-1 状态转移矩阵 $\boldsymbol{\Phi}(t)=\mathrm{e}^{\boldsymbol{A}t}$，其意义在于：它反映了从初始时刻的状态 $\boldsymbol{x}(0)$ 到任意 $t>0$ 时刻的状态 $\boldsymbol{x}(t)$ 的一种变换关系。

3-2 (1) $\boldsymbol{\Phi}(0)=\boldsymbol{I}$

(2) $\dot{\boldsymbol{\Phi}}(t)=\boldsymbol{A}\boldsymbol{\Phi}(t)=\boldsymbol{\Phi}(t)\boldsymbol{A}$

(3) 可逆性：$\boldsymbol{\Phi}^{-1}(t)=\boldsymbol{\Phi}(-t)$

(4) 分解性：$\boldsymbol{\Phi}(t+s)=\boldsymbol{\Phi}(t)\boldsymbol{\Phi}(s)$

3-3 线性定常系统状态转移矩阵的计算方法主要有以下 4 种：幂级数法、Laplace 变换法、线性变换法和凯莱-哈密顿法。

3-4 (1) $\mathrm{e}^{\boldsymbol{A}t}=\begin{bmatrix}1 & 0.2-0.2\mathrm{e}^{-5t}\\ 0 & \mathrm{e}^{-5t}\end{bmatrix}$

(2) $\mathrm{e}^{\boldsymbol{A}t}=0.5\begin{bmatrix}\mathrm{e}^{t}+\mathrm{e}^{-t} & \mathrm{e}^{t}-\mathrm{e}^{-t}\\ \mathrm{e}^{t}-\mathrm{e}^{-t} & \mathrm{e}^{t}+\mathrm{e}^{-t}\end{bmatrix}$

(3) $\mathrm{e}^{\boldsymbol{A}t}=\begin{bmatrix}3\mathrm{e}^{-2t}-2\mathrm{e}^{-3t} & 6\mathrm{e}^{-2t}-6\mathrm{e}^{-3t}\\ \mathrm{e}^{-3t}-\mathrm{e}^{-2t} & 3\mathrm{e}^{-3t}-2\mathrm{e}^{-2t}\end{bmatrix}$

3-5 $\boldsymbol{\Phi}^{-1}(t)=\begin{bmatrix}2\mathrm{e}^{t}-\mathrm{e}^{2t} & \mathrm{e}^{t}-\mathrm{e}^{2t}\\ -5\mathrm{e}^{t}+5\mathrm{e}^{2t} & -\mathrm{e}^{t}+2\mathrm{e}^{2t}\end{bmatrix}$

3-6 $\boldsymbol{A}=\begin{bmatrix}-2 & -0.5\\ -2 & -2\end{bmatrix}$

3-7 (1) $\boldsymbol{\Phi}(t)=\begin{bmatrix}2\mathrm{e}^{-2t}-\mathrm{e}^{-t}-2t\mathrm{e}^{-2t} & -2\mathrm{e}^{-2t}+2\mathrm{e}^{-t}+4t\mathrm{e}^{-2t}\\ -t\mathrm{e}^{-t} & \mathrm{e}^{-t}+2t\mathrm{e}^{-t}\end{bmatrix}$

(2) $\boldsymbol{A}=\begin{bmatrix}-5 & 6\\ -1 & 1\end{bmatrix}$

3-8 (1) $\boldsymbol{\Phi}(t)=\begin{bmatrix}3\mathrm{e}^{-3t}-2\mathrm{e}^{-2t} & \mathrm{e}^{-3t}-\mathrm{e}^{-2t}\\ 6\mathrm{e}^{-2t}-6\mathrm{e}^{-3t} & 3\mathrm{e}^{-2t}-2\mathrm{e}^{-3t}\end{bmatrix}$

(2) $y(t)=\dfrac{5}{3}+3\mathrm{e}^{-2t}-\dfrac{14}{3}\mathrm{e}^{-3t}$

3-9 $\alpha=-1.5$, $\boldsymbol{x}(0)=[-2\quad 2]^{\mathrm{T}}$

3-10

$$\begin{aligned}\boldsymbol{x}(k+1) &= \begin{bmatrix}1 & 1-\mathrm{e}^{-1}\\ 0 & \mathrm{e}^{-1}\end{bmatrix}\boldsymbol{x}(k)+\begin{bmatrix}\mathrm{e}^{-1}\\ 1-\mathrm{e}^{-1}\end{bmatrix}u(k)\\ y(k) &= [1\quad 0]\boldsymbol{x}(k)\end{aligned}$$

习题 4

4-1 状态的能控性指总存在一个控制律，使得在该控制律作用下，系统从此状态出发，经有限时间后转移到零状态。

能控性在系统设计中的作用：能控性保证了可以通过外部控制律来改变系统状态的运动行为。

4-2 状态的能观性反映的是从系统输出观测系统状态的能力。若以非零初始状态产生的输出响应恒为零，则称系统是不能观的。若系统中没有不能观的状态 (零状态除外)，则称系统是能观的。

在系统的设计中，需要引入适当的状态反馈，而系统的某些状态变量是无法实际获得的。在系统能观的条件下，可以利用系统中可直接测量的输出向量和输入向量来重构系统的状态。

4-3 能控性和能观性无论在概念上还是在形式上都是对偶的。一个系统的能控性等价于其对偶系统的能观性。

4-4 系统的实现是指由系统输入-输出之间的外部关系，确定系统内部结构特性的状态空间模型。

在众多实现中，维数最小的实现称为最小实现。

4-5 对于一个系统，如果在一个有限时间区间 $[t_0, t_\mathrm{f}]$ 内，存在一分段连续控制向量 $\boldsymbol{u}(t)$，使系统能从任意的初始输出 $\boldsymbol{y}(t_0)$ 转移到任意指定最终输出 $\boldsymbol{y}(t_\mathrm{f})$，则称系统是输出能控的。

状态能控性是讨论通过控制来改变系统状态行为的问题，输出能控性则是通过控制输入来改变系统输出行为的问题。二者之间没有必然的因果关系。

4-6 都能控。

4-7 (1) 能控　(2) 能控　(3) 能控

4-8 状态不能控；输出能控。

4-9 $b \neq a+1$

4-10 (1) 不能观　(2) 能观

4-11 a 任意，$b \neq 0$，$c \neq 0$

4-12

$$\dot{\bar{\boldsymbol{x}}} = \begin{bmatrix} 0 & 1 & 0 \\ 0 & 0 & 1 \\ -2 & 9 & 0 \end{bmatrix} \bar{\boldsymbol{x}} + \begin{bmatrix} 0 \\ 0 \\ 1 \end{bmatrix} u$$

$$y = [3 \quad 2 \quad 1]\, \bar{\boldsymbol{x}}$$

4-13

$$\dot{\bar{\boldsymbol{x}}} = \begin{bmatrix} 0 & -4 \\ 1 & 5 \end{bmatrix} \bar{\boldsymbol{x}}, \quad y = [0 \quad 1]\, \bar{\boldsymbol{x}}$$

4-14 不一定，与采样周期 T 有关。

习题 5

5-1 Lyapunov 意义下稳定、渐近稳定和大范围渐近稳定的区别在于：

(1) Lyapunov 意义下稳定指的是当系统初始状态在平衡状态的一个小范围内时，其之后的状态也一定在平衡状态附近。

(2) 渐近稳定性首先要求是稳定的，而且随着时间的推移，系统的状态回复到平衡状态。

(3) 大范围渐近稳定不再要求初始状态在平衡状态附近，而可以是任意的。因此，对任意初始状态出发的轨线都逼近于平衡状态，当然，系统的平衡状态也是唯一的。

Lyapunov 意义下稳定、渐近稳定和大范围渐近稳定的联系是：大范围渐近稳定 ⇒ 渐近稳定 ⇒ Lyapunov 意义下稳定。

5-2 它既适用于线性系统，也适用于非线性系统；既适用于时变系统，也适用于时不变系统；既适用于连续系统，也适用于离散系统。

5-3 Lyapunov 第二法稳定性定理的物理意义是：针对系统引入一个虚拟的能量函数 (即 Lyapunov 函数)，其本身要求是正定的，该能量函数沿系统轨线关于时间的导数是负定的，表明了当系统运动时，其能量随时间的推移而持续地减少，直至消耗殆尽，则系统的状态就回到平衡状态，从而系统是渐近稳定的。

5-4 (1) 正定　(2) 正定　(3) 不定　(4) 正定

5-5 有两个平衡状态。在平衡状态 $\boldsymbol{x}_{\mathrm{e}1} = [1 \quad 1]^{\mathrm{T}}$ 处线性化得到

$$\dot{\boldsymbol{x}} = \begin{bmatrix} 1 & -1 \\ 2 & 0 \end{bmatrix} \boldsymbol{x}$$

可得原非线性系统在 $\boldsymbol{x}_{\mathrm{e}1}$ 处不稳定。

在平衡状态 $\boldsymbol{x}_{\mathrm{e}2} = [-1 \quad -1]^{\mathrm{T}}$ 处线性化得到

$$\dot{\boldsymbol{x}} = \begin{bmatrix} 1 & -1 \\ -2 & 0 \end{bmatrix} \boldsymbol{x}$$

可得原非线性系统在 $\boldsymbol{x}_{\mathrm{e}2}$ 处也不稳定。

5-6 系统在原点平衡状态处是大范围渐近稳定的。

5-7 平衡状态为 $\boldsymbol{x}_{\mathrm{e}} = \begin{bmatrix} \dfrac{5}{3} & \dfrac{1}{6} \end{bmatrix}^{\mathrm{T}}$，系统在该平衡状态处是大范围渐近稳定的。

5-8 取 Lyapunov 函数为 $V(\boldsymbol{x}) = x_1^2 + x_2^2$。可以验证系统当初始条件在单位圆内时是渐近稳定的，所以系统不是大范围渐近稳定的，且吸引域为单位圆。

5-9 原点平衡状态是大范围渐近稳定的。

5-10 $t \geqslant \ln 100$

习题 6

6-1 状态反馈不改变系统的能控性，但不一定能保持系统的能观性。输出反馈不改变系统的能控性和能观性。

6-2 状态反馈是将系统的状态变量通过比例环节传送到输入端的一种反馈方式。

极点配置是通过选择反馈增益矩阵, 将闭环系统的极点恰好配置在根平面上所期望的位置，以获得所期望的稳定性和动态性能。

6-3 极点配置可以改善系统的过渡过程性能，加快系统的响应性能，但可能使闭环系统产生稳态误差。

可以引进一个积分器来抑制或消除系统的稳态误差。引入积分器后，得到一个跟踪控制器的设计问题，可通过建立增广系统，进而求解增广系统的极点配置问题来得到既保持所期望的动态性能，又无静差的比例-积分控制器。

6-4 控制系统的镇定问题是指能否通过加入反馈使闭环系统的极点全部具有负实部，从而保证系统是渐近稳定的问题。

线性定常系统可镇定的充要条件是其不能控子系统为渐近稳定系统。

6-5 能控的系统一定是状态反馈可镇定的。

状态反馈可镇定的系统不一定能控。

6-6 当描述系统运动特性的状态变量不能直接测量到时，需要对系统进行状态估计。

6-7 系统设计的分离性原理是指，在设计基于观测器的输出反馈极点配置控制器时，状态反馈部分和观测器部分的设计彼此独立，互不影响。

6-8 设计状态反馈控制律 $u=v-\boldsymbol{Kx}$，其中 $\boldsymbol{K}=[12\quad -5]$。

6-9 设计状态反馈控制律 $u=v-\boldsymbol{Kx}$，其中 $\boldsymbol{K}=[6\quad \frac{16}{3}]$。

6-10 根据系统传递函数建立能控标准型为

$$\dot{\boldsymbol{x}}=\begin{bmatrix}0 & 1 & 0\\ 0 & 0 & 1\\ 0 & -32 & -12\end{bmatrix}\boldsymbol{x}+\begin{bmatrix}0\\0\\1\end{bmatrix}u,\quad y=\begin{bmatrix}1 & 0 & 0\end{bmatrix}\boldsymbol{x}$$

设计状态反馈控制律 $u=v-\boldsymbol{Kx}$，其中 $\boldsymbol{K}=[56\quad 18\quad 1]$。

6-11 系统状态空间模型为

$$\dot{\boldsymbol{x}}=\begin{bmatrix}0 & 0 & 0\\ 1 & -6 & 0\\ 0 & 1 & -12\end{bmatrix}\boldsymbol{x}+\begin{bmatrix}1\\0\\0\end{bmatrix}u,\quad y=\begin{bmatrix}0 & 0 & 1\end{bmatrix}\boldsymbol{x}$$

设计状态反馈控制律 $u=v-\boldsymbol{Kx}$，其中 $\boldsymbol{K}=[-6\quad 58\quad -244]$。

6-12 设计静态输出反馈控制律 $u=v-\boldsymbol{Fy}$，其中 $\boldsymbol{F}=[7.5\quad 8]$。

6-13 设计全维状态观测器 $\dot{\hat{\boldsymbol{x}}}=(\boldsymbol{A}-\boldsymbol{LC})\hat{\boldsymbol{x}}+\boldsymbol{B}\boldsymbol{u}+\boldsymbol{L}y$，其中 $\boldsymbol{L}=[7\quad 10]^{\mathrm{T}}$。

6-14 (1) 设计全维状态观测器 $\dot{\hat{\boldsymbol{x}}}=(\boldsymbol{A}-\boldsymbol{LC})\hat{\boldsymbol{x}}+\boldsymbol{B}u+\boldsymbol{L}y$，其中 $\boldsymbol{L}=[23\quad 121]^{\mathrm{T}}$。

(2) 设计状态反馈控制律 $u=-\boldsymbol{Kx}$，其中 $\boldsymbol{K}=[12\quad 6]$。

习题 7

7-1 二次型最优控制问题中性能指标的物理意义在于：性能指标第一项越小，则状态衰减到零的速度越快，振荡越小，因此控制性能就越好；第二项表示在整个控制过程中消耗的控制能量的总和，反映了控制的代价；性能指标反映了所希望设计的最优控制不仅要求暂态过程状态衰减速度快，而且希望消耗的控制能量少。

7-2 最优控制律为 $u^*(t)=[-1\quad -\sqrt{3}]\,\boldsymbol{x}$。

7-3 最优控制律为 $u^*(t)=[-1\quad -\sqrt{2}]\,\boldsymbol{x}$。

7-4 由秩判据知，系统不能控，故不存在最优控制使性能指标取极小。
由 Lyapunov 第一法可以判断系统不稳定。系统不存在最优解。

7-5 最优输出跟踪器为 $u^*(t)=-y(t)-\sqrt{2}\dot{y}(t)+1$。

参 考 文 献

[1] 张嗣瀛, 高立群. 现代控制理论 [M]. 2 版. 北京: 清华大学出版社, 2017.

[2] 俞立. 现代控制理论 [M]. 北京: 清华大学出版社, 2007.

[3] 舒欣梅, 龙驹, 宋潇潇. 现代控制理论基础 [M]. 2 版. 西安: 西安电子科技大学出版社, 2013.

[4] 李国勇, 杜永贵, 谢刚. 现代控制理论习题集 [M]. 北京: 清华大学出版社, 2011.

[5] 刘豹, 唐万生. 现代控制理论 [M]. 3 版. 北京: 机械工业出版社，2006.

[6] 丁锋. 现代控制理论 [M]. 北京: 清华大学出版社, 2018.

[7] 侯媛彬, 嵇启春, 杜京义, 等. 现代控制理论基础 [M]. 2 版. 北京: 北京大学出版社, 2020.

[8] 王万良. 现代控制工程 [M]. 2 版. 北京: 高等教育出版社, 2021.

[9] 王立国, 冯雷, 刘英晖. 现代控制理论基础 [M]. 北京: 机械工业出版社, 2012.

[10] 石海彬. 现代控制理论基础 [M]. 2 版. 北京: 清华大学出版社, 2018.

[11] 王孝武. 现代控制理论基础 [M]. 3 版. 北京: 机械工业出版社, 2013.

[12] 王宏华. 现代控制理论 [M]. 3 版. 北京: 电子工业出版社, 2018.

[13] 孙希明, 杨斌. 现代控制理论 [M]. 北京: 化学工业出版社, 2022.

[14] 姜万录. 现代控制理论基础 [M]. 北京: 化学工业出版社, 2018.

[15] 杨智, 范正平. 自动控制原理 [M]. 2 版. 北京: 清华大学出版社, 2014.

[16] 冯红银萍. 线性系统动态补偿理论 [M]. 北京: 科学出版社, 2022.

[17] 魏庆来, 宋睿卓, 孙秋野. 迭代自适应动态规划理论及应用 [M]. 北京: 科学出版社, 2015.

[18] 陈关荣. 卡尔曼和他的故事 [J]. 系统与控制纵横, 2016, 3(2): 18-26.

[19] KHALIL H. Nonlinear Systems [M]. 3rd ed. Upper Saddle River: Prentice Hall, 2002.

[20] KHALIL H. Nonlinear Control [M]. San Antonio: Pearson Education, 2015.

[21] GOEBEL R, SANFELICE R G, TEEL A R. Hybrid Dynamical Systems: Modeling, Stability, and Robustness [M]. Princeton: Princeton University Press, 2012.

[22] SANFELICE R G. Hybrid Feedback Control [M]. Princeton: Princeton University Press, 2021.